COURS COMPLET
D'ENSEIGNEMENT SECONDAIRE SPÉCIAL

GÉOMÉTRIE
ÉLÉMENTAIRE

DU MÊME AUTEUR :

Géométrie élémentaire, *année préparatoire,* COMMENCEMENT DE LA GÉOMÉTRIE PLANE. 1 vol. in-18 jésus, cart. .... 1 »

Géométrie élémentaire, *deuxième année,* GÉOMÉTRIE DANS L'ESPACE. 1 vol. in-18 jésus, cart. 1 50

Notions sur les courbes usuelles, *quatrième année.* 1 vol. in-18 jésus 1 50

CORBEIL. — Typ. et stér. de CRÉTÉ FILS.

COURS COMPLET
D'ENSEIGNEMENT SECONDAIRE SPÉCIAL

GÉOMÉTRIE
ELÉMENTAIRE

RÉDIGÉE
Conformément aux programmes officiels de 1866

PAR H. BOS
Ancien élève de l'École normale, inspecteur d'Académie.

PREMIÈRE ANNÉE
Suite et fin de la Géométrie plane.

TROISIÈME ÉDITION
revue et corrigée

PARIS
LIBRAIRIE CH. DELAGRAVE
58, RUE DES ÉCOLES, 58
1874

GÉOMÉTRIE

ÉLÉMENTAIRE

DEUXIÈME PARTIE

Géométrie plane (*suite*). — Angle inscrit. — Tangentes. — Triangles. Quadrilatères. — Polygones. — Mesures.

CHAPITRE VIII.

PROPRIÉTÉS ÉLÉMENTAIRES DU CERCLE.

Construction de cercles assujettis à certaines conditions.

146. Lorsqu'on connaît le centre d'une circonférence et son rayon, il est aisé de la tracer au moyen du compas ; et il en est de même si l'on donne le centre d'un cercle et un point de sa circonférence, parce que le rayon est alors égal à la distance du point donné au centre. Nous allons nous occuper maintenant de la construction de cercles dont le centre est inconnu, mais qui sont assujettis à d'autres conditions simples.

147. Problème. *Tracer un cercle de rayon connu qui passe par deux points donnés* A *et* B (fig. 109).

Soit M le rayon donné ; de chacun des points donnés A et B comme centre, avec une ouverture de compas égale à

M, je décris deux arcs de cercle qui se coupent en un point O; ce point est distant de chacun des points A et B d'une longueur égale à M; donc si du point O comme centre, avec la longueur M comme rayon, on décrit une circonférence, elle passera par les deux points A et B.

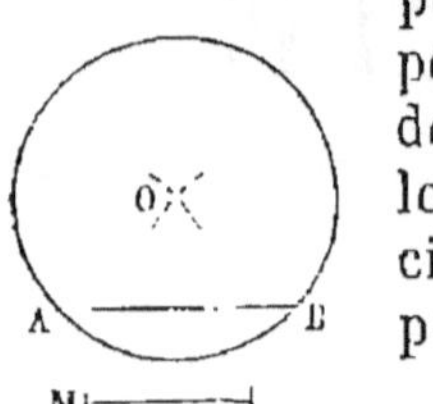

Fig. 109.

Remarque. Pour que le problème soit possible, il faut que la ligne AB soit moindre que le double du rayon donné; on sait en effet que toute corde est plus petite que le diamètre (**40**).

148. Théorème. *Par trois points* A, B, C, *non situés en ligne droite, on peut faire passer une circonférence de cercle, et on n'en peut faire passer qu'une* (fig. 110).

Je joins le point A aux deux points B et C, et j'élève des perpendiculaires aux droites AB et AC en leurs milieux. Ces deux perpendiculaires se rencontreront en un point K; car, si elles étaient parallèles, les deux droites AB et AC seraient deux lignes menées par un même point A perpendiculairement à deux droites parallèles; donc, elles formeraient une seule et même droite (**96**), et les trois points A, B, C, seraient en ligne droite, ce qui est contre l'hypothèse.

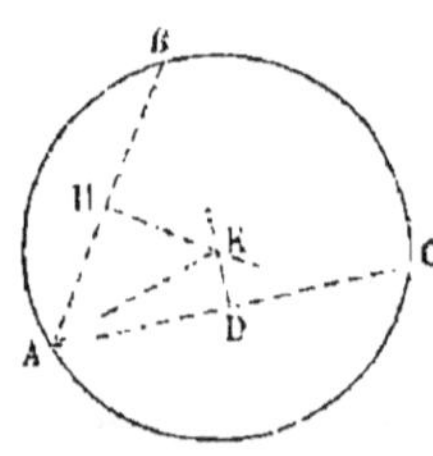

Fig. 110.

Cela posé, le point K, qui appartient à la perpendiculaire DK, élevée au milieu de la ligne AC, est également distant des deux points A et C (**75**); ce même point, se trouvant sur la perpendiculaire HK, élevée au milieu de AB, est également éloigné des deux points A et B; donc il est à égale distance des trois points A, B, C. Par conséquent, si du point K comme centre, avec KA comme rayon, on décrit une circonférence, elle passera par les trois points A, B et C.

Je dis de plus que, par ces trois points, on ne peut faire passer qu'une circonférence. En effet, le centre d'une circonférence quelconque passant par les deux points A et B doit être à égale distance de ces deux points; donc il se trouve sur la perpendiculaire élevée au milieu de AB (**76**); de même le centre de toute circonférence qui passe par les deux points A et C doit être sur la perpendiculaire DK élevée au milieu de AC ; donc, si une circonférence doit passer à la fois par les trois points A, B, C, son centre sera à la fois sur les deux droites DK et HK; ce sera donc nécessairement le point K; et, par conséquent, on ne pourra mener qu'une circonférence par les points A, B, C; C. Q. F. D.

149. PROBLÈME. *Par trois points donnés* A, B, C, *non situés en ligne droite, faire passer une circonférence de cercle.* (fig. 110).

La solution de ce problème est une conséquence immédiate de la démonstration précédente. Aux milieux des droites AB et AC, on leur élève des perpendiculaires qui se coupent en un point K; et de ce point comme centre, avec KA pour rayon, on décrit une circonférence; c'est la circonférence demandée.

150. PROBLÈME. *Trouver le centre d'un arc de cercle ou d'un cercle donné* (fig. 110).

Sur la circonférence tracée ou sur l'arc de cercle, on prend trois points à volonté A, B, C; par les milieux des cordes AB, AC, on leur élève des perpendiculaires HK, DK dont le point de rencontre K est le centre demandé; car ce point est le centre de la circonférence qui passe par les trois points A, B, C (**148**).

Propriété du diamètre perpendiculaire à une corde. — Applications.

151. THÉORÈME. *Le diamètre perpendiculaire à une corde partage en deux parties égales cette corde et les deux arcs qu'elle sous-tend.*

Soit AB une corde du cercle C (fig. 111), et DCE, le diamètre perpendiculaire à cette corde; je dis qu'il coupe en deux parties égales la corde AB, et chacun des deux arcs

ADB, AEB, sous-tendus par cette corde. En effet, plions le cercle le long du diamètre DE, et rabattons la demi-circonférence DBE sur la demi-circonférence DAE; nous savons que ces deux demi-circonférences s'appliquent exactement l'une sur l'autre (**42**); par conséquent le point B tombera quelque part sur l'arc DAE; d'autre part, comme la corde AB est perpendiculaire à DE, l'angle BFE est égal à l'angle AFE, et, par suite, la ligne FB prendra la direction de FA, et le point B tombera quelque part sur FA. Le point B, devant se trouver à la fois sur l'arc DAE et sur la droite FA, coïncidera avec le point A. Il en résulte que FB est égale à FA, que l'arc DB est égal à l'arc DA, et enfin que l'arc EB est égal à l'arc EA; C. Q. F. D.

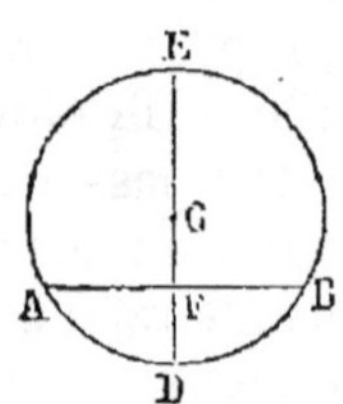

Fig. 111.

152. Remarque. Une droite est déterminée quand on donne deux de ses points, ou bien quand on donne un point avec la condition qu'elle soit perpendiculaire à une autre droite. Or, le diamètre DE passe par le centre C, par le milieu F de la corde AB, et par les milieux D et E des deux arcs qu'elle sous-tend, et de plus il est perpendiculaire à la corde AB; cela fait en tout cinq conditions, dont deux suffisent pour déterminer ce diamètre. Il résulte de là que la proposition précédente peut s'énoncer de plusieurs autres manières; on peut dire, par exemple :

La perpendiculaire élevée au milieu d'une corde passe par le centre et par le milieu de chacun des arcs qu'elle sous-tend.

Ou encore, *la ligne qui joint le milieu d'une corde au centre est perpendiculaire à cette corde, et passe par les milieux des arcs sous-tendus par cette corde;* etc.

153. Corollaire. Si l'on mène des cordes parallèles à AB (fig. **111**), elles seront toutes perpendiculaires au diamètre DE (**96**); par suite, leurs milieux seront tous sur ce diamètre en vertu du théorème précédent; donc,

Si on mène dans un cercle des cordes parallèles, leurs milieux sont tous sur un même diamètre perpendiculaire à ces cordes.

134. Définition. Deux points A et A′ sont dits *symétriques* par rapport à une droite MN, lorsque la droite MN est perpendiculaire sur le milieu de la droite AA′. La droite MN prend alors le nom d'*axe de symétrie*.

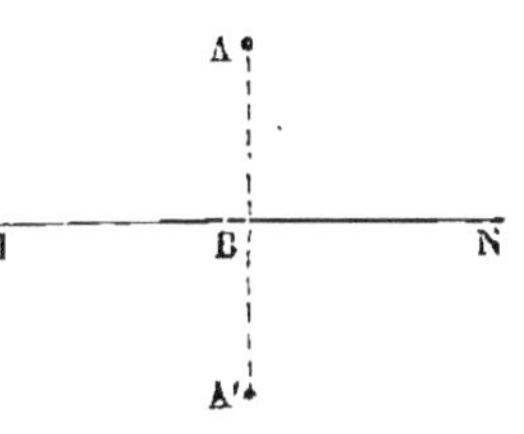

Fig. 112.

Si on plie le plan le long de MN, et qu'on rabatte la partie supérieure sur la partie inférieure, la ligne BA prendra la direction de BA′, puisque les deux angles MBA, MBA′ sont droits, et partant, égaux; et comme de plus BA = BA′, le point A coïncidera avec le point A′. Ainsi, lorsque deux points sont symétriques par rapport à un axe, si l'on fait tourner l'une des parties du plan autour de l'axe pour la rabattre sur l'autre partie, les points symétriques coïncident.

Réciproquement, si le point A vient coïncider avec le point A′, lorsqu'on fait tourner la partie supérieure du plan autour de MN pour la rabattre sur la partie inférieure, les deux points A et A′ sont symétriques par rapport à la droite MN. En effet, puisque la droite BA vient alors s'appliquer sur BA′, l'angle ABM est égal à l'angle adjacent A′BM; mais la somme de ces angles est égale à deux droits (**61**); donc chacun d'eux est droit, et la ligne AA′ est perpendiculaire à MN. De plus, BA = BA′; donc, enfin, les points A et A′ sont symétriques par rapport à la droite MN, en vertu de la définition précédente.

Deux courbes ou deux portions d'une même courbe, et, plus généralement, deux figures sont dites *symétriques* par rapport à un axe, lorsque les points de ces deux figures sont deux à deux symétriques par rapport à cet axe. Il résulte de la remarque précédente que deux figures symétriques par rapport à un axe peuvent être appliquées l'une sur l'autre; par conséquent, elles sont égales.

On dit qu'une droite est l'*axe de symétrie d'une courbe*, lorsqu'elle partage cette courbe en deux parties symétriques. C'est pour cette raison que nous avons appelé axe de symétrie d'une droite, la perpendiculaire élevée au milieu de cette droite (**76**).

Il résulte évidemment des propositions précédentes,

1° *Que tout diamètre est un axe de symétrie de la circonférence;*

2° *Que le diamètre perpendiculaire sur une corde est un axe de symétrie de chacun des arcs qu'elle sous-tend.* Car nous avons fait voir, dans la démonstration du théorème du n° **151**, que, si l'on fait tourner la demi-circonférence DBE autour du diamètre DE perpendiculaire à la corde AB, l'arc BD s'applique sur l'arc AD.

155. Problème. *Diviser un arc de cercle* AB *en deux parties égales.*

Des deux extrémités A et B de l'arc de cercle comme centres avec le même rayon, je décris deux arcs de cercle qui se coupent en deux points C et D, et je joins CD; cette ligne partage l'arc donné en deux parties égales. En effet, d'après la construction, cette ligne CD est perpendiculaire au milieu de la corde AB (*Voy.* le problème du n° **77**); donc elle passe par le milieu de l'arc (**152**).

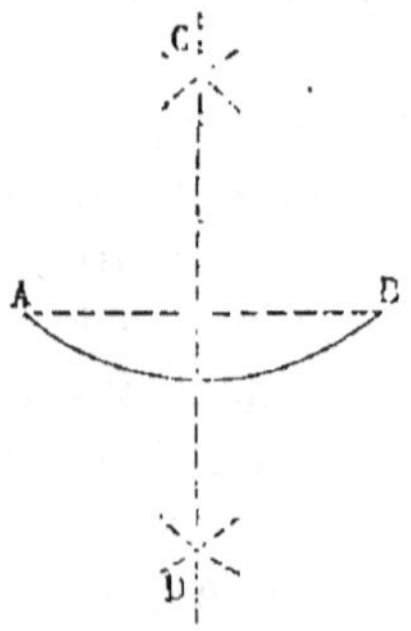

Fig. 113.

Remarque. Si le centre de l'arc de cercle était connu, il suffirait de déterminer l'un des points C et D; car, d'après le théorème du n° **151**, la ligne CD passe par le centre de l'arc de cercle; on obtiendrait donc cette ligne en joignant le centre à l'un des points C ou D.

156. Corollaire. En appliquant la même construction à chacune des moitiés de l'arc AB, on le partagerait en 4 parties égales; et, en divisant encore chacun de ces arcs en deux parties égales, on partagerait l'arc AB en 2 fois 4 ou 8 parties égales ; et ainsi de suite. On peut donc partager un arc en 2, 4, 8, 16, 32, etc., parties égales.

157. Problème. *Diviser un angle* BAC *en deux parties égales* (fig. 114).

Du sommet A de l'angle comme centre avec un rayon quelconque, je décris un arc de cercle BC compris entre les deux côtés de l'angle ; et des points B et C comme centres, avec une même ouverture de compas, je décris deux arcs de cercle qui se coupent au point D ; la ligne AD divise l'angle BAC en deux parties égales. En effet, d'après le problème précédent, cette ligne partage l'arc BC en deux parties égales au point E ; donc les angles BAE, EAC, qui ont pour sommet le centre A de la circonférence BC, interceptent sur cette circonférence des arcs égaux BE, EC ; donc ils sont égaux (51).

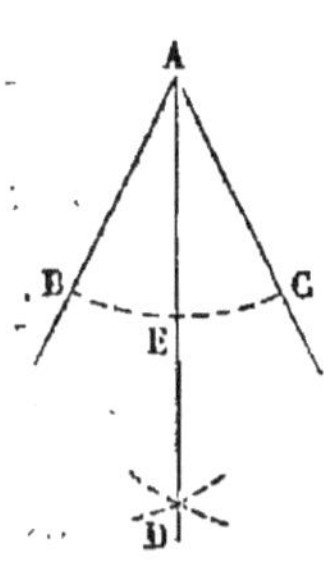

Fig. 114.

158. Corollaire. En appliquant la construction précédente à chacune des moitiés de l'angle BCA, on partagerait cet angle en 4 parties égales ; et, en continuant toujours de même, on pourrait le diviser en 8, 16, 32, etc., parties égales.

159. Applications. Les constructions indiquées dans les numéros précédents ont de nombreuses applications dans le dessin des machines, et dans le dessin d'architecture : on a besoin à chaque instant de faire passer un cercle par trois points, de diviser un angle ou un arc de cercle en deux parties égales ; nous ferons dans la suite du cours un usage fréquent de ces problèmes. Ils sont encore utiles dans les arts industriels : ainsi les menuisiers, pour assembler deux planches à angle droit, les découpent de manière qu'elles présentent deux angles de 45°, qui par leur réunion donnent 90° ou un angle droit ; c'est ce qu'on peut observer dans les assemblages des cadres de portes et de fenêtres ;

ils ont besoin pour cela de partager l'angle droit en deux parties égales.

160. Remarque. La ligne AD qui partage un angle BAC en deux parties égales (fig. 114) s'appelle la *bissectrice* de cet angle. Il est clair que, si on plie la figure le long de AD, et qu'on rabatte l'une des parties sur l'autre, la ligne AC s'appliquera sur la ligne AB, puisque les deux angles CAD, DAB sont égaux ; ce qui revient à dire que la *bissectrice d'un angle est l'axe de symétrie de la ligne brisée formée par les deux côtés de l'angle.*

De cette propriété de la bissectrice d'un angle, on en déduit une autre très-importante que nous allons établir.

161. Théorème. 1° *Tout point pris sur la bissectrice d'un angle est également distant des deux côtés de l'angle.*

2° *Tout point pris dans l'intérieur d'un angle, et qui n'est pas situé sur la bissectrice, est inégalement éloigné des deux côtés de l'angle.*

1° Soit BO la bissectrice de l'angle ABC, et D un point quelconque de cette bissectrice ; du point D, j'abaisse des perpendiculaires DE et DF sur les deux côtés de l'angle ; je dis que DE est égale à DF. En effet, je plie la figure le long de BO, et je rabats l'angle OBC sur l'angle OBA, la droite BC s'appliquera sur BA, puisque l'angle OBC est égal à l'angle OBA ; le point D restera immobile, et la ligne DF, perpendiculaire à BC, deviendra perpendiculaire à BA ; or, du point D, on ne peut abaisser qu'une perpendiculaire sur BA ; donc DF coïncidera avec DE ; ces deux lignes sont donc égales ; C. Q. F. D.

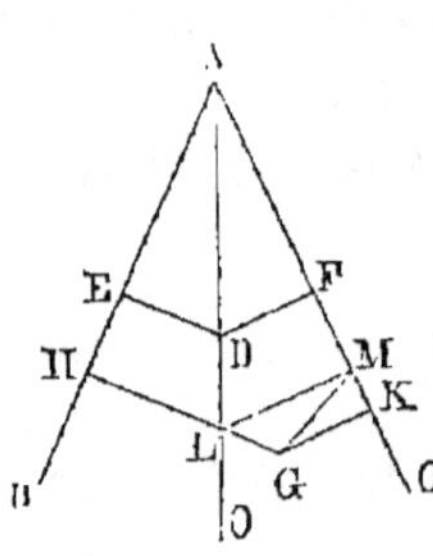

Fig. 115.

2° Soit G un point situé dans l'intérieur de l'angle ABC, hors de la bissectrice OB ; j'abaisse de ce point les perpendiculaires GH et GK sur les deux côtés de l'angle ; je dis qu'elles sont inégales. En effet, l'une d'elles coupe la bissectrice en un point L ; j'abaisse de ce point une perpendiculaire LM sur la ligne BC, et je joins GM; la ligne GK est perpendiculaire, et la ligne GM, oblique à BC; donc GK est plus courte que GM; d'autre part, la ligne droite GM est plus petite que la ligne brisée GL + LM; et LM = LH, en vertu de la première partie du théorème; donc

$$GM < GL + LH;$$

ou bien, GM < GH; donc, à plus forte raison, GK est plus petite que GH; C. Q. F. D.

162. Corollaire. Le théorème qui précède donne un nouveau procédé pour construire la bissectrice d'un angle, procédé qu'on emploie surtout lorsque les deux côtés de l'angle ne peuvent pas être prolongés jusqu'à leur rencontre. Voici cette construction :

Soient AB et CD les deux côtés de l'angle donné; par deux points A et C pris à volonté sur ces deux côtés, on leur élève des perpendiculaires AE et CF de même longueur; par le point E on mène une parallèle à AB, et par le point F une parallèle à CD; ces deux lignes se coupent en un point G qui appartient à la bissectrice de l'angle. En effet, tous les points de la ligne EG, parallèle à AB, sont à la même distance de cette ligne (**110**); la distance du point G au côté AB est donc égale à AE; pour la même raison, la distance du point G au côté CD est égale à CF; d'ailleurs AE est égale à CF par construction; donc le point G est également distant des deux côtés AB et CD de l'angle, et, par conséquent, c'est un point de la bissectrice de cet angle. En prenant, sur les perpendiculaires AE et CF, deux autres longueurs égales AH et CI, et menant par ces points des parallèles aux côtés AB et CD, on détermine de la même manière un second point K de la bissectrice; cette bissectrice sera donc la ligne GK.

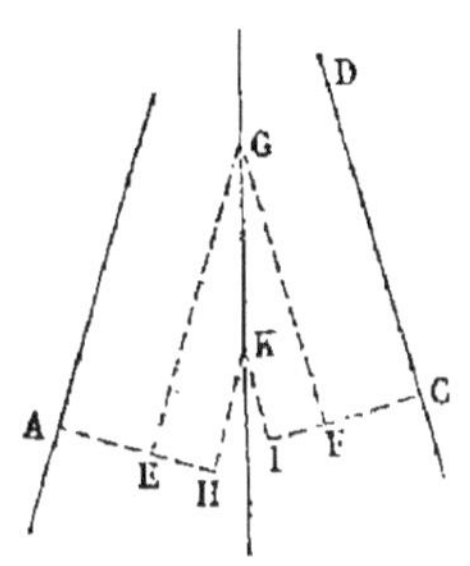

Fig. 116.

Relation entre les longueurs des cordes et leurs distances au centre.

163. Théorème. *Dans un même cercle, ou dans des cercles égaux,*

1° *Des cordes égales sont également éloignées du centre;*

2° *De deux cordes inégales, la plus grande est la plus rapprochée du centre.*

1° Soient AB et A'B' deux cordes égales prises dans les circonférences égales O et O'; des centres O et O', j'abaisse sur ces cordes des perpendiculaires OC et O'C'; on sait que les longueurs de ces perpendiculaires mesurent les distances des points O et O' aux deux cordes AB et A'B' (**83**); je dis que ces deux perpendiculaires sont égales. En effet, les cordes égales AB et A'B' sous-tendent des arcs égaux (**54**); transportons alors la circonférence O' sur la circonférence O, de manière que les centres O et O' coïncident et que l'arc A'B' s'applique sur son égal AB; les deux cordes A'B' et AB coïncideront; comme de plus le point O' est au point O, la perpendiculaire O'C' abaissée du point O' sur la droite A'B' coïncidera avec la perpendiculaire OC abaissée du point O sur AB; car, d'un même point, on ne peut abaisser qu'une perpendiculaire sur une droite (**71**); donc enfin O'C' est égale à OC; C. Q. F. D.

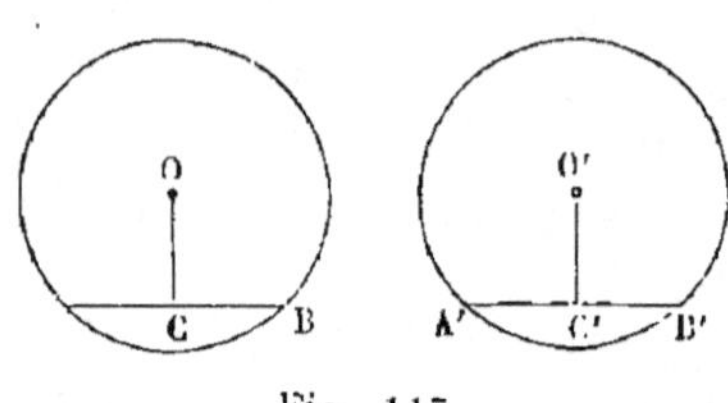

Fig. 117.

2° Soient CD et BG (fig. 118) deux cordes inégales prises dans le même cercle ou dans deux cercles égaux, et supposons BG > CD; je dis que la corde BG est plus rapprochée du centre que la corde CD. En effet, à partir du point B, je prends sur l'arc BG un arc BA égal à l'arc CD, et je mène la corde BA qui sera égale à CD; les deux cordes égales AB et CD seront à la même distance du centre; si OK et OH sont les perpendiculaires abaissées du point O sur ces deux cordes, on aura OK = OH; soit OF la perpendiculaire abaissée du point O sur BG; le théorème revient à faire voir que OF est moindre que OH. La corde AB étant plus petite que BG, l'arc BA est plus petit que l'arc BG (**35**); par suite le point A tombe sur l'arc BG, entre le point B et le point G; donc la corde BG est placée entre le centre O et la corde AB; donc aussi la ligne OH qui joint le point O au milieu de AB, coupe BG en un certain point I, compris entre H et O; c'est-à-dire qu'on aura OI < OH; mais OF étant perpendiculaire à BG, et OI oblique à cette ligne, on a OF < OI, donc à plus forte raison OF < OH; C. Q. F. D.

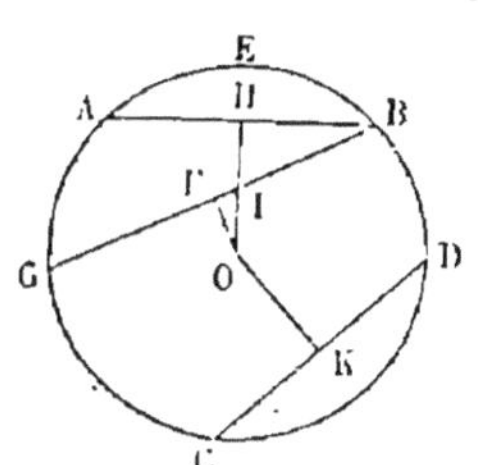

Fig. 118.

164. COROLLAIRE. Réciproquement, *dans un même cercle ou dans des cercles égaux*,

1° *Deux cordes également éloignées du centre sont égales*; car, si elles étaient inégales, elles seraient inégalement éloignées du centre.

2° *Deux cordes inégalement distantes du centre sont inégales, et la plus éloignée du centre est la plus petite*; en effet, elles ne peuvent pas être égales, puisque des cordes égales sont à égale distance du centre; les cordes étant inégales, il résulte du théorème précédent que c'est la plus petite qui est la plus éloignée du centre.

Des sécantes parallèles.

165. DÉFINITION. On appelle *sécante* au cercle, toute droite indéfinie qui coupe la circonférence en deux points.

Une droite ne peut pas rencontrer une circonférence en plus de deux points; car tous les points d'intersection d'une circonférence avec une droite sont à une distance du centre égale au rayon, et on a vu (**86**) que d'un point pris hors d'une droite, on ne peut mener à cette droite que deux obliques égales; donc la circonférence ne peut avoir que deux points communs avec une sécante.

166. Théorème. *Deux sécantes parallèles interceptent sur une circonférence des arcs égaux.*

Soient AB, CD deux droites parallèles qui coupent la circonférence O, la première aux points A et B, la seconde aux points C et D; je dis que l'arc AC est égal à l'arc BD. En effet, du centre O j'abaisse sur AB la perpendiculaire OE ; cette ligne sera aussi perpendiculaire à CD, puisque la ligne CD est parallèle à AB (**96**); d'après un théorème précédent (**151**), la ligne OE partage en deux parties égales l'arc AEB sous-tendu par la corde AB, et aussi l'arc CED sous-tendu par la corde CD; on a donc :

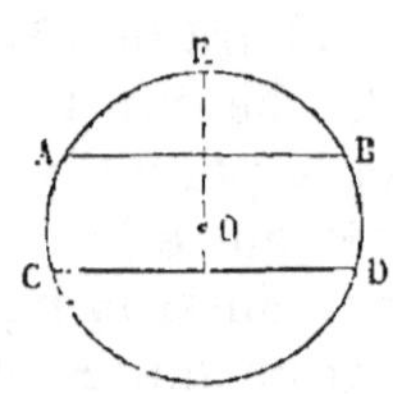

Fig. 119.

$$\text{arc CE} = \text{arc DE};$$

$$\text{arc AE} = \text{arc BE};$$

il en résulte évidemment que la différence des arcs CE et AE est égale à la différence des arcs DE et BE, c'est-à-dire qu'on a :

$$\text{arc AC} = \text{arc BD};$$

C. Q. F. D.

167. Problème. *Par un point* C *donné sur une circonférence, mener une droite parallèle à une sécante donnée* AB (fig. **119**).

A partir du point B, je prends sur la circonférence un arc BD égal à l'arc AC (**57**), et situé du même côté de la droite AB que l'arc AC; je dis que la droite CD sera parallèle à AB. En effet, si par le point C je mène une parallèle à AB, elle devra intercepter sur la circonférence un arc égal à l'arc AC, en vertu du théorème précédent; donc elle devra passer par le point D; CD est donc bien parallèle à AB; C. Q. F. D.

CHAPITRE IX.

TANGENTE AU CERCLE.

Propriété fondamentale et construction de la tangente au cercle.

168. Théorème. *Une droite, perpendiculaire à l'extrémité d'un rayon, n'a qu'un point commun avec la circonférence.*

Soit BD une ligne perpendiculaire à l'extrémité du rayon CA; je dis que cette droite n'a pas d'autre point commun avec la circonférence que le point A.

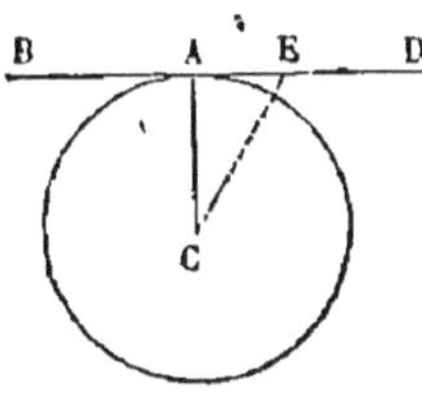

Fig. 120.

En effet, soit E un autre point de la ligne BD; je joins CE; la ligne CE, oblique à BD, est plus longue que CA, qui est perpendiculaire à BD; le point E est donc à une distance du centre plus grande que le rayon, et, par conséquent, il est extérieur à la circonférence; tous les points de la droite BD, à l'exception du point A, sont donc extérieurs au cercle; en d'autres termes, la droite BD n'a qu'un point commun avec la circonférence; C. Q. F. D.

169. Définitions. Lorsqu'une ligne droite n'a qu'un point commun avec une circonférence, on dit qu'elle est *tangente* à la circonférence ou qu'elle *touche* la circonférence; et inversement, la circonférence est dite *tangente* à la droite.

Le point commun aux deux lignes s'appelle le point de *tangence* ou de *contact*.

Le théorème précédent peut alors s'énoncer ainsi :

Toute perpendiculaire à l'extrémité d'un rayon est tangente au cercle.

170. Théorème. *Toute ligne droite, tangente à une circon-*

férence, est perpendiculaire au rayon qui passe par le point de contact.

Supposons que la ligne BD soit tangente à la circonférence C (fig. 121), et soit A le point de contact; je dis que BD est perpendiculaire au rayon CA; en effet, par hypothèse, un point quelconque E pris sur BD est extérieur à la circonférence; par suite la ligne CE est plus grande que CA ; donc la ligne CA est la ligne la plus courte qu'on puisse mener du point C à la droite BD; par conséquent elle est perpendiculaire à BD (85); C. Q. F. D.

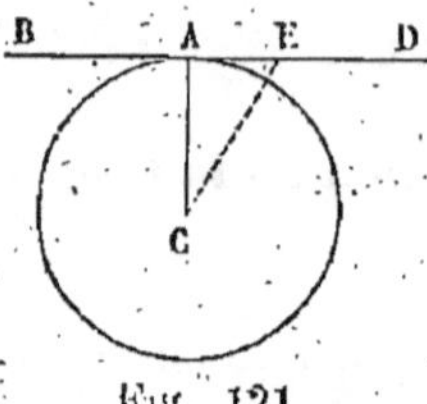

Fig. 121.

171. Corollaire. *Par un point A, pris sur une circonférence, on peut mener une tangente à cette circonférence, et on ne peut en mener qu'une* (fig. 121).

Car si on mène le rayon CA, on peut mener par le point A une perpendiculaire à ce rayon, et on ne peut en mener qu'une.

172. Problème. *Par un point A, pris sur une circonférence C, mener une tangente à cette circonférence* (fig. 121).

On joint le rayon CA, et on mène par le point A une perpendiculaire à cette droite, en employant l'une des constructions que nous avons indiquées aux nos **69** et **79**.

173. Problème. *Par un point A extérieur à une circonférence O, mener une tangente à cette circonférence* (fig. 122).

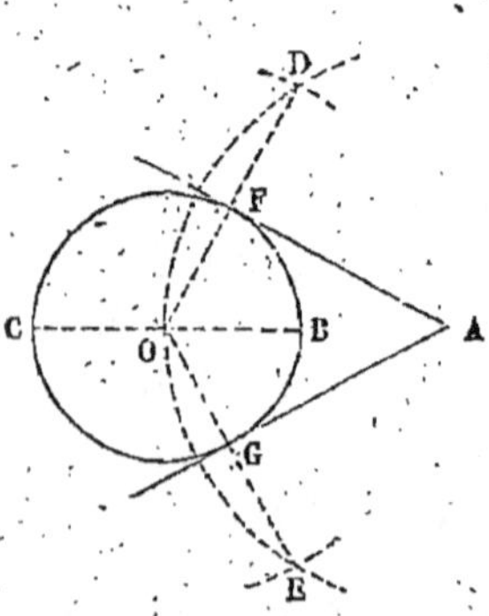

Fig. 122.

Du point A comme centre, je décris un arc de cercle qui passe par le centre O de la circonférence donnée; puis du point O comme centre avec un rayon égal au diamètre BC de la circonférence O, je décris deux arcs de cercle qui coupent le premier aux deux points D et E; je mène les lignes OD et OE qui rencontrent la circonférence donnée aux points F et G; les lignes AF et AG sont tangentes à cette circonférence. En effet, la ligne OD est égale, d'après la construction, à BC, ou bien au double de OF; le point F est donc le milieu de OD; mais OD est une corde dans la circonférence décrite du point A comme centre, et, par conséquent, la ligne AF qui joint le centre A au milieu de cette corde, lui est perpendiculaire (**152**); donc la ligne AF est perpendiculaire à l'extrémité du rayon OF, et par suite elle est tangente au cercle O (**168**). On ferait la même démonstration pour la ligne AG.

174. Théorème. *Si d'un point* A, *pris hors d'un cercle* O, *on mène deux tangentes* AB, AC *à ce cercle,*

1° *Ces deux tangentes sont égales;*

2° *La ligne* OA, *qui joint le point de concours des deux tangentes au centre, divise en deux parties égales l'angle des deux tangentes et l'angle des rayons qui aboutissent aux deux points de contact;*

3° *Cette même ligne* OA *est perpendiculaire sur le milieu de la ligne* BC *qui joint les deux points de contact, et qu'on appelle la corde de contact* (fig. 123.)

En effet, les rayons OB et OC, perpendiculaires aux tangentes AB et AC, mesurent les distances du point O à ces deux tangentes; ces distances étant égales, le point O appartient à la bissectrice de l'angle BAC (**161**); par suite la ligne AO divise en deux parties égales l'angle des deux tangentes. Faisons alors tourner la partie supérieure de la figure autour de OA pour la rabattre sur la partie inférieure : la ligne AB s'appliquera sur AC, et la ligne OB, perpendiculaire à AB, prendra la direction de OC perpendiculaire à AC; par suite le point B coïncidera avec le point C; donc les deux tangentes AB et AC sont égales, et l'angle BOA est égal à l'angle COA. Enfin, il

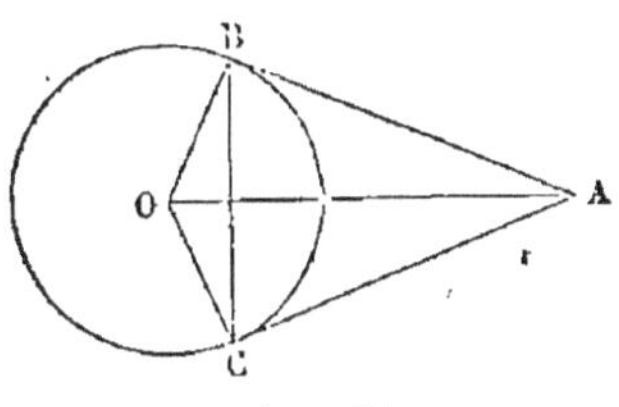

Fig. 123.

résulte aussi de ce qui précède que les points B et C sont symétriques par rapport à la ligne OA (**154**); donc cette ligne est perpendiculaire sur le milieu de la corde BC; C. Q. F. D.

175. Problème. *Mener à un cercle* O *une tangente parallèle à une droite donnée* MN (fig. 124).

Du centre O, j'abaisse sur MN une perpendiculaire OC, qui rencontre le cercle en deux points A et B diamétralement opposés; par ces deux points, je mène les droites DE, FG parallèles à MN; ces droites sont tangentes au cercle; car, puisqu'elles sont parallèles à MN, elles sont toutes les deux perpendiculaires à BC (**96**); ces deux lignes sont donc perpendiculaires aux extrémités des rayons OA et OB, et par conséquent elles sont tangentes au cercle.

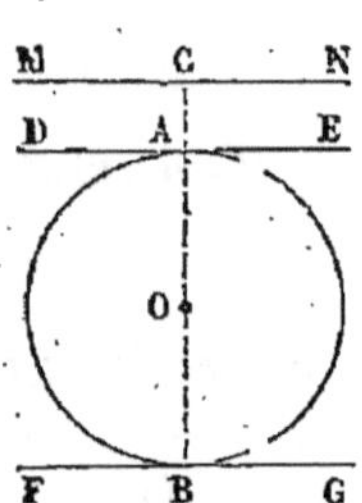

Fig. 124.

176. Remarque I. On ramène au problème précédent deux autres questions qu'on peut se proposer sur la tangente au cercle.

1° *Mener une tangente qui fasse un angle connu avec une droite donnée;* on mène une ligne quelconque faisant avec la droite donnée un angle égal à l'angle donné; puis on mène des tangentes parallèles à cette seconde droite.

2° *Mener une tangente perpendiculaire à une droite donnée;* on mène un diamètre parallèle à la droite donnée, et par les extrémités de ce diamètre, on mène des tangentes à la circonférence.

177. Remarque II. On voit sur la figure qui précède que les points de contact de deux tangentes parallèles sont les extrémités d'un même diamètre; et comme ce diamètre leur est perpendiculaire, il mesure leur distance; donc *la distance de deux tangentes parallèles à un cercle est égale au diamètre de ce cercle.*

C'est sur cette remarque qu'est fondé l'usage du *compas à coulisse*, employé dans l'industrie pour vérifier les circonférences en relief et en mesurer le diamètre. Cet instrument se compose d'une équerre en fer ABC, dont la plus longue branche est divisée en millimètres, et d'une règle DE, qui peut se mouvoir le long de BC en restant toujours parallèle à AB; une vis de pression permet de fixer cette règle mobile dans une position quelconque, et les divisions tracées sur BC donnent alors la distance des deux règles AB et DE.

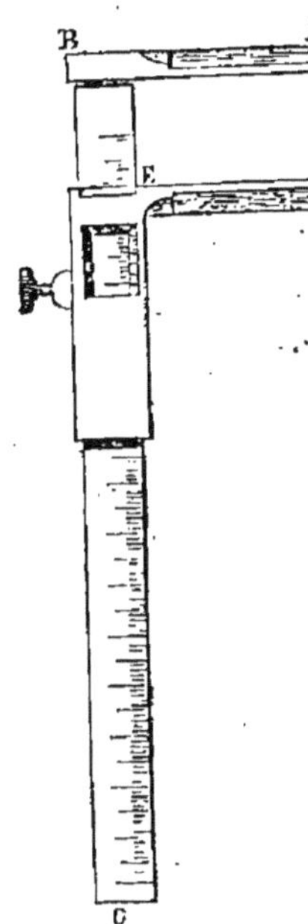

Fig. 125.

Pour mesurer avec cet instrument le diamètre d'un disque circulaire, on le place de manière que les deux branches parallèles AB et DE soient tangentes à la circonférence; et leur distance, mesurée sur la règle BC, donne la longueur du diamètre cherché. Pour reconnaitre si la circonférence est bien tracée, on fait tourner le compas à coulisse, de manière que les deux branches AB et DE restent constamment tangentes à cette circonférence; si la pièce qu'on examine est bien circulaire, la distance de ces branches devra être la même dans toutes les positions.

178. Applications. Les arts font un usage fréquent de la tangente au cercle. Ainsi, les menuisiers qui veulent découper une planche circulaire, font usage d'une scie à lame étroite, qu'on appelle scie à *chantourner ;* chaque trait de la scie forme à la surface de la planche une petite ligne droite très-courte, tangente à la circonférence qu'on a d'abord tracée; la ligne formée par toutes ces tangentes très-courtes et très-rapprochées diffère extrêmement peu de la circonférence. De même, quand un tourneur veut découper un disque circulaire dans une plaque de métal montée sur le tour, il tient l'outil de manière que le biseau tranchant soit constamment tangent à la circonférence. C'est encore dans la direction de la tangente au cercle que le serrurier fait marcher sa lime, lorsqu'il veut donner à un morceau de fer une forme circulaire.

Dans le dessin des machines, on a souvent à tracer des tangentes au cercle, par exemple, lorsqu'on veut représenter une corde enroulée dans la gorge d'une poulie; dans les dessins d'architecture, les moulures présentent de nombreux exemples de droites tangentes à des cercles; nous y reviendrons.

On démontre, en mécanique, qu'en vertu de l'*inertie* de la matière, un corps qui décrit une circonférence de cercle tend toujours à continuer son mouvement dans la direction de la tangente au cercle qu'il décrit; c'est sur cette propriété qu'est fondé l'usage de la *fronde;* une pierre est placée dans un petit morceau de toile ou de peau, auquel sont attachées deux cordes; on prend les extrémités des deux cordes, et on imprime un mouvement de rotation rapide à la pierre, qui décrit alors une circonférence; si, à un moment donné, on vient à lâcher l'une des cordes, la pierre, devenue libre, s'échappe par la tangente au cercle avec une vitesse d'autant plus grande que le mouvement de rotation était plus rapide. C'est à cause de cette tendance des corps qui tournent à s'échapper suivant la tangente, qu'on est obligé d'encastrer avec des cercles de fer les meules de moulin, pour empêcher les particules du bord d'être lancées au loin, quand la meule a un mouvement de rotation très-rapide. La mécanique offre un grand nombre d'autres applications de cette propriété.

CHAPITRE X.

ANGLE INSCRIT.

Mesure de l'angle inscrit.

179. Définitions. Un angle est dit *inscrit* dans un cercle, lorsque son sommet est sur la circonférence et que ses côtés sont des cordes.

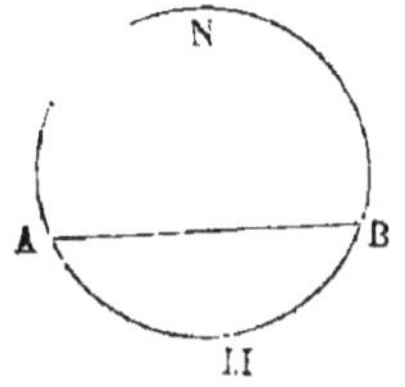

Fig. 126.

On appelle *segment de cercle* la portion du cercle comprise entre un arc et sa corde. Une corde AB partage le cercle en deux segments AMB, ANB (fig. 126).

Lorsqu'un angle inscrit a son sommet sur l'arc d'un segment, et que ses côtés passent par les extrémités de la corde de ce segment, on dit qu'il est *inscrit dans ce segment*.

180. Théorème. *La mesure d'un angle inscrit* CAB *est égale à la moitié de la mesure de l'arc* CB *compris entre ses côtés* (fig. 127, 128, 129).

Cet énoncé suppose qu'on prenne pour unité d'angle l'angle au centre, qui intercepte entre ses côtés l'unité d'arc, comme nous l'avons déjà fait au n° **57**; par exemple, si on prend pour unité d'arc le quadrant, ou le quart de la circonférence, il faudra prendre pour unité d'angle, l'angle droit; et alors le nombre exprimant la mesure de l'angle inscrit sera la moitié du nombre qui exprime la mesure de l'arc compris entre ses côtés, comme nous allons le faire voir.

Je distinguerai trois cas dans la démonstration de ce théorème.

1er *Cas*. L'un des côtés AB de l'angle inscrit est un diamètre (fig. 127).

Par le point O, je mène le diamètre DE parallèle à AC,

les deux angles CAB, DOB sont égaux comme angles correspondants formés par les parallèles CA, DE coupées par la sécante AB (**99**); on est ainsi ramené à chercher la mesure de l'angle au centre DOB. Or les angles au centre DOB, AOE, étant égaux comme opposés par le sommet, interceptent entre leurs côtés des arcs égaux (**51**); donc l'arc DB est égal à l'arc AE. D'autre part, les sécantes parallèles CA et DE interceptent sur la circonférence des arcs égaux (**166**); donc l'arc CD est égal à l'arc AE. Les deux arcs DB et CD, égaux au même arc AE, sont égaux entre eux; en d'autres termes, l'arc DB est la moitié de l'arc CB. Mais l'angle au centre DOB a la même mesure que l'arc DB compris entre ses côtés (**57**); donc l'angle CAB, qui est égal à l'angle DOB, a la même mesure que l'arc DB; ou encore, il a la même mesure que la moitié de l'arc BC compris entre ses côtés; C. Q. F. D.

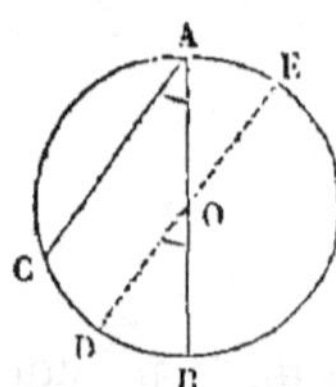

Fig. 127.

2e *Cas.* Le centre est à l'intérieur de l'angle inscrit CAB.

Je mène le diamètre AK qui passe par le sommet de l'angle; en vertu du premier cas, l'angle CAK a la même mesure que la moitié de l'arc CK, et l'angle BAK a la même mesure que la moitié de l'arc KB; donc l'angle CAB, qui est la somme des deux angles CAK et BAK, a la même mesure que la demi-somme des arcs CK et BK, c'est-à-dire que la moitié de l'arc CKB compris entre ses côtés; C. Q. F. D.

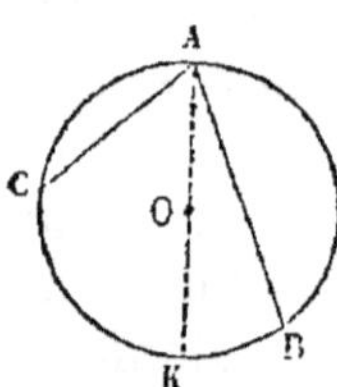

Fig. 128.

3e *Cas.* Le centre O est à l'extérieur de l'angle inscrit CAB.

Je mène le diamètre AK qui passe par le sommet de l'angle; l'angle CAB est alors la différence des angles CAK et BAK. Or, d'après le premier cas, l'angle CAK a la même mesure que la moitié de l'arc CK, et l'angle BAK a la même mesure que la moitié de l'arc BK; donc

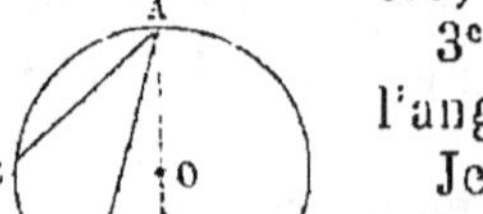

Fig. 129.

l'angle CAB a la même mesure que la demi-différence des arcs CK et BK, c'est-à-dire que la moitié de l'arc CB compris entre ses côtés; C. Q. F. D.

Remarque. Pour abréger le langage, on a coutume d'énoncer le théorème précédent ainsi :

L'angle inscrit a pour mesure la moitié de l'arc compris entre ses côtés.

Cet énoncé est plus court; mais il n'offre aucun sens par lui-même; il ne faut jamais perdre de vue que le sens véritable, c'est que la mesure d'un angle inscrit est la même que la mesure de la moitié de l'arc compris entre ses côtés, pourvu que l'on choisisse l'unité d'angle de la manière que nous avons indiquée précédemment.

Exemple. Supposons, par exemple, que l'arc CB soit égal à 142°; l'angle inscrit CAB vaudra la moitié de 142°, ou 71°; en d'autres termes, cet angle sera les $\frac{71}{90}$ de l'angle droit.

181. Corollaire. I. *Tous les angles* ACB, ADB, AEB, *inscrits dans un même segment, sont égaux entre eux* (fig. 130).

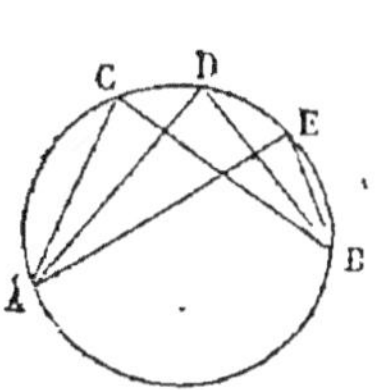

Fig. 130.

Car ils ont tous pour mesure la moitié du même arc AB compris entre leurs côtés.

Ainsi, dans un théâtre circulaire, le pourtour du rez-de-chaussée est un arc de cercle, dont la rampe est la corde, et, par suite, les spectateurs placés le long de ce pourtour voient tous la rampe sous le même angle.

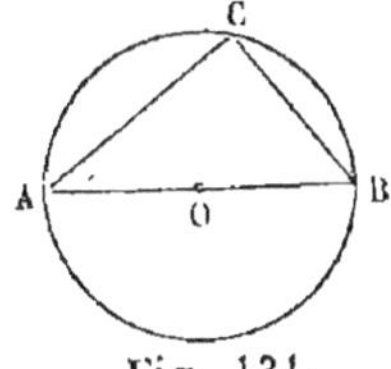

Fig. 131.

182. Corollaire II. *Tout angle* ACB, *inscrit dans un demi-cercle, est droit* (fig. 131).

Car cet angle a pour mesure la moitié de l'arc compris entre ses côtés, c'est-à-dire la moitié d'une demi-circonférence ou un quadrant; et l'on sait que l'angle qui a pour mesure un quadrant est droit.

183. Corollaire III. *Tout angle* ACB, *inscrit dans un segment* ACB *plus grand qu'un demi-cercle, est aigu, et tout angle* ADB, *inscrit dans un segment plus petit qu'un demi-cercle, est obtus* (fig. 132).

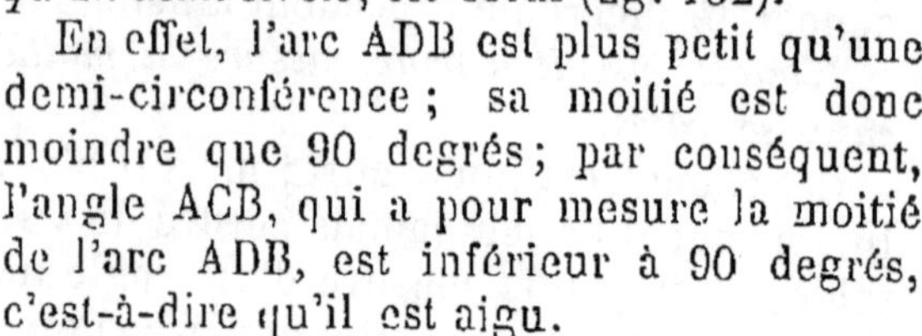

Fig. 132.

En effet, l'arc ADB est plus petit qu'une demi-circonférence ; sa moitié est donc moindre que 90 degrés; par conséquent, l'angle ACB, qui a pour mesure la moitié de l'arc ADB, est inférieur à 90 degrés, c'est-à-dire qu'il est aigu.

Pareillement l'arc ACB est plus grand qu'une demi-circonférence, et sa moitié surpasse 90 degrés; donc l'angle ADB, qui a pour mesure la moitié de l'arc ACB, est supérieur à 90 degrés; par conséquent il est obtus.

184. Corollaire IV. *Deux angles* ACB, ADB, *inscrits dans les deux segments qui s'appuient sur une même corde* AB, *sont supplémentaires* (fig. 132).

En effet, l'angle ACB a pour mesure la moitié de l'arc ADB, et l'angle ADB a pour mesure la moitié de l'arc ACB; donc la somme des deux angles ACB, ADB a pour mesure la demi-somme des arcs ACB, ADB, c'est-à-dire la moitié de la circonférence ou 180 degrés ; par conséquent ces deux angles sont supplémentaires; C. Q. F. D.

185. Problème. *Élever une perpendiculaire à l'extrémité* B *d'une droite* AB *qu'on ne peut pas prolonger* (fig. 133)

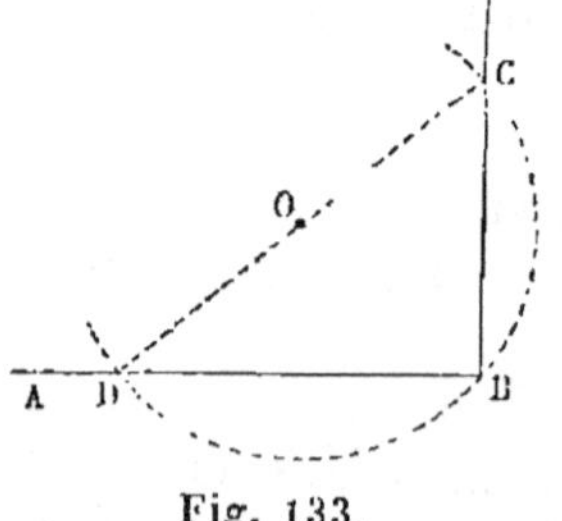

Fig. 133.

Prenons un point O quelconque extérieur à la droite AB, et de ce point, comme centre, décrivons une circonférence qui passe par le point B; elle coupera la droite AB en un second point D; menons le diamètre CD qui passe par le point D, et joignons le point B à l'extrémité C de ce diamètre : la droite BC est perpendiculaire à AB; car l'angle CBD, inscrit dans une demi-circonférence, est droit.

186. Théorème. *L'angle formé par une tangente au cercle et une corde qui passe par le point de contact, a pour mesure la moitié de l'arc compris entre ses côtés* (fig. 134).

Soit BC une droite tangente au cercle O, au point A, et AD une corde qui passe par le point de contact; je dis que chacun des angles BAD, CAD a pour mesure la moitié de l'arc compris entre ses côtés. En effet, je mène le diamètre AE qui passe par le point de contact : il est perpendiculaire à la tangente (**170**); donc l'angle BAE est droit, et par conséquent il a pour mesure un quadrant, ou, ce qui revient au même, la moitié de la demi-circonférence ADE; d'autre part, l'angle DAE, inscrit, a pour mesure la moitié de l'arc DE compris entre ses côtés; donc l'angle BAD, qui est la différence des angles BAE et DAE, a pour mesure la moitié de l'arc ADE, moins la moitié de l'arc DE, c'est-à-dire la moitié de l'arc AD compris entre ses côtés.

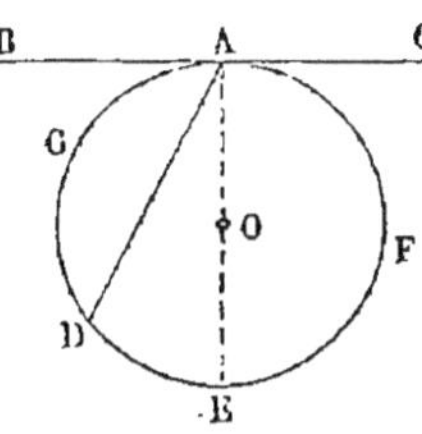

Fig. 134.

Prenons maintenant l'angle obtus CAD; cet angle est la somme des angles CAE et DAE; or l'angle droit CAE a pour mesure la moitié de la demi-circonférence AFE, et l'angle DAE, qui est inscrit, a pour mesure la moitié de l'arc DE compris entre ses côtés; donc l'angle CAD a pour mesure la moitié de l'arc AFE, plus la moitié de l'arc DE, c'est-à-dire la moitié de l'arc AFED compris entre ses côtés.

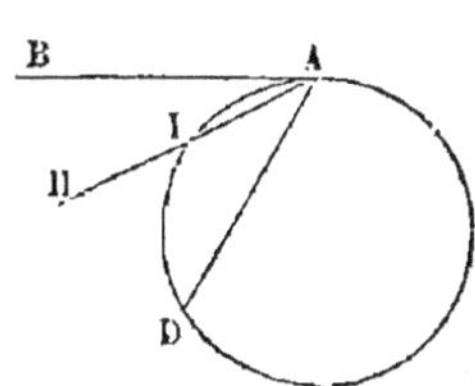

Fig. 135.

187. Remarque. Ce théorème peut être considéré comme une conséquence de celui que nous avons démontré sur la mesure de l'angle inscrit. En effet, considérons, par exemple, l'angle BAD formé par la tangente AB et la corde AD (fig. 135); et menons par le point A une sécante AH voisine de la tangente AB; l'angle inscrit DAH aura pour mesure la moitié de l'arc DI. Supposons maintenant que la sécante AH se rapproche de la tangente AB, le point I se rapprochera indéfiniment du point A; et par conséquent, à la limite, lorsque la sécante AH se confondra avec la tangente AB, l'angle DAB aura pour mesure la moitié de l'arc DA ; C. Q. F. D.

Segment capable.

188. Théorème. *Tout angle* CAB, *dont le sommet* A *est à l'intérieur d'une circonférence, a pour mesure la demi-somme des arcs* CB *et* DE *compris entre ses côtés et leurs prolongements* (fig. 136).

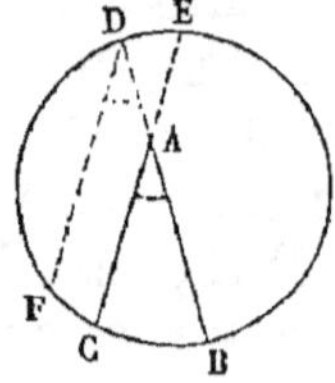

Fig. 136.

Par le point D, je mène une ligne DF parallèle à CA ; l'angle FDB et l'angle CAB sont égaux comme angles correspondants formés par les parallèles DF, CA, coupées par la sécante DB. Or l'angle FDB, inscrit, a pour mesure la moitié de l'arc FCB compris entre ses côtés; mais l'arc FCB est égal à CB+FC, et l'arc FC est égal à l'arc DE, en vertu du théorème du n° **157**; donc l'arc FCB est égal à CB+DE; donc enfin l'angle FDB, ou son égal l'angle CAB, a pour mesure la demi-somme des arcs CB et DE; C. Q. F. D.

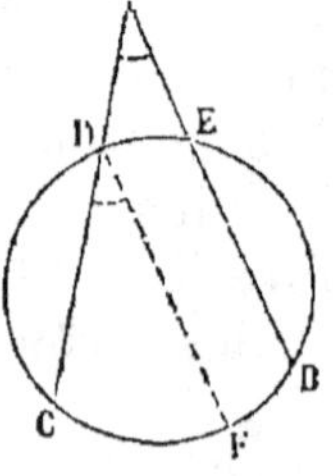

Fig. 137.

189. Théorème. *Tout angle* CAB, *dont le sommet* A *est extérieur à une circonférence, et dont les côtés coupent la circonférence, a pour mesure la demi-différence des arcs* CB *et* DE *compris entre ses côtés* (fig. 137).

Par le point D, je mène une ligne DF parallèle à AB ; les angles CDF, CAB sont égaux comme angles correspondants formés par les parallèles DF et AB, coupées par la sécante AC. Or, l'angle CDF, qui est inscrit, a pour mesure la moitié de l'arc CF compris entre ses côtés; mais l'arc CF est égal à CB — BF; et de plus l'arc BF est égal à l'arc DE, en vertu du théorème du nº **166**; donc l'arc CF est égal à CB — DE, et par conséquent l'angle CDF, ou son égal l'angle CAB, a pour mesure la moitié de la différence des arcs CB et DE; C. Q. F. D.

190. Corollaire. Considérons un segment de cercle ACB (fig. 138); nous savons que tous les angles ACB, ADB, etc., inscrits dans ce segment, sont égaux (**181**); je dis de plus que tout angle dont les côtés passent par les points A et B, et dont le sommet n'est pas sur l'arc de cercle ACB, est différent de l'angle ACB. En effet, supposons d'abord que le sommet E soit à l'intérieur du segment ACB; l'angle AEB a pour mesure la moitié de l'arc AMB, plus la moitié de l'arc HG; donc il surpasse l'angle ACB, qui a pour mesure la moitié de l'arc AMB.

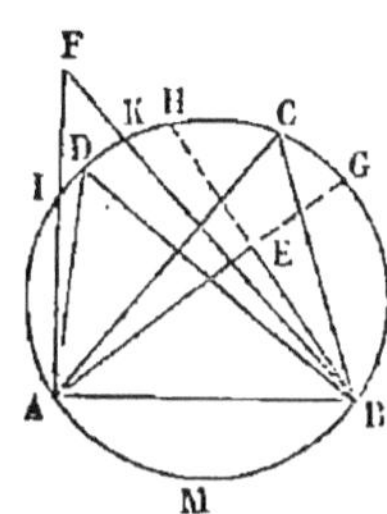

Fig. 138.

Supposons en second lieu que le sommet F de l'angle soit à l'extérieur du segment ACB; l'angle AFB a pour mesure la moitié de l'arc AMB, moins la moitié de l'arc IK; donc il est plus petit que l'angle ACB, qui a pour mesure la moitié de l'arc AMB.

Ainsi de tous les points de l'arc ADCB, on *voit* la droite AB *sous un angle* égal à ACB, et de tous les points qui ne sont pas sur l'arc ADCB, et qui sont du même côté de la droite AB, on voit cette droite sous un angle différent.

Cette propriété importante peut s'énoncer ainsi :

De tous les points d'un arc de cercle, on voit la corde de cet arc sous le même angle, et de tous les points qui ne sont pas sur l'arc de cercle, et qui sont situés du même côté de la corde, on la voit sous un angle différent.

191. Remarque I. Si l'on appelle K la valeur de l'angle ACB, le segment ADCB s'appelle *le segment capable de l'angle* K, *décrit sur* AB.

192. Remarque II. Lorsque tous les points d'une ligne

jouissent d'une même propriété, et que les points qui ne font pas partie de cette ligne n'en jouissent pas, on dit que cette ligne est le *lieu géométrique* de ces points.

Ainsi nous avons démontré (**75**) que tout point pris sur la perpendiculaire élevée au milieu d'une droite est également distant des extrémités de cette droite, et que tout point pris hors de la perpendiculaire est inégalement éloigné des extrémités de la droite ; nous énoncerons à l'avenir ce théorème de la manière suivante :

La perpendiculaire élevée au milieu d'une droite est le lieu géométrique des points également éloignés des extrémités de cette droite.

Nous avons démontré au n° **161** une propriété de la bissectrice d'un angle, qu'on pourra énoncer d'une manière plus simple, en disant :

La bissectrice d'un angle est le lieu géométrique des points situés à l'intérieur de l'angle, qui sont également distants des deux côtés de cet angle.

De même, la propriété démontrée au corollaire précédent s'énoncera ainsi :

Le lieu géométrique des points d'où l'on voit une droite donnée sous un angle donné est un arc de cercle, ayant pour corde la droite donnée ; ou encore : *le lieu géométrique des sommets des angles de grandeur constante, dont les côtés passent par deux points fixes, est un arc de cercle passant par les deux points fixes.*

193. Remarque IV. Supposons, en particulier, qu'on demande le lieu géométrique des sommets des angles *droits* dont les côtés sont assujettis à passer par deux points fixes A et B. Nous savons que, si l'on décrit une circonférence sur AB comme diamètre, et qu'on joigne un point quelconque C de cette circonférence aux deux points A et B, l'angle ACB est droit (**182**); il en résulte, en vertu de la proposition précédente, que, si l'on joint aux deux points A et B un point quelconque, pris à

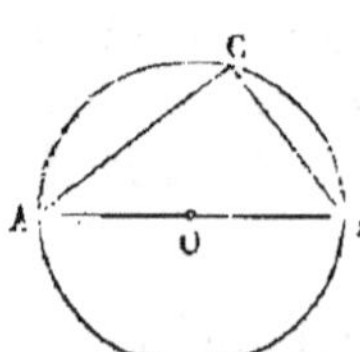

Fig. 139.

l'intérieur ou à l'extérieur de cette circonférence, l'angle ainsi formé sera plus grand ou plus petit qu'un angle droit; donc,

Le lieu géométrique des sommets des angles droits, dont les côtés passent par les extrémités d'une droite donnée, est la circonférence qui a cette droite pour diamètre.

194. De cette remarque on déduit une nouvelle méthode pour *mener une tangente à un cercle* O *par un point extérieur* A (fig. 140).

Supposons le problème résolu, et soit AB une tangente issue du point A; joignons le point O au point de contact B; l'angle OBA sera droit (**170**); donc, en vertu de la propriété précédente, le point B doit se trouver sur la circonférence décrite sur OA comme diamètre.

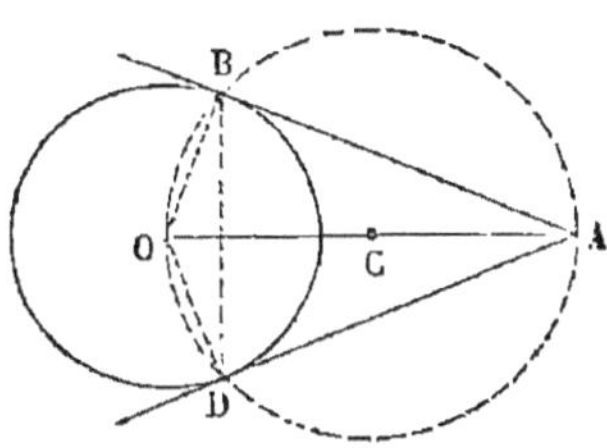

Fig. 140.

On déduit de cette analyse la construction suivante : prenons le milieu C de la ligne OA, et du point C comme centre avec CO pour rayon, décrivons une circonférence qui passe par les points O et A; cette circonférence coupe la circonférence donnée en deux points B et D qui sont les points de contact des deux tangentes cherchées.

195. Problème. *Décrire sur une droite donnée* AB *comme corde, un segment capable d'un angle donné* K.

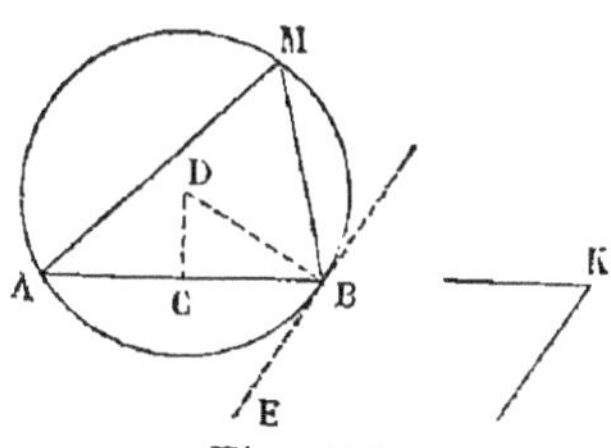

Fig. 141.

A l'extrémité B de la droite donnée AB, je fais un angle ABE égal à l'angle donné; j'élève ensuite la perpendiculaire CD au milieu de AB, et au point B, j'élève à la ligne BE une perpendiculaire qui rencontre la ligne CD au point D. Du point D comme centre avec DB comme rayon, je décris un cercle, et je dis que la portion de ce cercle située au-dessus de AB est le segment demandé.

En effet, le point D, se trouvant sur la perpendiculaire CD élevée au milieu de la ligne AB, est également éloigné des extrémités A et B de cette droite (**75**) ; donc la circonférence décrite du point D comme centre avec DB pour rayon, passe au point A ; de plus, la ligne BE, perpendiculaire à l'extrémité du rayon DB, est tangente à cette circonférence (**168**). Alors, un angle quelconque AMB, inscrit dans le segment situé au-dessus de AB, est égal à l'angle ABE, parce qu'ils ont tous les deux pour mesure la moitié du même arc (**180** et **186**) ; donc il est égal à l'angle donné K ; donc le segment AMB est le segment capable de l'angle donné ; C. Q. F. D.

196. Corollaire. .Ce problème donne immédiatement la solution de la question suivante.

Tracer par deux points donnés A *et* B *un arc de cercle dont la mesure est donnée.*

Il suffit de faire, au moyen du rapporteur, un angle K, dont la mesure soit la moitié de celle qui est donnée, et de décrire ensuite sur la ligne AB un segment capable de l'angle K ; la portion de la circonférence située au-dessous de AB sera l'arc demandé, car sa mesure est double de celle de l'angle K.

On peut encore résoudre cette question de la manière suivante :

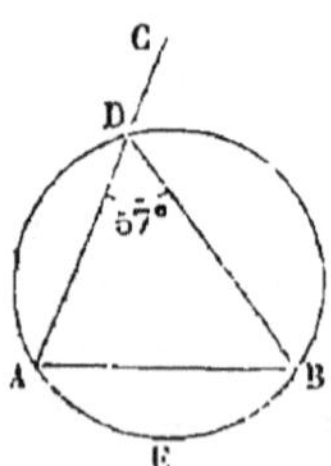

Fig. 142.

Supposons, pour fixer les idées, que la mesure de l'arc que l'on veut tracer soit de 114° ; et soient A et B les deux points donnés (fig. 142). Par le point A, je mène une droite indéfinie AC, et par le point B, je mène une droite BD qui fasse avec AD un angle égal à la moitié de 114°, c'est-à-dire à 57° (**104**) ; par les trois points A, B, D, je fais passer une circonférence ; l'arc AEB de cette circonférence est l'arc demandé ; car sa mesure est double de celle de l'angle inscrit ADB (**180**) ; il vaut donc le double de 57 degrés ou 114 degrés.

CHAPITRE XI.

LIGNES PROPORTIONNELLES DANS LE CERCLE.

Propriété des sécantes menées d'un même point à un cercle.

197. Définition. Deux droites AB, CD, qui coupent les côtés d'un angle O ou leurs prolongements, sont dites *anti-parallèles* par rapport à cet angle, lorsque l'angle OAB, formé par l'une des lignes avec un côté de l'angle, est égal à l'angle ODC formé par l'autre ligne avec le second côté de l'angle.

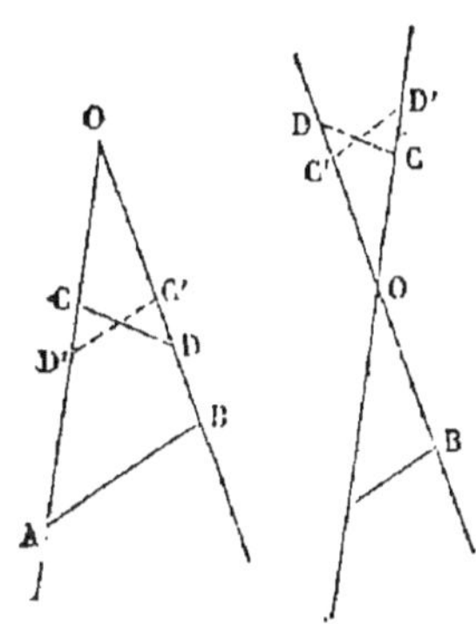

Fig. 143.

Si on retournait la figure OCD sur elle-même de manière que la ligne OC vînt prendre la position OC′, la ligne OD s'appliquerait en OD′ sur l'autre côté de l'angle ; l'angle ODC serait alors égal à OAB, et comme ces angles sont correspondants dans la première figure, et alternes-internes dans la seconde, les droites AB et D′C′ seraient parallèles (**98**) ; de là vient la dénomination d'anti-parallèles, appliquée aux droites AB et CD.

198. Théorème. *Lorsque les côtés d'un angle* O *sont coupés par des droites anti-parallèles* AB *et* CD, *le produit des distances du sommet* O *aux deux points où chacun des côtés est rencontré par les deux droites anti-parallèles est constant ; c'est-à-dire que l'on a :*

$$OA \times OC = OB \times OD.$$

En effet, retournons la figure OCD sur elle-même, comme nous venons de l'expliquer; la droite D'C' étant alors parallèle à AB, nous aurons (**120**) :

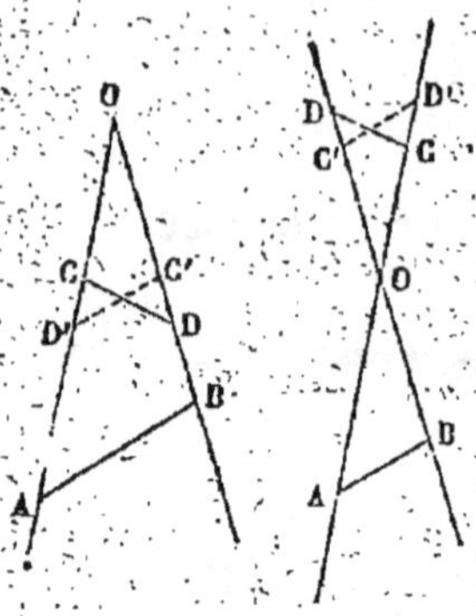

Fig. 144.

$$\frac{OA}{OB}=\frac{OD'}{OC'},$$

mais

$$OD=OD', \text{ et } OC=OC';$$

donc

$$\frac{OA}{OB}=\frac{OD}{OC};$$

si dans cette proportion nous égalons le produit des extrêmes au produit des moyens, nous avons l'égalité :

$$OA\times OC=OB\times OD;$$

C. Q. F. D.

199. Remarque. Si les deux lignes anti-parallèles AB, CD coupaient le côté OB, au même point, c'est-à-dire si le point D coïncidait avec le point B, la démonstration précédente s'appliquerait toujours; seulement l'égalité deviendrait :

$$OA\times OC=OB\times OB=\overline{OB}^2.$$

200. Théorème. *Si d'un point A pris dans le plan d'un cercle, on lui mène des sécantes, le produit des distances de ce point aux deux points d'intersection de chaque sécante avec la circonférence est constant, quelle que soit la direction de la sécante.*

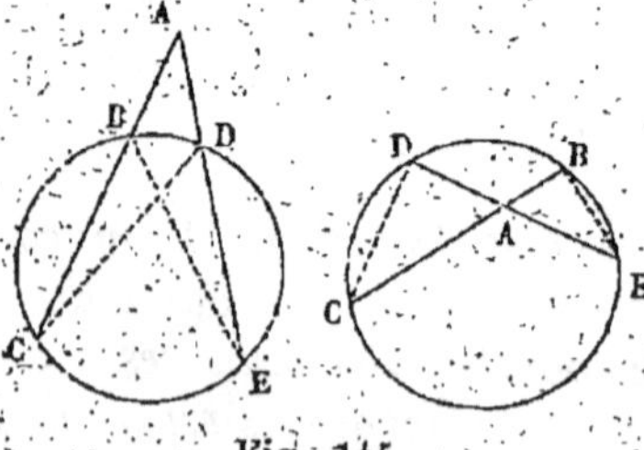

Fig. 145.

Soient AC, AE deux sécantes menées par le point A, et qui rencontrent la circonférence, la première aux points B et C, la seconde aux points D et E; il faut démontrer qu'on a :

$$AB \times AC = AD \times AE.$$

La figure peut offrir deux dispositions différentes, suivant que le point A est extérieur ou intérieur au cercle ; mais la démonstration est la même dans les deux cas.

Joignons BE et CD ; les deux angles ACD, AEB sont égaux comme ayant tous les deux pour mesure la moitié de l'arc BD (**180**) ; donc les deux droites BE et CD sont anti-parallèles par rapport à l'angle A ; donc, en vertu du théorème précédent, on a l'égalité :

$$AB \times AC = AD \times AE;$$

C. Q. F. D.

201. Remarque. L'égalité précédente peut s'écrire sous forme de proportion :

$$\frac{AB}{AD} = \frac{AE}{AC},$$

ce qui signifie que les segments interceptés à partir du point A sur les deux sécantes par la circonférence sont *inversement* proportionnels; mais cet énoncé est moins clair et moins précis que le précédent.

202. Définition. Lorsque les deux moyens d'une proportion sont égaux, la proportion est dite *continue*, et chaque moyen s'appelle une *moyenne proportionnelle* entre les deux extrêmes. Ainsi, la proportion

$$\frac{18}{6} = \frac{6}{2},$$

est une proportion continue, et 6 est la moyenne proportionnelle entre 18 et 2.

Si nous égalons le produit des extrêmes au produit des moyens, nous avons :

$$6 \times 6 = 18 \times 2,$$

ou

$$6^2 = 18 \times 2;$$

donc, *le carré de la moyenne proportionnelle entre deux nombres est égal au produit de ces deux nombres.*

Réciproquement, *si le carré d'un nombre est égal au produit de deux autres nombres, le premier nombre est la moyenne proportionnelle entre les deux autres.* Supposons que le carré du nombre 12 soit égal au produit de 9 multiplié par 16, c'est-à-dire que l'on ait :

$$12^2 = 9 \times 16,$$

ou

$$12 \times 12 = 9 \times 16,$$

on peut écrire cette égalité sous forme de proportion:

$$\frac{9}{12} = \frac{12}{16},$$

ce qui montre que 12 est la moyenne proportionnelle entre 9 et 16.

Il résulte de là que, *pour avoir la moyenne proportionnelle entre deux nombres, il faut extraire la racine carrée du produit de ces deux nombres.* Calculons, par exemple, la moyenne proportionnelle entre 24 et 294 ; je multiplie ces deux nombres, ce qui donne 7056, et j'extrais la racine carrée de 7056 ; j'obtiens ainsi 84, qui est la moyenne proportionnelle demandée ; car on a :

$$84^2 = 24 \times 294.$$

Les définitions précédentes s'appliqueraient sans modification, si, au lieu de proportions numériques, on avait des proportions entre des longueurs ; par conséquent, nous pourrons dire qu'une ligne est moyenne proportionnelle entre deux autres, lorsque le carré du nombre qui mesure la première est égal au produit des nombres qui mesurent les deux autres.

203. THÉORÈME. *La perpendiculaire abaissée d'un point*

quelconque d'une circonférence sur un diamètre est moyenne proportionnelle entre les deux segments du diamètre.

Soit DE un diamètre de la circonférence C, AF, une perpendiculaire abaissée d'un point quelconque A de la circonférence sur ce diamètre ; je dis que AF est moyenne proportionnelle entre les deux segments EF et DF du diamètre. En effet, prolongeons la ligne AF jusqu'à sa rencontre avec la circonférence au point B ; le diamètre DE, perpendiculaire à la corde AB, la divise en deux parties égales ; donc AF = BF. De plus, on a, d'après le théorème précédent,

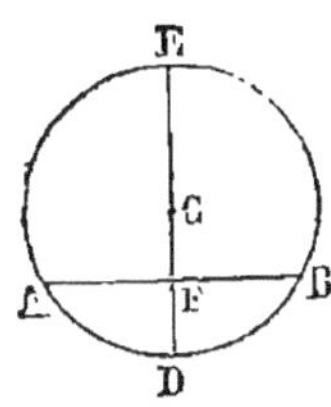

Fig. 146.

$$AF \times BF = DF \times EF\,;$$

remplaçons BF par la ligne égale AF, et nous aurons :

$$AF \times AF = DF \times EF,$$

ou bien

$$\overline{AF}^2 = DF \times EF,$$

ce qui prouve que la ligne AF est moyenne proportionnelle entre DF et EF.

204. Théorème. *Si d'un point* A *extérieur à un cercle, on lui mène une tangente* AB, *et une sécante* ACD, *la tangente est moyenne proportionnelle entre la sécante entière* AD, *et sa partie extérieure* AC.

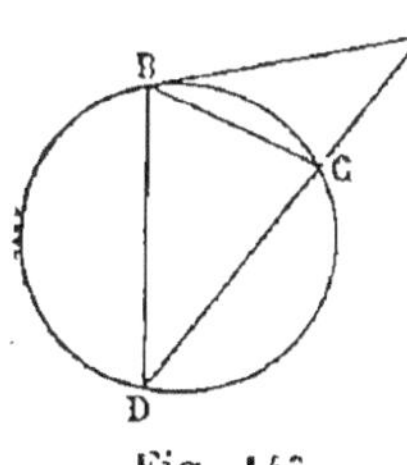

Fig. 147.

En effet, menons les cordes BC et BD ; l'angle ABC, formé par une tangente et une corde, a pour mesure la moitié de l'arc BC compris entre ses côtés ; l'angle CDB, inscrit, a aussi pour mesure la moitié de l'arc BC ; donc l'angle ABC est égal à l'angle ADB ; par suite, les droites BC et BD sont anti-parallèles par rapport aux côtés de l'angle A (**197**) ; et comme, de plus, elles coupent le côté AB au même point B, on a, par la propriété connue des droites anti-parallèles (**199**),

$$\overline{AB}^2 = AC \times AD ;$$

ce qui veut dire que la longueur AB est moyenne proportionnelle entre AC et AD (**202**) ; C. Q. F. D.

205. PROBLÈME. *Construire la moyenne proportionnelle entre deux lignes données* A *et* B.

Première solution. Sur une droite indéfinie, je porte à la suite l'une de l'autre deux longueurs CD et DE, respectivement égales aux lignes A et B; je prends ensuite le milieu M de la ligne totale CE, et du point M comme centre, avec MC comme rayon, je décris une demi-circonférence qui passe par le point E; enfin, par le point D, j'élève à la droite CE une perpendiculaire qui rencontre en F la demi-circonférence ; DF est la moyenne proportionnelle demandée ; car, d'après le théorème du n° **203**, cette ligne est moyenne proportionnelle entre CD et DE, ou bien entre A et B.

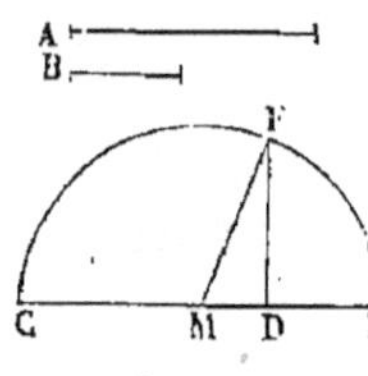

Fig. 148.

REMARQUE. Joignons MF ; cette ligne est égale à MC, c'est-à-dire à la demi-somme des deux lignes A et B ; or la perpendiculaire FD est plus courte que l'oblique MF ; donc la moyenne proportionnelle entre deux droites est plus petite que leur demi-somme.

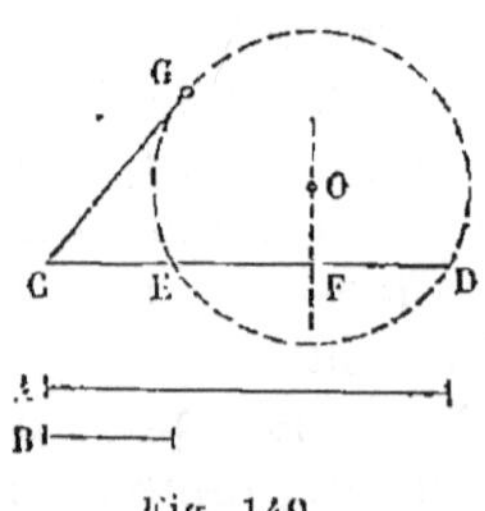

Fig. 149.

Deuxième solution. Sur une droite indéfinie, je porte, à partir du même point C et dans le même sens, deux longueurs CD et CE respectivement égales à A et à B ; au milieu de la ligne DE, j'élève une perpendiculaire FO, et d'un point quelconque O de cette ligne comme centre, je décris une circonférence passant par le point D ; elle passera aussi par le point E, puisque le point O est également distant des points D et E (75) ; enfin du point C, je mène la ligne CG tangente à la circonférence O ; cette ligne est moyenne proportionnelle entre CD et CE, c'est-à-dire entre A et B (**204**).

206. PROBLÈME. *Diviser une droite* AB *en moyenne et extrême raison, c'est-à-dire de telle sorte que le plus grand segment de la droite soit une moyenne proportionnelle entre la droite entière et le plus petit segment.*

A l'extrémité de la ligne AB, je lui élève une perpendiculaire AC égale à la moitié de sa longueur, et du point C comme centre avec CA comme rayon, je décris une circonférence, qui sera tangente à la ligne AB au point A (**168**) ; je mène ensuite la ligne BC qui coupe la circonférence au point D, et du point B comme centre avec BD comme rayon, je décris un arc de cercle jusqu'à la rencontre de la droite BA en E ; le point E partage la droite AB en moyenne et extrême raison, c'est-à-dire que BE est moyenne proportionnelle entre BA et AE.

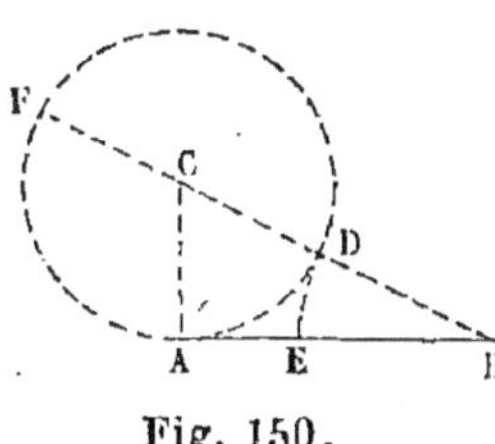

Fig. 150.

En effet, je prolonge la ligne BC jusqu'au point F où elle coupe la circonférence ; comme le rayon de la circonférence C est la moitié de AB, le diamètre DF est égal à AB. Cela posé, la ligne BA étant tangente au cercle, et la ligne BF étant sécante, on a, en vertu d'un théorème précédent (**204**) :

$$\overline{BA}^2 = BF \times BD ;$$

ou, sous forme de proportion,

$$\frac{BF}{BA} = \frac{BA}{BD} ;$$

mais on sait que, dans une proportion, le rapport de la différence des numérateurs à la différence des dénominateurs est égal au rapport du second terme au quatrième (**124**) ; donc :

$$\frac{BF - BA}{BA - BD} = \frac{BA}{BD};$$

or $$BF - BA = BF - DF = BD = BE;$$

$$BA - BD = BA - BE = AE;$$

et $$BD = BE;$$

donc la proportion précédente peut s'écrire :

$$\frac{BE}{AE} = \frac{BA}{BE};$$

en égalant le produit des extrêmes au produit des moyens, nous aurons :

$$\overline{BE}^2 = BA \times AE;$$

ce qui veut dire que le segment BE de la droite AB est moyen proportionnel entre la droite entière et le plus petit segment BE ; donc la droite AB est partagée au point E en moyenne et extrême raison.

Construction de cercles tangents à des droites.

207. Problème. *Décrire une circonférence de rayon connu qui passe par un point donné* A, *et qui soit tangente à une droite donnée* BC.

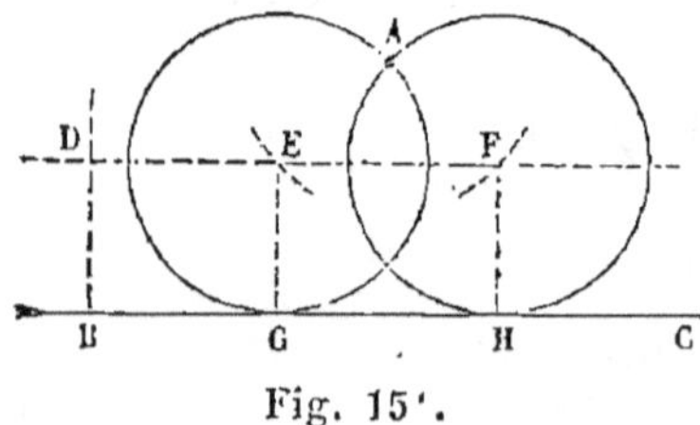

Fig. 15'.

Par un point B quelconque de la droite BC, je lui élève une perpendiculaire, sur laquelle je prends une longueur BD égale au rayon donné, et par le point D, je mène une parallèle à la droite BC. Du point donné A comme centre avec le rayon donné, je décris un arc de cercle qui coupe cette parallèle aux deux points E et F;

par ces deux points je mène des parallèles à BD, qui coupent la ligne BC aux points G et H ; enfin des points E et F comme centres, avec le rayon donné, je décris deux circonférences, qui répondent toutes les deux à la question.

En effet, les lignes EG et FH sont toutes les deux égales à BD comme parallèles comprises entre parallèles (**109**) ; de plus, les distances AE et AF sont aussi égales au rayon donné, d'après la construction ; donc d'abord les circonférences décrites des points E et F comme centres avec un rayon égal à BD passeront toutes les deux au point A, et l'une d'elles passera au point G et l'autre au point H ; de plus, les lignes EG et FH, parallèles à BD, sont perpendiculaires à BC ; donc la droite BC est perpendiculaire aux extrémités des rayons EG et FH ; donc elle est tangente aux deux circonférences ; et ces circonférences remplissent ainsi toutes les conditions de l'énoncé.

208. Remarque. Le problème serait impossible si la distance du point A à la ligne DF était plus grande que le rayon donné ; car alors la circonférence décrite du point A comme centre avec ce rayon ne rencontrerait pas la droite DF.

Si la distance du point A à la droite DF était juste égale au rayon donné, la circonférence décrite du point A comme centre avec ce rayon, toucherait la droite DF en un seul point; les deux points E et F seraient confondus en un seul, et le problème n'aurait plus qu'une solution.

209. Problème. *Décrire une circonférence de rayon connu tangente à deux droites données* AB *et* CD (fig. 152).

Aux points A et C pris à volonté sur les droites AB et CD, j'élève des perpendiculaires à ces droites, et sur ces perpendiculaires je prends des longueurs AE et CF égales au rayon donné; par le point E je mène une parallèle à AB, et par le point F je mène une parallèle à CD ; ces deux lignes se coupent en un point G ; du point G j'abaisse GH et GI respectivement perpendiculaires aux droites AB et CD, et du point G comme centre, avec GH comme rayon, je décris une circonférence ; je dis que c'est la circonférence demandée.

En effet, GH est égale à AE, puisque deux parallèles sont partout à égale distance ; donc la circonférence a pour rayon la longueur donnée ; de plus, GI = CF pour la même raison, et comme CF = AE, il en résulte que GI = GH ; donc la circonférence tracée passera au point I. Enfin, les lignes AB, CD, respectivement perpendiculaires aux rayons GH, GI à leurs extrémités, sont tangentes à la circonférence ; donc cette circonférence est décrite avec le rayon donné, et de plus elle est tangente aux deux droites données ; C. Q. F. D.

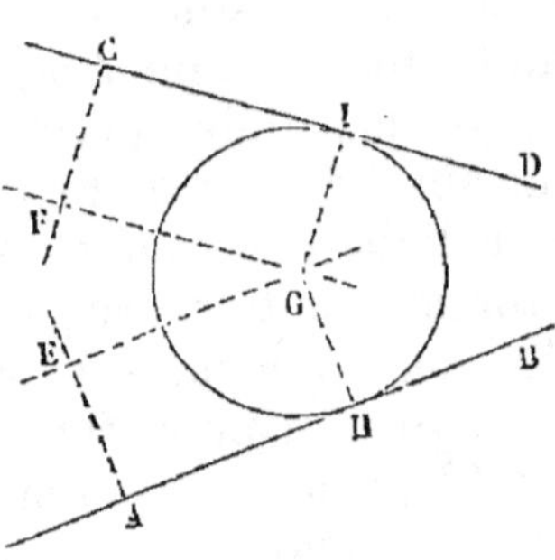

Fig. 152.

210. Remarque I. Si les deux droites AB, CD sont prolongées indéfiniment, on pourra mener quatre circonférences tangentes à ces deux droites, et ayant pour rayon la ligne donnée ; il suffira de faire la construction indiquée ci-dessus dans chacun des quatre angles formés par les droites prolongées indéfiniment.

211. Remarque II. Si les droites données AB, CD étaient parallèles, les parallèles à ces droites menées par les points E, F seraient elles-mêmes parallèles ; par suite le problème serait impossible en général ; toutefois, si le rayon donné est alors égal à la moitié de la distance des deux parallèles AB et CD, il y aura une infinité de solutions, qu'on obtiendra en prenant pour centre un point quelconque de la parallèle aux droites AB et CD menée à égale distance de ces deux droites.

212. Remarque III. Le point G est à égale distance des droites AB et CD ; donc il est sur la bissectrice de l'angle de ces deux droites (**161**) ; par suite, pour obtenir ce point, on pourrait encore mener la bissectrice de l'angle des deux droites, et l'une des parallèles EG et FG ; mais la construction précédente est ordinairement préférable.

213. PROBLÈME. *Par deux points donnés* A *et* B, *faire passer une circonférence tangente à une droite donnée* CD.

Si on connaissait le point de contact de la circonférence avec la droite CD, le problème pourrait être considéré comme résolu, puisqu'on aurait trois points de la circonférence. Supposons que ce point de contact soit le point G, et soit I le centre de la circonférence qui passe par les points A et B, et qui touche la droite CD au point G ; je mène la ligne AB que je prolonge jusqu'à son intersection avec CD au point E ; la ligne EA est une sécante et la ligne EG une tangente menées du même point à la circonférence I ; donc EG est moyenne proportionnelle entre EA et EB (**204**) ; par conséquent, pour obtenir le point G, il faut construire la moyenne proportionnelle entre EA et EB, et prendre, à partir du point E sur CD, une longueur égale à cette moyenne proportionnelle. On peut opérer comme il suit : au milieu de la ligne AB on élève une perpendiculaire indéfinie ; d'un point P pris à volonté sur cette droite comme centre, on décrit une circonférence passant par les points A et B, et du point E, on mène une tangente EK à cette circonférence : elle est moyenne proportionnelle entre EA et EB (**204**) ; alors du point E comme centre, avec EK comme rayon, on décrit une circonférence qui rencontre la ligne CD au point de contact cherché, G. Par ce point G, on élève à CD une perpendiculaire qui rencontre en I la perpendiculaire élevée au milieu de la ligne AB ; le point I est le centre de la circonférence cherchée ; car ce centre doit se trouver sur la perpendiculaire élevée au milieu de la corde AB (**152**) ; il

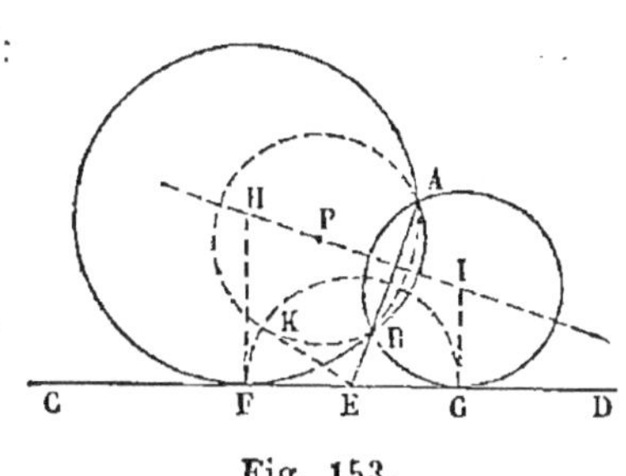

Fig. 153.

doit aussi se trouver sur la perpendiculaire élevée à la tangente CD par le point de contact G (**170**) ; il est donc au point I. Enfin du point I comme centre, avec IG comme rayon, on décrit une circonférence ; c'est la circonférence demandée.

Le problème admet une seconde solution, qu'on obtient de même ; c'est la circonférence H, qui touche la droite CD au point F, situé de l'autre côté du point E, à la même distance que le point G.

214. Remarque I. La construction précédente serait inapplicable si la ligne AB était parallèle à CD ; mais alors le point de contact G s'obtiendrait en élevant une perpendiculaire au milieu E de AB jusqu'à la rencontre de la ligne CD ; et il suffirait ensuite de faire passer une circonférence par les trois points A, B, G. Le centre I de cette circonférence serait le point d'intersection de la ligne EG et de la perpendiculaire élevée à la ligne AG en son milieu F. La circonférence décrite du point I comme centre avec IG comme rayon passe aux deux points A et B (**75**) ; et de plus elle touche la droite CD au point G ; car la ligne CD, parallèle à AB, est perpendiculaire à l'extrémité du rayon IG.

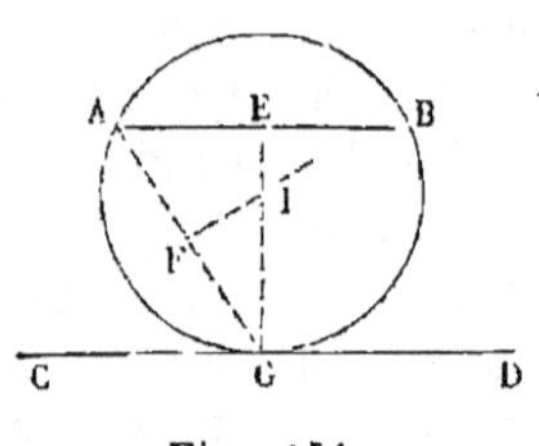

Fig. 154.

215. Remarque II. Le problème serait évidemment impossible si les deux points A et B étaient de côtés différents de la droite CD ; car une circonférence tangente à une droite ne peut avoir un point d'un côté de cette droite et un point de l'autre côté.

216. Problème. *Par un point donné* M, *faire passer une circonférence tangente à deux droites données* BA *et* BC.

Je rappelle d'abord que lorsqu'une circonférence est tangente à deux droites, le centre de cette circonférence est sur la bissectrice de l'angle de ces deux droites (**174**) ; alors si je mène la bissectrice BD de l'angle ABC, le centre de la circonférence cherchée devra se trouver sur cette droite ; il en résulte que BD est un axe de symétrie de cette circonférence (**154**) ; par suite, si du point donné M, j'abaisse une perpendiculaire sur BD, et que je prolonge cette ligne d'une longueur égale à elle-même, le point N ainsi obtenu appartiendra aussi à la circonférence que l'on veut construire. On connaît alors deux points M et N de cette circonférence, et on sait qu'elle doit être tangente à la droite AB ; on pourra la construire par le problème précédent.

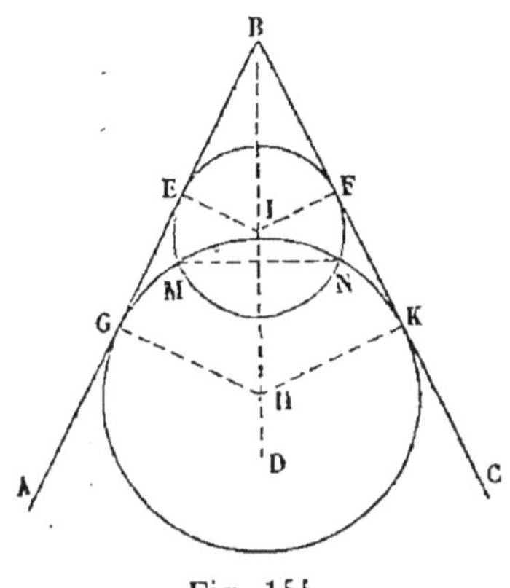

Fig. 155.

En résumé, on mènera la bissectrice de l'angle ABC ; on cherchera le point N symétrique du point M par rapport à cette bissectrice, et par les deux points M et N on fera passer une circonférence tangente à la droite AB ; ce sera la circonférence demandée. Le problème aura deux solutions, les circonférences I et H, puisque par les deux points M et N on peut mener deux circonférences tangentes à la droite AB ; elles touchent les deux droites AB et BC, l'une aux points E et F, l'autre aux points G et K.

217. Remarque I. Si les droites données étaient parallèles, la solution précédente devrait être modifiée : il faudrait remplacer la bissectrice BD par une parallèle aux deux droites données, menée à égale distance de ces deux droites.

218. Remarque II. Si le point M se trouvait sur la bissectrice, on ne pourrait pas appliquer la construction précédente ; on mènerait par ce point M une perpendiculaire à cette bissectrice ; cette ligne serait alors une tangente à la circonférence cherchée, et on serait ramené à construire une circonférence tangente à trois droites données, problème que nous allons résoudre.

219. Problème. *Décrire une circonférence tangente à trois droites données* AB, BC *et* AC.

Le problème a en général quatre solutions ; je vais d'abord construire la circonférence tangente aux trois droites données et comprise dans la figure fermée ABC que forment ces trois droites. Je mène les bissectrices des angles BAC, ABC ; ces droites se coupent au point D ; le point D, appar-

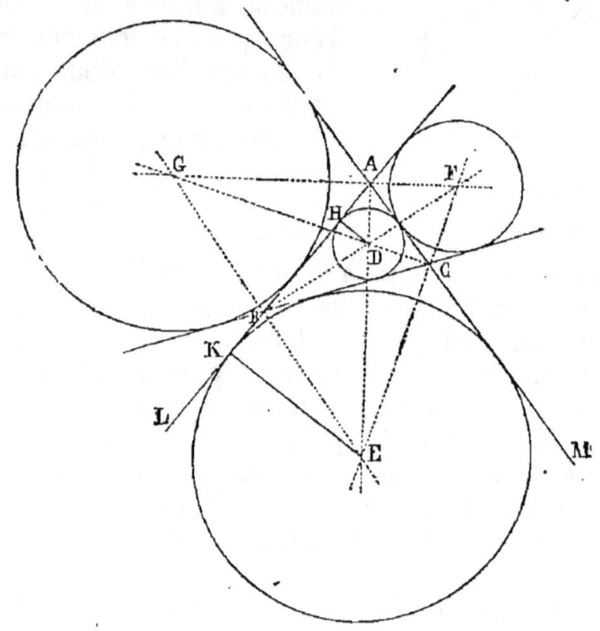

Fig. 156.

tenant à la bissectrice de l'angle BAC, est également distant des droites AB et AC ; ce même point, appartenant à la bissectrice de l'angle ABC, est également distant des droites AB et BC; donc le point D est également éloigné des trois droites AB, BC et AC ; en d'autres termes, si on abaisse du point D des perpendiculaires sur ces trois droites, ces perpendiculaires seront égales : soit DH l'une de ces lignes ; du point D comme centre avec DH comme rayon, je décris une circonférence ; elle passera par les pieds des trois perpendiculaires, et sera tangente aux trois droites AB,BC et AC ; car la ligne AB, par exemple, est perpendiculaire à l'extrémité d'un rayon ; et il en sera de même des lignes AC et BC.

Proposons-nous maintenant de construire la circonférence tangente à la droite BC et aux prolongements BL et CM des droites AB et AC : je mène les bissectrices des angles LBC et BCM, qui se coupent en E ; on verra comme précédemment que le point E est également distant des trois lignes BL, BC et CM ; alors du point E j'abaisse la perpendiculaire EK sur l'une de ces lignes, et de ce même point E comme centre avec EK comme rayon, je décris une circonférence, qui sera tangente aux trois droites BL, BC et CM.

On construirait de la même manière les deux autres circonférences, qui ont pour centres les points F et G.

220. Corollaire. Le point D, étant à égale distance des droites AC et BC, appartient à la bissectrice de l'angle ACB ; donc les bissectrices des trois angles ABC, BAC, ACB se coupent en un même point.

De même le point E, étant également distant des droites BL et CM, se trouve sur la bissectrice de leur angle, c'est-à-dire sur la ligne AD prolongée ; donc les bissectrices des trois angles LBC,BCM et BAC se coupent en un même point.

221. Remarque. Si deux des droites données étaient parallèles, la méthode précédente s'appliquerait encore ; mais il n'y aurait plus que deux solutions, comme il est aisé de le voir en faisant la figure.

Applications des problèmes précédents.

222. Les problèmes qui précèdent servent principalement pour opérer ce qu'on appelle le *raccordement* de deux lignes droites.

Lorsque deux lignes, placées bout à bout, ne présentent au point de jonction ni saillie ni angle rentrant, de telle sorte que l'une paraisse être la continuation de l'autre, on dit que ces lignes se *raccordent;* une circonférence tangente à une droite se raccorde avec cette droite au point de contact; nous allons indiquer quelques exemples simples de raccordements.

223. *Raccorder deux droites non parallèles* AB, CD, *par un arc de cercle qui doit en outre passer par un point donné* E.

La question revient à mener par le point E un cercle tangent aux deux droites données, problème que l'on sait résoudre (**216**). Si on donnait le point B où l'arc de cercle doit toucher l'une des droites, la construction se simplifierait un peu : on obtiendrait le centre O de l'arc de cercle, en élevant par le point B une perpendiculaire à la ligne AB jusqu'à la rencontre de la bissectrice de l'angle des deux droites.

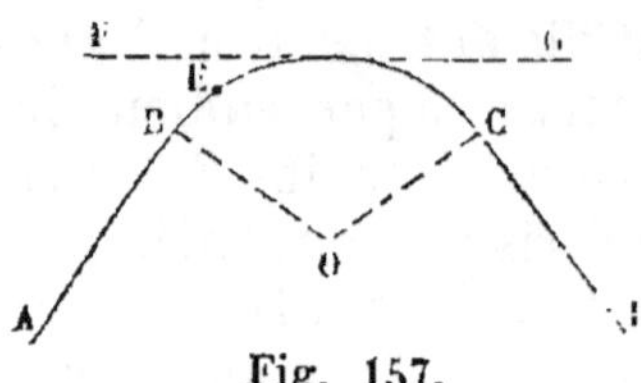

Fig. 157.

Ce raccordement est employé dans le tracé des routes, quand on veut réunir deux portions d'une même route qui font un angle.

On l'emploie aussi dans les arts, par exemple, pour arrondir les coins d'une table, d'une tablette de cheminée, d'un cadre, etc.

224. *Raccorder deux droites* AB *et* CD *par un arc de cercle tangent à une troisième droite donnée* FG (fig. 157).

Il suffit de décrire un arc de cercle tangent aux trois droites AB, CD et FG ; ce que nous savons faire (**219**).

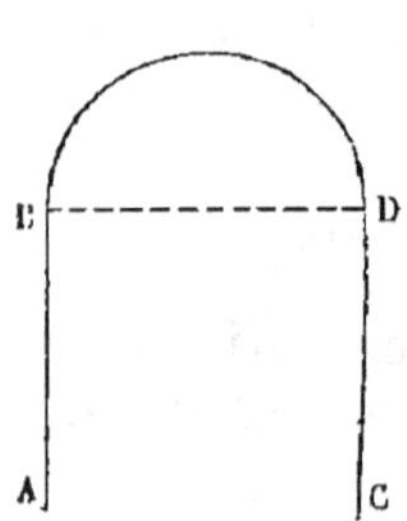

Fig. 158.

225. *Raccorder deux droites parallèles* AB *et* CD *par un arc de cercle, qui touche la droite* AB *en un point donné* B (fig. 158).

Du point B, on mène une perpendiculaire commune BD aux deux parallèles AB et CD, et sur BD comme diamètre, on décrit une demi-circonférence, qui raccorde les deux droites.

Ce problème sert en architecture pour le tracé des *arcades à plein cintre*, qui surmontent un grand nombre de portes et de fenêtres, ou qui relient deux piliers l'un à l'autre.

226. *Tracé des moulures*. Beaucoup de moulures employées en architecture ont pour profils des arcs de cercle qui se raccordent avec des droites. Voici les principales :

Le *quart de rond* et le *quart de rond renversé* sont des

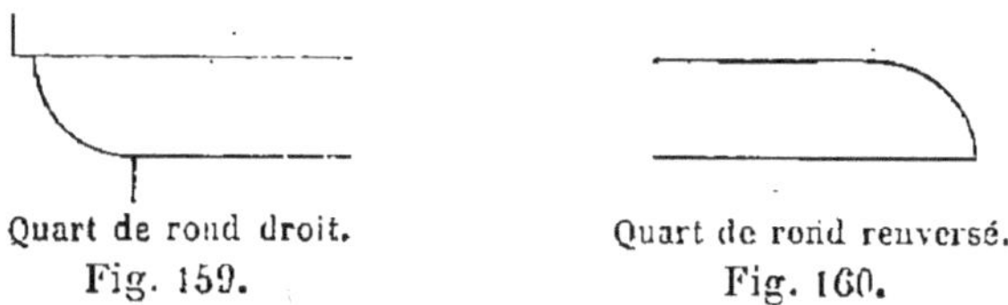

Quart de rond droit.
Fig. 159.

Quart de rond renversé.
Fig. 160.

moulures convexes formées d'un quart de cercle tangent à une droite horizontale, et tombant d'équerre sur une autre droite horizontale.

Le *cavet* est une moulure concave formée aussi d'un

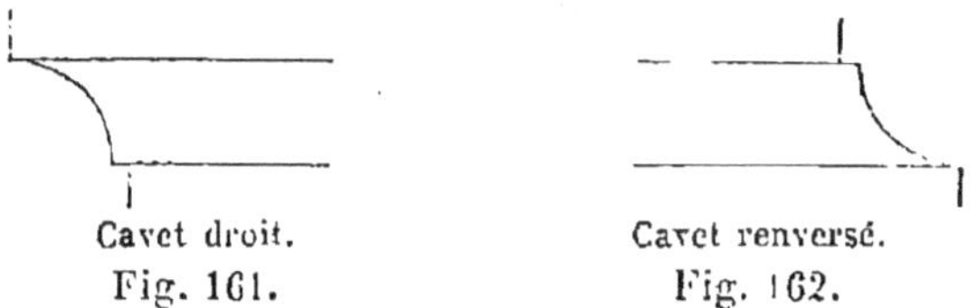

Cavet droit.
Fig. 161.

Cavet renversé.
Fig. 162.

quart de cercle tangent à une horizontale et tombant d'équerre sur une autre horizontale ; le cavet peut être *droit* ou *renversé*.

Le *congé* est un quart de cercle qui raccorde une droite

Congé.
Fig. 163.

Baguette.
Fig. 164.

horizontale et une droite verticale ; dans la fig. 163, A est le congé, B est une moulure droite, qui s'appelle un *filet* ou un *listel*.

La *baguette* est une moulure demi-circulaire qui raccorde deux horizontales peu éloignées (fig. 164).

Le *tore* n'est qu'une baguette de fortes dimensions (fig. 165).

La *gorge* est une moulure demi-circulaire qui raccorde

Tore.
Fig. 165.

Gorge.
Fig. 166.

deux droites horizontales, comme le tore ; mais elle est concave, au lieu d'être saillante (fig. 166).

Les constructions à faire pour tracer ces moulures sont trop simples pour qu'il soit nécessaire de les indiquer en détail.

Ces moulures sont rarement isolées; on en réunit plusieurs, ce qui donne une moulure *composée;* tous les dessins d'architecture en offrent de nombreux exemples.

CHAPITRE XII.

INTERSECTION ET CONTACT DES CERCLES.

Propriétés des cercles sécants ou tangents.

227. DÉFINITION. On a vu que par trois points non situés en ligne droite, on ne peut faire passer qu'une circonférence de cercle; il en résulte que deux circonférences ne peuvent avoir plus de deux points communs sans coïncider.

Lorsque deux circonférences ont deux points communs, on dit qu'elles *se coupent*, ou qu'elles sont *sécantes;* et la ligne droite qui joint les deux points communs s'appelle la *corde commune* aux deux circonférences.

Lorsque deux circonférences ont un seul point commun, on dit qu'elles *se touchent*, ou qu'elles sont *tangentes*, et le point commun s'appelle alors le point de *contact* ou de *tangence.*

228. THÉORÈME. *Lorsque deux circonférences se coupent, la ligne qui joint leurs centres est perpendiculaire sur la corde commune et la partage en deux parties égales.*

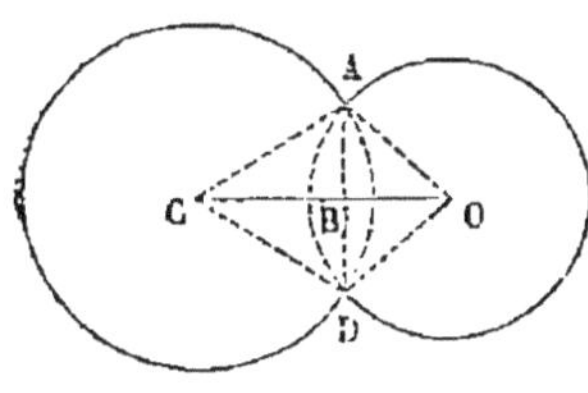

Fig. 167.

Soient O et C les centres de deux circonférences qui se coupent aux deux points A et D (fig. 167); je dis que la ligne OC est perpendiculaire sur la corde commune AD en son milieu. En effet, le point O est à égale distance des deux points A et D; donc il appartient à la perpendiculaire élevée au milieu de AD (**76**); de même le point C, étant également distant des points A et D, appartient aussi à la perpendiculaire élevée au milieu de AD; donc cette perpendiculaire est précisément la ligne OC qui joint les deux points O et C; C. Q. F. D.

229. THÉORÈME. *Si deux circonférences* O *et* C *ont un point* A *commun hors de la ligne* OC *qui joint leurs centres, elles ont un second point commun* D, *situé sur la perpendiculaire* AB *à cette ligne et à la même distance que le premier* (fig. 168).

Du point A j'abaisse sur OC la perpendiculaire AB et je la prolonge d'une longueur BD égale à AB; je dis que le point D appartient à la fois aux deux circonférences. En effet, la ligne OC est perpendiculaire à la ligne AD en son milieu; donc le point O est à égale distance des deux points A et D (**75**), et par conséquent la circonférence décrite du point O comme centre avec OA pour rayon passe par le point D; pour la même raison, le point C est également distant des deux points A et D, et la circonférence décrite du point C comme centre avec CA pour rayon, passe aussi par le point D; le point D est donc un second point commun aux deux circonférences O et C; C. Q. F. D.

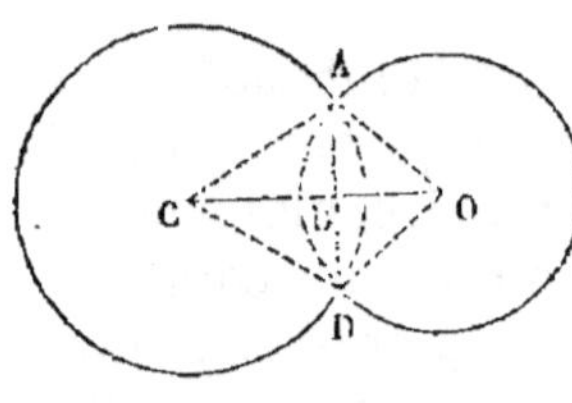

Fig. 168.

230. COROLLAIRE. *Lorsque deux circonférences sont tangentes, le point de contact est sur la ligne qui joint les centres;* et réciproquement, *si deux circonférences ont un point commun sur la ligne des centres, elles n'en ont pas d'autre, et sont tangentes en ce point.*

231. THÉORÈME. *Lorsque deux circonférences sont tangentes, elles ont même tangente au point de contact* (fig. 169).

Soient A et C deux circonférences qui se touchent au point B; par ce point, qui est situé sur la ligne des centres AC, j'élève une perpendiculaire BD à cette ligne; elle est tangente à chacune des circonférences, car elle est perpendiculaire aux extrémités des rayons AB et CB (**168**);

les deux circonférences ont donc même tangente au point B; C. Q. F. D.

232. Théorème. Réciproquement, *si deux circonférences A et C ont un point commun* B, *et même tangente* BD *en ce point, elles sont elles-mêmes tangentes en ce point* (fig. 169).

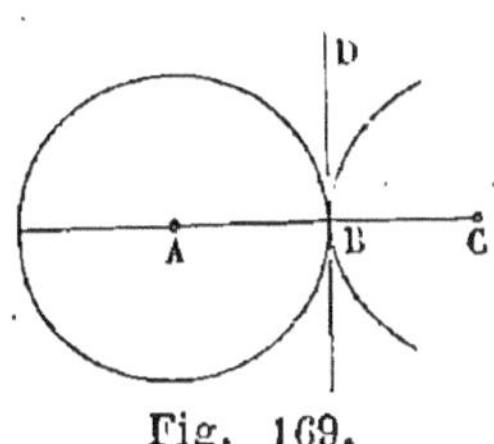

Fig. 169.

En effet, menons les rayons AB et CB; ils sont tous les deux perpendiculaires à la tangente BD au point B (**170**); donc ils forment une seule et même ligne droite; c'est-à- dire que le point B est sur la ligne des centres; il en résulte que les deux circonférences n'ont pas d'autre point commun, et sont tangentes (**230**).

233. Définitions. Deux circonférences peuvent occuper l'une par rapport à l'autre cinq positions différentes.

Elles peuvent n'avoir aucun point commun, et, dans ce cas, elles peuvent être *extérieures* (fig. 170) ou *intérieures* (fig. 174).

Les deux circonférences peuvent avoir un seul point commun, et alors, suivant qu'elles sont extérieures ou intérieures l'une à l'autre, on dit qu'elles sont *tangentes extérieurement* (fig. 171), ou *tangentes intérieurement* (fig. 173).

Enfin, les deux circonférences peuvent être sécantes, comme dans la figure 172.

234. Théorème. *Lorsque deux circonférences sont extérieures l'une à l'autre, la distance de leurs centres est plus grande que la somme de leurs rayons* (fig. 170).

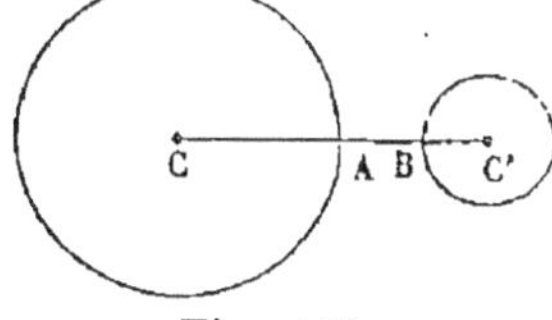

Fig. 170.

La ligne CC', qui joint les centres des deux circonférences, rencontre la première au point A, et la seconde au point B; on a alors sur la figure :

$$CC' = CA + AB + BC';$$

ce qui veut dire que la distance CC′ surpasse la somme des rayons CA + BC′ de la longueur AB ; C. Q. F. D.

235. Théorème. *Lorsque deux circonférences sont tangentes extérieurement, la distance de leurs centres est égale à la somme de leurs rayons* (fig. 171).

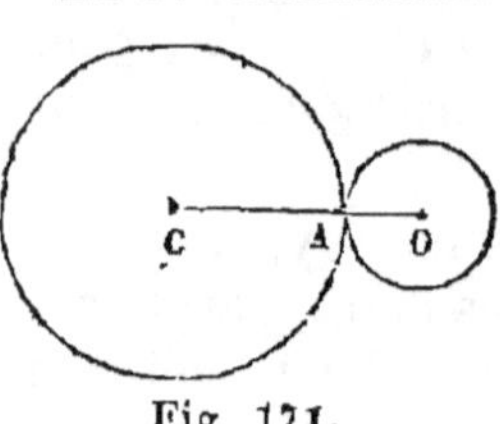

Fig. 171.

Le point de contact A des deux circonférences est situé sur la ligne des centres (**230**); et on a alors évidemment :

$$OC = OA + AC. \qquad \text{C. Q. F. D.}$$

236. Théorème. *Lorsque deux circonférences se coupent, la distance de leurs centres est plus petite que la somme de leurs rayons et plus grande que la différence de ces mêmes rayons* (fig. 172).

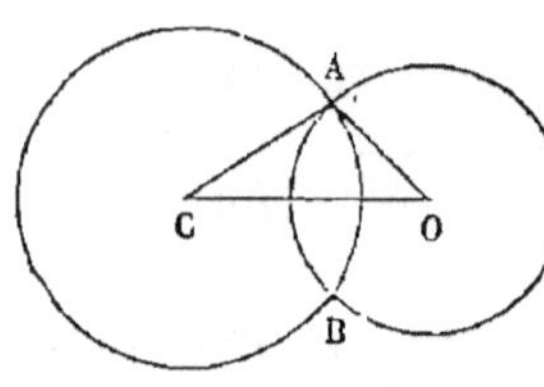

Fig. 172.

Soit A l'un des points d'intersection des deux circonférences; nous savons que ce point n'est pas situé sur la ligne des centres. Je mène les rayons CA et OA; la ligne droite CO est plus courte que la ligne brisée CAO, c'est-à-dire qu'on a :

$$CO < CA + OA;$$

donc la distance des centres est plus petite que la somme des rayons.

Supposons maintenant que CA soit le plus grand des deux rayons, la ligne brisée COA est plus longue que la ligne droite CA, c'est-à-dire qu'on a :

$$CO + OA > CA;$$

si nous retranchons une même quantité OA aux deux membres de cette inégalité, elle sera encore vraie, et on aura

$$CO > CA - OA;$$

donc la distance des centres est plus grande que la différence des rayons.

237. Théorème. *Lorsque deux circonférences sont tangentes intérieurement, la distance de leurs centres est égale à la différence de leurs rayons* (fig. 173).

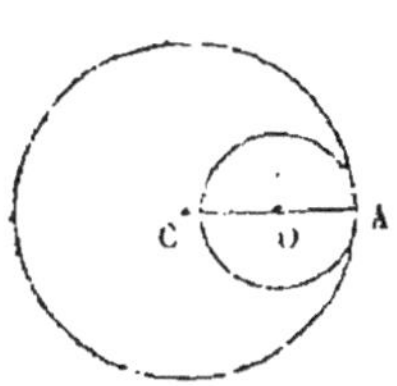

Fig. 173.

Le point de contact A des deux circonférences est situé sur le prolongement de la ligne des centres (**250**); et alors la figure donne immédiatement :

$$CO = CA - OA;$$ C. Q. F. D.

238. Théorème. *Lorsque deux circonférences sont intérieures l'une à l'autre, la distance de leurs centres est plus petite que la différence de leurs rayons* (fig. 174).

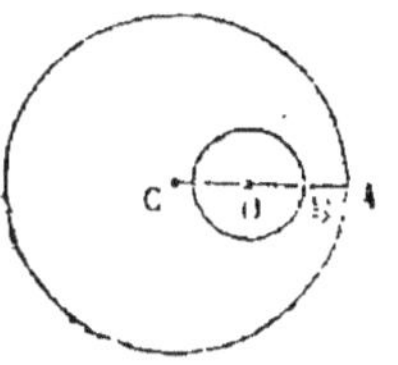

Fig. 174.

Je prolonge la ligne droite qui joint les centres C et O des deux circonférences au delà du centre O de la circonférence intérieure, jusqu'à la rencontre des deux circonférences aux points B et A; on a alors immédiatement :

$$CO = CA - OB - BA;$$

donc la distance des centres est inférieure à la différence des rayons CA — OB; C. Q. F. D.

239. Remarque I. Les réciproques des cinq théorèmes précédents sont vraies; il faudrait les énoncer ainsi :

Si la distance des centres de deux circonférences est plus grande que la somme de leurs rayons, les deux circonférences sont extérieures l'une à l'autre.

Si la distance des centres de deux circonférences est égale à la somme de leurs rayons, les deux circonférences sont tangentes extérieurement.

Si la distance des centres de deux circonférences est plus petite que la somme et plus grande que la différence de leurs rayons, les deux circonférences se coupent.

Si la distance des centres de deux circonférences est égale à la différence de leurs rayons, les deux circonférences sont tangentes intérieurement.

Et enfin, *si la distance des centres de deux circonférences est plus petite que la différence de leurs rayons, les deux circonférences sont intérieures l'une à l'autre.*

Ces cinq propositions se déduisent facilement des théorèmes qui précèdent ; je vais, par exemple, démontrer la troisième. D'après l'hypothèse, la distance des centres est plus petite que la somme des rayons ; donc les deux circonférences ne peuvent être extérieures, puisqu'alors la distance des centres devrait surpasser la somme des rayons (**234**), ni tangentes extérieurement, puisqu'alors la distance des centres devrait être égale à la somme des rayons (**235**). De même, la distance des centres étant, par hypothèse, plus grande que la différence des rayons, les deux circonférences ne peuvent être ni tangentes intérieurement (**237**) ni intérieures (**238**). Donc enfin les deux circonférences sont sécantes ; C. Q. F. D.

Les quatre autres réciproques se démontrent d'une manière analogue.

240. Remarque II. Lorsque deux circonférences sont intérieures, elles peuvent avoir le même centre ; on dit alors qu'elles sont *concentriques ;* telles sont les circonférences OA et OB (fig. 175). On peut remarquer que si l'on mène par le centre O un rayon quelconque rencontrant l'une des circonférences en A et l'autre en B, les tangentes CD et EF, menées aux deux circonférences par les points A et B sont parallèles, comme étant toutes les deux perpendiculaires à une même droite OB (**170**) ; de plus la distance de ces deux tangentes est mesurée par la perpendiculaire commune AB (**110**) ; par conséquent, elle est constante et égale à la différence des rayons.

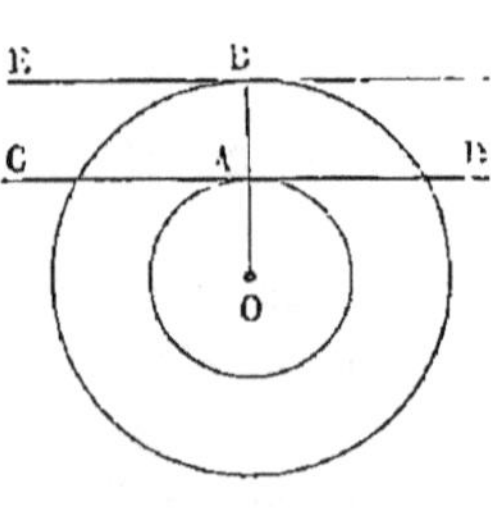

Fig. 175.

Problèmes sur les cercles tangents.

241. Problème. *Décrire un cercle d'un rayon connu, qui touche un cercle donné en un point donné.*

Soient O la circonférence, A le point où cette circonférence doit être touchée par la circonférence cherchée, et M le rayon donné. Je joins OA, et je porte sur cette ligne de part et d'autre du point A deux longueurs AB et AB' égales à M; enfin, de chacun des points B et B' comme centres, avec la longueur M comme rayon, je décris une circonférence; les deux circonférences ainsi obtenues répondent à la question. En effet, leur rayon est égal à M, et chacune d'elles a un point A commun avec la circonférence donnée sur la ligne des centres; donc elles sont tangentes à cette circonférence au point A.

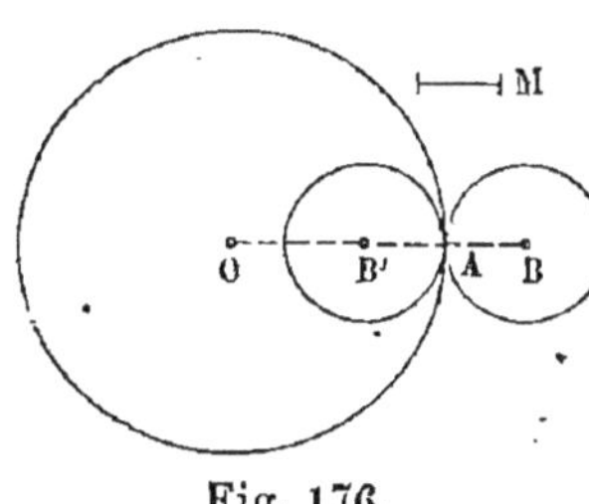

Fig. 176.

242. Remarque. Si le rayon donné M était égal à AO, le point B' se confondrait avec le point O, et l'une des deux circonférences coïnciderait avec la circonférence donnée. Le problème n'aurait alors qu'une solution; pour toute autre valeur du rayon M, il admet deux solutions.

243. Problème. *Décrire un cercle d'un rayon connu* M, *qui touche une circonférence donnée* O, *et qui passe par un point donné* A (fig. 177, 178, 179).

Le problème sera résolu, si l'on trouve le centre de la circonférence cherchée. Or ce centre doit être éloigné du point A d'une longueur égale à M; donc il est sur la circonférence décrite du point A comme centre avec la longueur M pour rayon; de plus la circonférence cherchée devant être tangente à la circonférence O, le centre inconnu doit être distant du point O d'une longueur égale à la somme ou à la différence des rayons, suivant que les deux circonférences doivent être tangentes extérieurement ou intérieurement (**235**, **237**) ; donc ce centre sera sur une circonférence décrite du point O comme centre avec un rayon égal à la somme ou à la différence des deux rayons. Le centre de la circonférence cherchée sera donc à l'intersection des deux circonférences auxiliaires, et par suite il sera déterminé.

Cela posé, nous examinerons plusieurs cas.

1er *Cas.* Le point A donné est extérieur à la circonférence O, et on demande que les deux circonférences soient tangentes extérieurement (fig. 177).

Du point A comme centre avec un rayon égal à M, je décris une circonférence, et du point O comme centre avec un rayon égal à la somme de la longueur M et du rayon OB de la circonférence O, je décris une seconde circonférence qui rencontre la première en deux points C et C'. Enfin, de chacun de ces points comme centre avec un rayon égal à M, je décris une circonférence ; ces deux circonférences satisfont évidemment à la question. Les points de contact D et D' des cercles C et C' avec le cercle O sont d'ailleurs sur les droites OC et OC'.

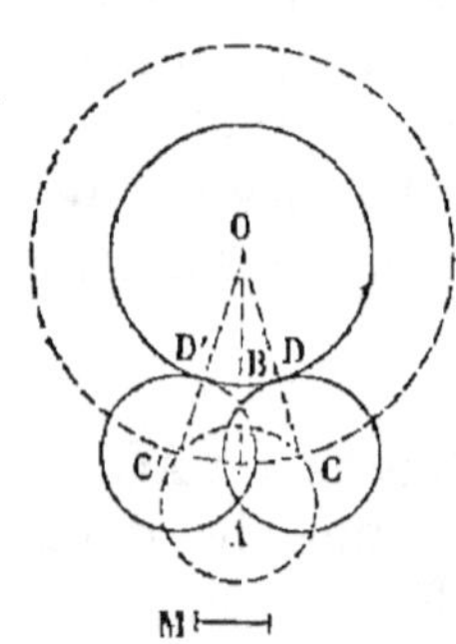

Fig. 177.

Pour que le problème soit possible, il faut que les deux circonférences décrites des points A et O comme centres se coupent, c'est-à-dire que la distance AO soit plus petite que la somme et plus grande que la différence des rayons de ces deux circonférences. Mais la différence des deux rayons est évidemment OB, et par hypothèse, AO surpasse OB ; donc il suffit que la ligne AO soit plus petite que la somme des rayons des deux circonférences auxiliaires.

2e *Cas.* Le point A est extérieur à la circonférence O, et on demande que les deux circonférences soient tangentes intérieurement (fig. 178).

La circonférence cherchée devant passer par le point A,

qui est extérieur à la circonférence O, devra nécessairement l'envelopper complétement, et par conséquent la longueur M devra surpasser le rayon de la circonférence donnée. Alors du point A comme centre, avec la longueur M comme rayon, on décrit une première circonférence, et du point O comme centre avec un rayon égal à l'excès de la longueur M sur le rayon OB du cercle donné O, on décrit une autre circonférence qui coupe la première en deux points C et C'. Enfin de chacun de ces points comme centre avec un rayon égal à M, on trace une circonférence ; et on a évidemment deux solutions du problème. Les points de contact D et D' de ces deux cercles avec le cercle O s'obtiennent en joignant CO et C'O et prolongeant ces lignes jusqu'à leur rencontre avec la circonférence O.

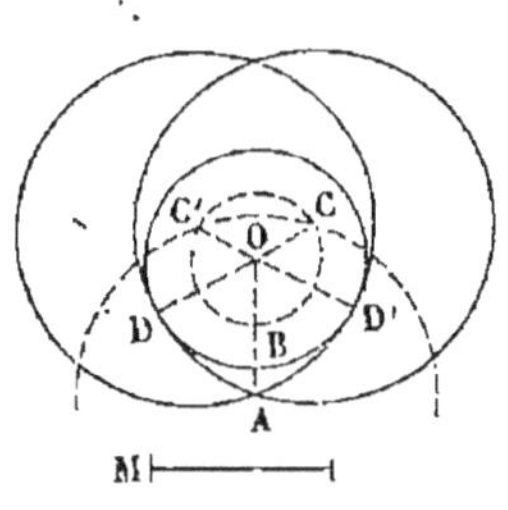

Fig. 178.

Pour que le problème soit possible, il faut d'abord que la longueur M soit plus grande que OB, et de plus que les circonférences auxiliaires décrites des points A et O se coupent, c'est-à-dire que la distance AO soit plus petite que la somme des rayons de ces deux circonférences ; car elle est évidemment plus grande que leur différence, qui est OB.

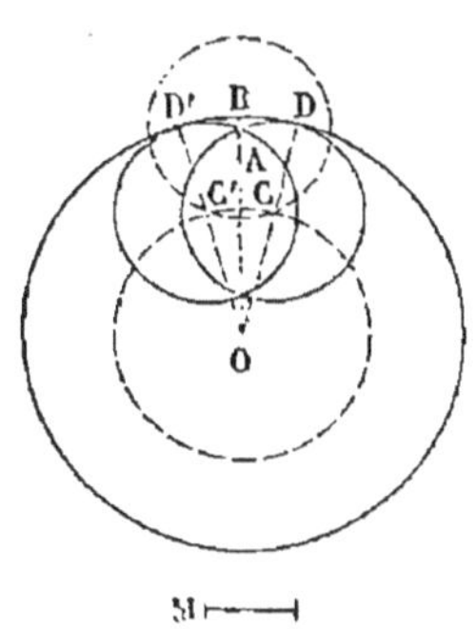

Fig. 179.

3e *Cas.* Le point A est intérieur à la circonférence O (fig. 179).

Il est évident que dans ce cas la circonférence cherchée doit être intérieure à la circonférence O, et par suite que la longueur M doit être plus petite que le rayon OB du cercle O. Alors du point A comme centre avec la longueur M comme rayon, on décrit une première circonférence ; puis du point O comme centre avec une ouverture de compas égale à l'excès du rayon OB sur la ligne M, on décrit une autre circonférence

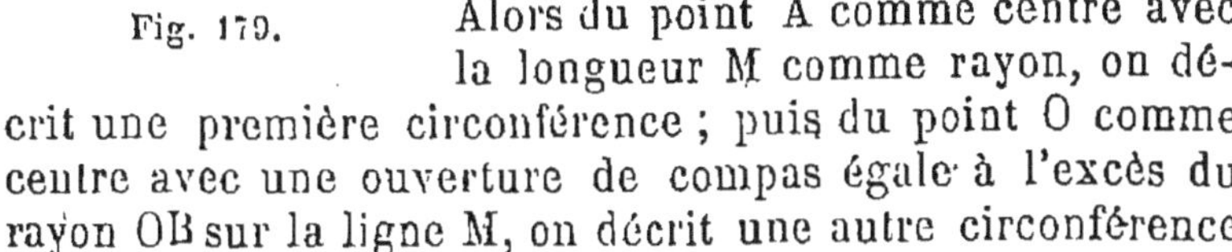

qui coupe la première aux deux points C et C'; ces points sont les centres de deux cercles CD et C'D', qui répondent à la question.

On voit, comme dans les autres, cas que le problème n'a de solution que si la distance OA est plus grande que la différence des rayons des deux circonférences auxiliaires.

244. PROBLÈME. *Décrire un cercle d'un rayon connu* M, *qui touche à la fois une droite donnée* AB, *et une circonférence donnée* O (fig. 180).

Ce problème, comme le précédent, présente plusieurs cas distincts, suivant que le cercle inconnu doit toucher la circonférence donnée extérieurement ou intérieurement, et aussi suivant les positions relatives de la droite AB et de la circonférence O ; mais comme, dans tous les cas, la solution est à peu près la même, j'examinerai un seul de ces cas, celui où les deux cercles doivent être tangents extérieurement.

Le centre du cercle cherché doit être à une distance de la droite AB égale à la longueur M (**170**) ; donc, si par un point quelconque de AB, je lui élève une perpendiculaire BC égale à M, et que par le point C, je mène une parallèle CD à la ligne AB, cette parallèle devra contenir le centre inconnu. D'autre part, la circonférence cherchée, devant toucher extérieurement la circonférence O, doit avoir son centre à une distance du point O égale à la somme de la longueur M et du rayon du cercle O; ce centre doit donc se trouver sur une circonférence décrite du point O comme centre avec cette somme pour rayon ; les points d'intersection E et F de cette circonférence avec la droite CD donneront donc des solutions de la question.

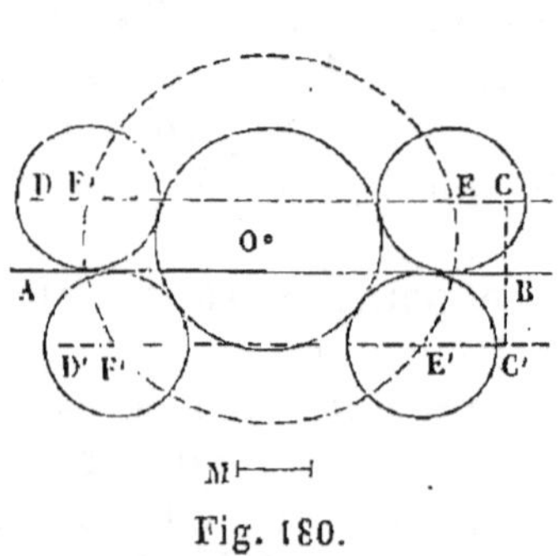

Fig. 180.

Pour que le problème soit possible, il faut que la droite

CD coupe la circonférence auxiliaire ; de plus, on pourra avoir d'autres solutions en menant de l'autre côté de BA une parallèle C'D' à la même distance ; en sorte que le problème peut avoir jusqu'à quatre solutions dans le cas que nous considérons ; on les a indiquées toutes sur la figure ; les quatre centres sont les points E, F, E' et F'.

Si les circonférences devaient être tangentes intérieurement, la circonférence auxiliaire devrait avoir pour rayon la différence entre la longueur donnée M et le rayon du cercle O (**237**).

243. Problème. *Décrire un cercle d'un rayon connu* M, *qui touche à la fois deux cercles donnés* O *et* O'.

Le problème présente trois cas distincts, suivant que le cercle inconnu doit être tangent extérieurement ou intérieurement aux deux cercles donnés.

1er *Cas.* La circonférence cherchée doit toucher extérieurement les deux circonférences données (fig. **181**).

Pour faciliter le langage, je désignerai par les lettres R et R' les rayons des deux cercles donnés O et O'. Cela posé, le cercle cherché doit être tangent extérieurement au cercle O; donc la distance des centres de ces deux circonférences doit être égale à la somme de leurs rayons (**235**) ; par suite, si l'on décrit une circonférence ayant pour centre le point O et pour rayon la somme de la longueur M et du rayon R du cercle O, cette circonférence devra passer par le centre du cercle que l'on veut construire; pour la même raison, ce centre doit être sur une autre circonférence décrite du point O' comme centre avec un rayon égal à la somme M+R'. Ces deux circonférences se coupent en deux

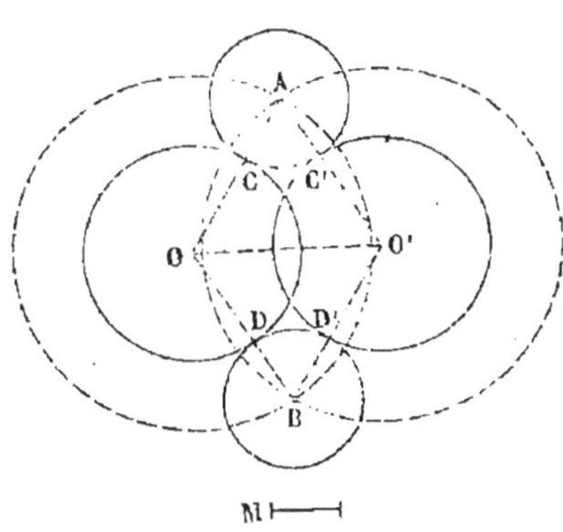

Fig. 181.

points A et B ; alors de chacun de ces points comme centre avec un rayon égal à M, nous décrirons un cercle ; ces deux cercles seront tangents extérieurement aux deux cercles donnés O et O′ ; ce sont les cercles demandés ; le premier touche les cercles donnés aux points C et C′, et l'autre les touche aux points D et D′.

Pour que le problème soit possible, il faut que les circonférences auxiliaires se coupent, et pour cela que la distance des centres OO′ soit plus petite que la somme de leurs rayons et plus grande que leur différence. La différence des rayons de ces cercles auxiliaires est d'ailleurs évidemment la même que celle des rayons des cercles O et O′ ; il en résulte que le problème sera impossible toutes les fois que les cercles donnés O et O′ seront tangents intérieurement ou intérieurs (**237**, **238**) ; il sera toujours possible si ces cercles sont sécants ou tangents extérieurement (**235**, **236**) ; enfin quand les deux cercles donnés sont extérieurs, il faut, pour que le problème soit possible, que la distance OO′ soit moindre que la somme R+R′, augmentée du double de la ligne donnée M.

2e *Cas*. La circonférence cherchée doit toucher intérieurement les deux cercles donnés (fig. 182).

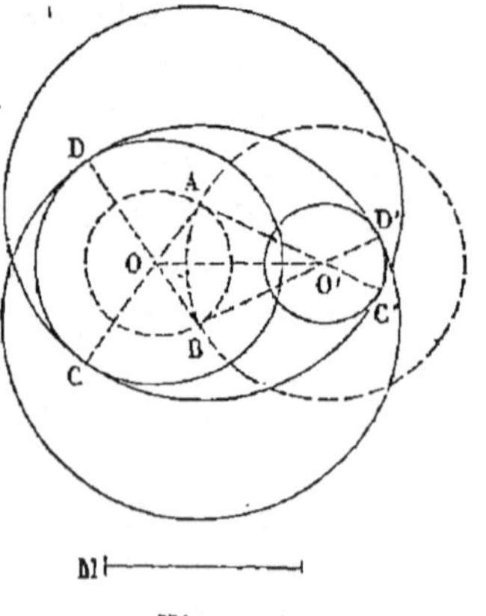

Fig. 182.

Ce cas pourrait lui-même se subdiviser en trois autres suivant que le rayon donné M serait plus grand que chacun des rayons des cercles donnés, ou plus petit que chacun d'eux ou compris entre les deux : dans la première hypothèse, le cercle cherché devrait contenir les deux cercles O et O′ dans son intérieur ; dans la seconde, il devrait être à l'intérieur de chacun d'eux ; enfin dans la dernière, il serait intérieur à l'un des cercles donnés, et contiendrait l'autre dans son intérieur ; je considérerai seulement le cas où le rayon M est plus grand que chacun des rayons des cercles O et O', et pour plus de brièveté j'appellerai R et R' ces deux rayons.

On voit immédiatement que pour obtenir le centre de la circonférence cherchée, il faut décrire des points O et O' comme centres deux circonférences ayant pour rayons respectifs M — R et M — R'. Ces deux circonférences se couperont généralement en deux points A et B qui seront les centres de deux cercles satisfaisant à la question. Le premier touche les cercles O et O' aux points C et C', et l'autre touche ces mêmes cercles aux points D et D'.

Pour que le problème soit possible, il faut que la distance OO' soit moindre que la somme des rayons des deux circonférences auxiliaires, M — R et M — R', et plus grande que la différence de ces mêmes rayons ; d'ailleurs cette différence est la même que celle des rayons R et R' ; d'où l'on conclut d'abord que le problème est impossible quand les cercles O et O' sont tangents intérieurement ou intérieurs (**237, 238**) ; il peut avoir des solutions ou être impossible, quand les circonférences O et O' sont dans l'une des trois autres positions.

La construction et la discussion du problème se feraient de la même manière si l'on supposait M plus petit à la fois que R et R', ou compris entre les deux : nous engageons les élèves à examiner ces deux hypothèses.

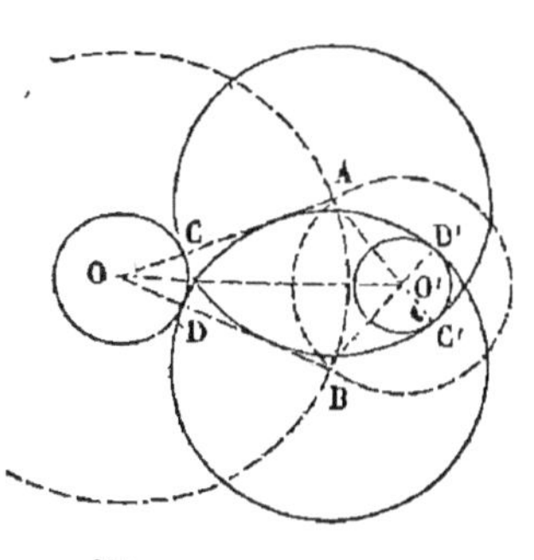

Fig. 183.

3ᵉ *Cas*. La circonférence cherchée doit être tangente extérieurement à l'un des cercles donnés, au cercle O par exemple, et intérieurement à l'autre (fig. 183).

Nous désignerons comme précédemment par R et R' les rayons des cercles O et O'; il y aurait alors deux hypothèses à faire, suivant que M est plus grand ou plus petit que R' : dans le premier cas, la circonférence cherchée doit contenir la circonférence O', et dans le second elle doit y être contenue ; j'examinerai seulement le cas où M est plus grand que R'.

Du point O comme centre avec un rayon égal à M + R, on décrit une première circonférence ; du point O' comme centre avec un rayon égal à M — R', on décrit une seconde circonférence qui rencontre la première aux deux points A et B ; ces points sont les centres de deux cercles qui satisfont à la question, ainsi qu'il est aisé de le démontrer.

On voit aussi facilement que le problème sera possible si la distance OO' est plus petite que la somme des rayons des cercles auxiliaires M + R et M — R', et plus grande que la différence de ces mêmes rayons ; il est d'ailleurs évident que la circonférence O devant être extérieure au cercle cherché, tandis que la circonférence O' doit lui être intérieure, les deux cercles O et O' doivent être extérieurs l'un à l'autre ; mais cette condition ne suffit pas pour que le problème ait une solution.

On traiterait le problème d'une manière analogue, si l'on supposait la longueur M inférieure au rayon R'.

246. Problème. *Décrire un cercle qui en touche un autre en un point donné* A, *et qui passe par un autre point donné* B (fig. 184).

Soit O le centre de la circonférence donnée ; je mène le rayon OA, que je prolonge indéfiniment. Je joins ensuite le point A au point B, et par le milieu D de cette ligne, je lui mène une perpendiculaire qui rencontre la ligne OA prolongée au point C. Enfin du point C comme centre avec CA pour rayon, je décris un cercle, qui est le cercle demandé ; en effet, d'abord ce cercle passe au point B, parce que le point C est également distant des points A et B (**75**) ; de plus il est tangent au cercle O, puisque les circonférences de ces deux cercles ont un point commun sur la ligne des centres (**230**).

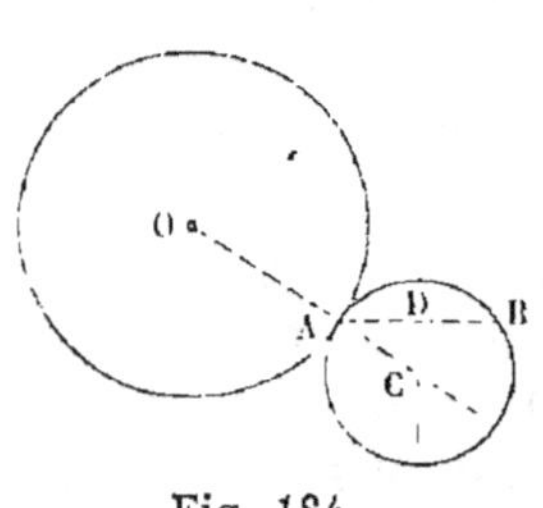

Fig. 184.

Le problème serait impossible, si la perpendiculaire

élevée au milieu de AB était parallèle à OA, c'est-à-dire si la ligne AB était perpendiculaire à OA, auquel cas elle serait tangente au cercle donné O. Quand le problème est possible, il n'a qu'une solution.

247. PROBLÈME *. *Décrire un cercle qui touche un cercle donné, et qui passe par deux points donnés.*

La solution de ce problème est fondée sur la proposition suivante :

Lorsqu'un cercle C′ *coupe deux cercles* C *et* C″, *tangents l'un à l'autre en un point* G, *la tangente commune à ces deux cercles menée par le point* G, *et les cordes communes aux cercles* C′ *et* C, C′ *et* C″, *sont trois droites qui passent par un même point* (fig. 185).

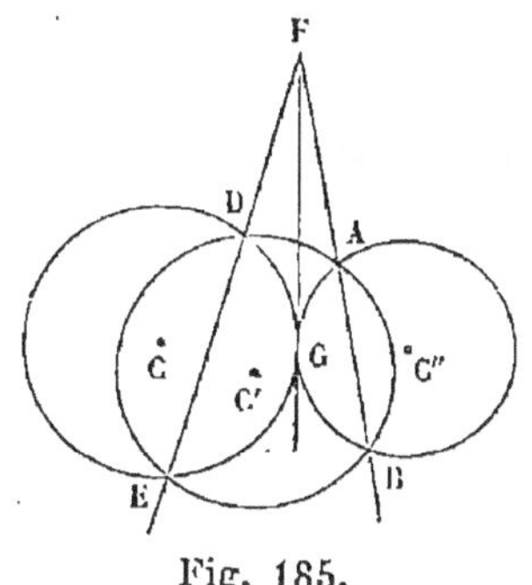

Fig. 185.

Soient AB et DE les deux cordes communes ; je prolonge AB jusqu'à sa rencontre en F avec la tangente commune menée par le point G aux cercles C et C″ ; puis je joins FD, cette ligne prolongée rencontrera la circonférence C en un point que je désignerai par E′ et la circonférence C′ en un point que j'appellerai E″ ; tout revient évidemment à faire voir que ces deux points se confondent avec le point E. Or, les deux lignes FAB, FDE″ étant sécantes à la circonférence C′, on a (**200**) :

$$FA \times FB = FD \times FE''; \qquad [1]$$

la ligne FAB étant sécante à la circonférence C″, et la ligne FG étant tangente à cette même circonférence, on a (**204**) :

$$FA \times FB = \overline{FG}^2; \qquad [2]$$

* Ce problème et les deux suivants sont un peu difficiles, et quoiqu'ils soient indiqués dans le programme officiel, nous pensons que les commençants peuvent sans inconvénient se dispenser de les étudier.

enfin la ligne FDE′ étant sécante à la circonférence C, et la ligne FG étant tangente à cette même circonférence, on aura aussi :

$$FD \times FE' = \overline{FG}^2 ; \qquad [3]$$

la comparaison des égalités [1], [2], [3], donne immédiatement :

$$FD \times FE'' = FD \times FE',$$

ce qui exige que FE″ soit égal à FE′, ou bien que le point E′ coïncide avec le point E″, et comme l'un de ces points est sur la circonférence C et l'autre sur la circonférence C′, ils se confondent avec le second point d'intersection E des deux circonférences ; en d'autres termes, la ligne FD passe par le point E ; C. Q. F. D.

J'arrive maintenant à la solution du problème proposé. Soient O la circonférence donnée, et A,B les deux points donnés (fig. 186). Supposons le problème résolu, et soit C le centre d'une circonférence qui passe par les deux points donnés A et B et qui touche le cercle O en un point D ; je mène la tangente commune au point D, elle peut couper la ligne AB ou lui être parallèle ; je suppose d'abord que les deux lignes se coupent en un point I. Par les deux points A et B, je fais passer une circonférence quelconque, qui rencontre le cercle O aux deux points E et F ; on sait que la ligne EF passera au point I; ce point sera donc déterminé, et alors on aura le point D, en menant du point I une tangente à la circonférence O. De cette analyse résulte la construction suivante :

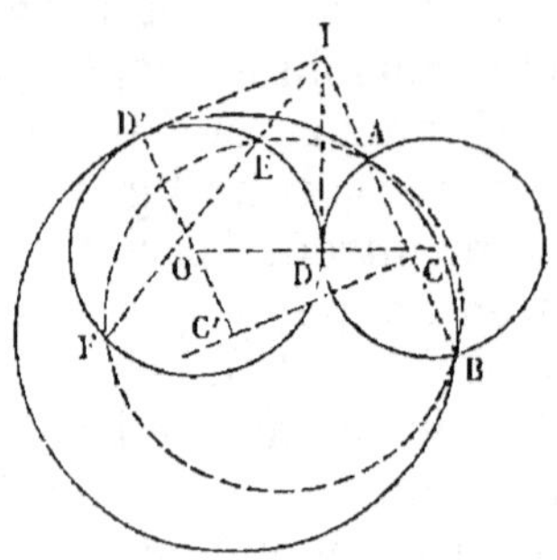

Fig. 186.

Par les deux points A et B on fera passer une circonférence qui coupe la circonférence donnée O en deux points E et F ; on mènera les deux lignes AB et EF qui se couperont en un point I ; du point I, on mènera une tangente ID à la circonférence O ; le centre C de la circonférence cherchée sera le point de rencontre de la ligne OD prolongée avec la perpendiculaire élevée au milieu de la ligne AB. Le problème aura deux solutions, parce que du point I, on peut mener deux tangentes ID, ID' à la circonférence O.

Nous avons supposé, dans ce qui précède, que la ligne AB rencontrait la tangente commune DI; pour que ces deux lignes fussent parallèles, il faudrait que la ligne OD, qui est perpendiculaire à DI, fût aussi perpendiculaire à AB ; mais la ligne OD passe par le point C ; donc, si elle est perpendiculaire à AB, elle passe par le milieu de cette ligne (**151**) ; ainsi ce cas se présentera lorsque la perpendiculaire élevée au milieu de la ligne AB passera par le centre O de la circonférence donnée. Dans ce cas, la solution du problème est très-simple : les deux points D et D' sont les deux points où la circonférence O est rencontrée par la perpendiculaire élevée au milieu de la ligne AB ; et quand ces points sont connus, la question est ramenée à construire une circonférence tangente à la circonférence O en un point donné, et passant par un point donné A ; ce qu'on sait faire (**246**).

Remarque. Pour que le problème soit possible, il faut que les points donnés A et B soient tous les deux à l'extérieur ou tous les deux à l'intérieur de la circonférence O ; car si l'un d'eux était extérieur et l'autre intérieur à cette circonférence, tout cercle passant par ces deux points couperait nécessairement le cercle O.

248. Problème. *Décrire un cercle qui passe par un point donné, et qui touche à la fois une droite et un cercle donnés.*

Le problème présente deux cas distincts, suivant que les deux cercles doivent être tangents extérieurement ou intérieurement; je n'examinerai que le premier, l'autre se résolvant d'une manière tout à fait analogue.

Soient A le point donné (fig. 187), MN la droite donnée, et O le cercle donné; supposons le problème résolu, et soit C le centre d'une circonférence qui passe par le point A, et qui touche la droite MN au point F, et le cercle O au point G ; je mène le rayon CF, qui est perpendiculaire à MN (**175**), et du point O j'abaisse sur MN la perpendiculaire OE, qui rencontre la circonférence donnée aux deux points B et D ; les rayons OB et CF étant parallèles et de sens contraire, la droite BF, qui joint leurs extrémités, divise la ligne OC en parties proportionnelles aux rayons OB et CF (**158**) ; donc elle passe par le point de contact G. Joignons maintenant BA, et cherchons à déterminer le point X, où cette droite coupe la circonférence C ; les deux lignes BGF, BAX étant des sécantes menées d'un même point au cercle C, on a (**200**) :

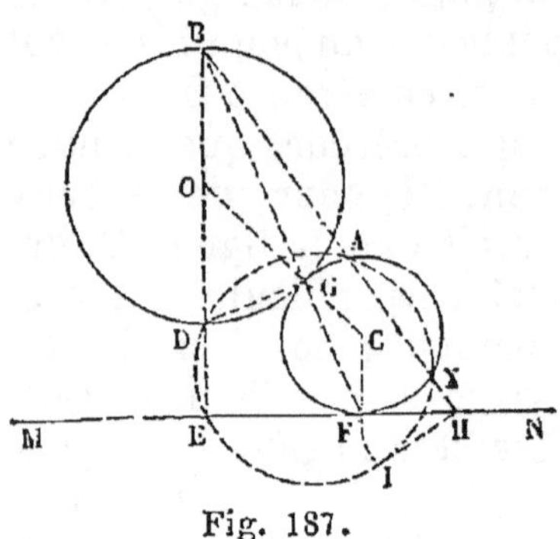

Fig. 187.

$$BG \times BF = BA \times BX ; \qquad [1]$$

je mène DG, cette ligne est perpendiculaire à BG, puisque l'angle BGD est inscrit dans une demi-circonférence (**182**), et comme EF est perpendiculaire à BE, les lignes EF et DG sont anti-parallèles par rapport aux côtés de l'angle EBF (**196**), et alors on a (**197**) :

$$BG \times BF = BD \times BE ; \qquad [2]$$

de la comparaison de ces deux égalités on déduit immédiatement :

$$BA \times BX = BD \times BE,$$

égalité qui peut se mettre sous forme de proportion (**120**) :

$$\frac{BA}{BD} = \frac{BE}{BX} ;$$

ce qui montre que BX est une quatrième proportionnelle aux lignes BA, BD et BE qui sont toutes connues ; on pourrait donc construire BX par l'une des méthodes données au n° **133** ; mais il est préférable ici de faire passer une circonférence par les trois points E, D et A ; elle coupera évidemment la ligne BA au point X (**200**). Ce point étant déterminé, on est ramené à faire passer par les deux points A et X une circonférence tangente à la droite MN, problème que l'on sait résoudre (**217**).

En résumé, on abaissera du point O une perpendiculaire BDE sur la droite MN, et on joindra BA ; on fera passer une circonférence par les trois points D, E et A ; cette circonférence rencontrera BA au point X, qui appartient à la circonférence cherchée. Il faut ensuite faire passer par les points A et X une circonférence tangente à la droite MN ; à cet effet, on prolonge la ligne AX jusqu'à son intersection avec la droite MN au point H ; de ce point, on mène une tangente HI à la circonférence auxiliaire décrite précédemment, et on prend sur MN une longueur HF égale à HI ; le point F est le point de contact de la circonférence cherchée avec MN (**215**). On joint ensuite BF, et le point de rencontre de cette ligne avec la circonférence O donne le point G, où cette circonférence doit toucher le cercle inconnu. Enfin on joint OG et on mène FC perpendiculaire à MN ; le point de rencontre de ces deux lignes est le centre du cercle demandé. On aurait une seconde solution du problème, en portant à partir du point H sur MN une autre longueur égale à HI, mais en sens contraire de HF. (Voir le n° **215**.)

Si l'on demandait que les deux cercles soient tangents intérieurement, la solution serait tout à fait pareille ; il faudrait seulement faire passer la circonférence auxiliaire par les points B, E et A, et opérer ensuite comme dans l'autre cas.

Il est bon de remarquer que le problème a généralement quatre solutions, savoir, deux cercles qui touchent extérieurement le cercle O, et deux autres qui lui sont tangents intérieurement.

249. Problème. *Décrire un cercle qui touche à la fois un cercle et deux droites données* (fig. 188).

Soient AB et CD les deux droites données, O le cercle donné ; supposons le problème résolu, et soit I le centre de l'une des circonférences qui touchent à la fois les deux droites et le cercle donné. Du point I comme centre, je décris une circonférence qui passe par le point O, et je mène à cette circonférence des tangentes FK et HL parallèles aux droites AB et CD ; ces lignes seront distantes des droites AB et CD d'une longueur égale à la différence des rayons des cercles concentriques, qui ont le point I pour centre, c'est-à-dire au rayon du cercle donné O, et cette particularité permet de les construire ; le problème s'achève ensuite aisément. Voici au surplus la construction :

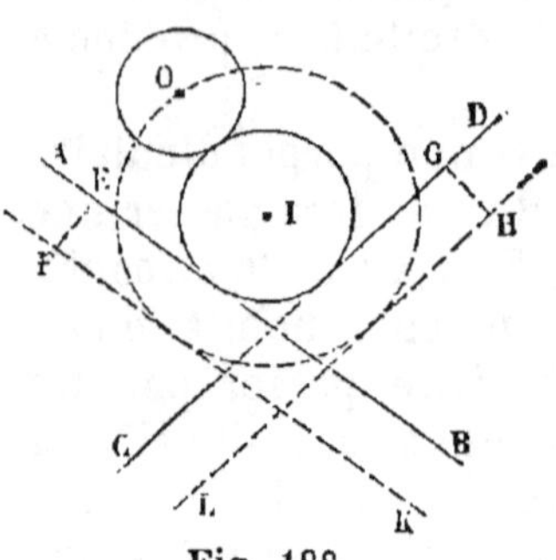

Fig. 188.

On élève aux deux droites AB et CD des perpendiculaires EF et GH égales toutes les deux au rayon du cercle donné O, et par les extrémités de ces perpendiculaires on mène des parallèles FK et HL aux droites AB et CD. On décrit ensuite un cercle tangent aux droites FK et HL, et passant par le point O (**220**) ; le centre I de ce cercle sera en même temps le centre du cercle cherché, et il suffira alors de décrire, de ce point I comme centre, une circonférence tangente à l'une des droites AB ou CD.

Le problème a plusieurs solutions ; car d'une part on peut généralement obtenir deux circonférences tangentes aux droites FK et HL et passant par le point O (**220**) ; et d'autre part les droites FK et HL peuvent être remplacées par d'autres, menées à la même distance des droites AB et CD, de l'autre côté de ces lignes ; on obtient ainsi quatre solutions en tout.

Applications.

250. Le tracé des circonférences qui se touchent est très-utile dans la construction et le dessin des machines ; on l'emploie notamment pour dessiner les *roues dentées* qui *engrènent* soit avec d'autres roues dentées, soit avec des pignons, soit avec des lanternes. Voici le principe général des engrenages.

Concevons deux roues situées dans le même plan, mobiles autour de leurs centres respectifs A et B et tangentes extérieurement au point C (fig. 189) ; supposons qu'on fasse tourner la roue A dans le sens de la flèche, elle ne cessera pas d'être tangente à la roue B au point C de la ligne AB, et s'il y a entre les deux roues une adhérence suffisante, la roue B sera entraînée par la roue A et tournera autour de son centre en sens contraire de la roue A. Dans la pratique, il est rare que le frottement des deux roues soit assez grand pour que la roue conductrice A entraîne l'autre ; on arme alors les deux roues de dents séparées par des intervalles creux ; les dents de chaque roue pénètrent dans les intervalles de l'autre, et lorsque la roue conductrice tourne autour de son centre, ses dents viennent successivement

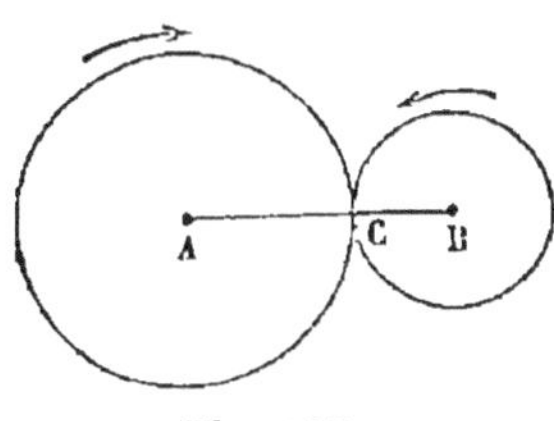

Fig. 189.

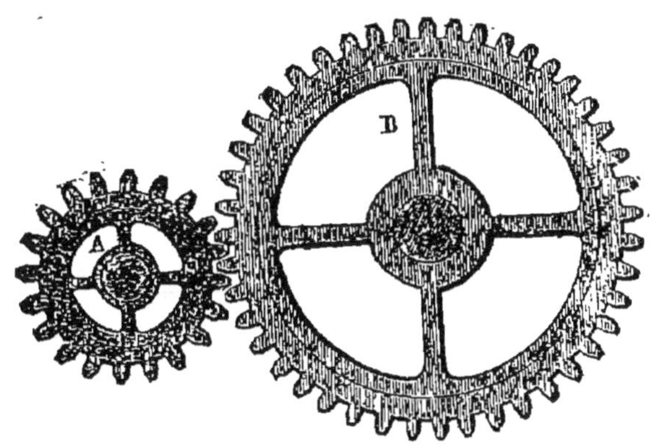

Fig. 190.

pousser celles de la roue conduite et la forcent à tourner autour de son centre. Ce dispositif s'appelle un *engrenage*, et les circonférences tangentes, que nous avons considérées d'abord, s'appellent les *circonférences primitives* de l'engrenage. La fig. 190 représente un engrenage composé d'une roue B qui engrène avec une roue plus petite A, qu'on appelle un *pignon;* la fig. 191 représente un autre engrenage formé d'une roue dentée B dont les dents engrènent avec les *fuseaux* d'une *lanterne* A.

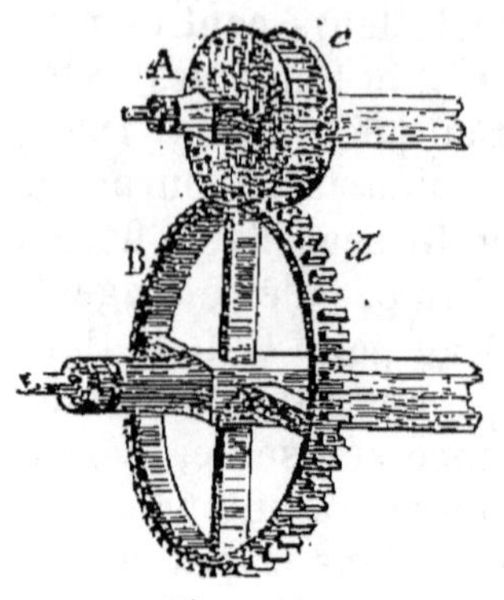

Fig. 191.

On pourrait employer aussi des engrenages, dans lesquels les circonférences primitives seraient tangentes intérieurement; les deux roues tourneraient alors dans le même sens; mais cette disposition est peu commode, et n'est presque pas usitée.

251. Les arcs de cercle tangents se rencontrent dans les profils de plusieurs *moulures* employées en architecture;

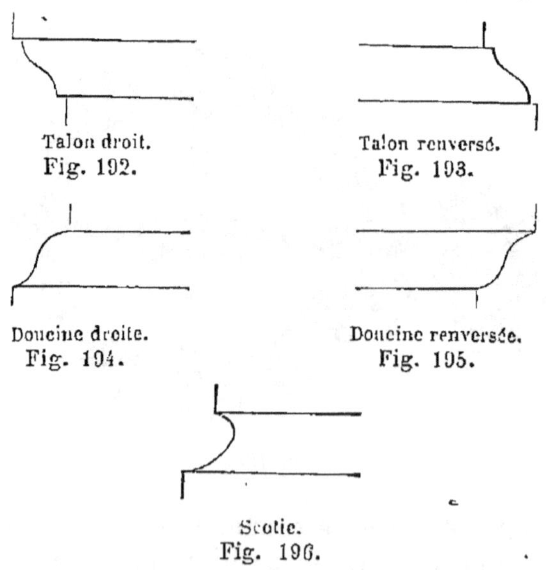
Talon droit.
Fig. 192.

Talon renversé.
Fig. 193.

Doucine droite.
Fig. 194.

Doucine renversée.
Fig. 195.

Scotie.
Fig. 196.

par exemple, dans le *talon* droit et renversé (fig. 192 et 193), dans la *doucine* droite et renversée (fig. 194 et 195), dans la *scotie* droite et renversée (fig. 196).

252. Le *talon* est employé pour relier l'une à l'autre les extrémités de deux droites parallèles, telles que AB et CD (fig. 197), lorsque ces extrémités ne sont pas sur une perpendiculaire commune aux deux parallèles. Pour le tracer, on joint la ligne BD, et on prend le milieu E de cette ligne ; des points B, E, D comme centres avec BE pour rayon, on décrit des arcs de cercle qui se coupent en des points F et G, et de ces deux points comme centres avec le même rayon, on décrit deux arcs de cercle BE et ED, qui passent tous les deux par le point E, et qui sont tangents en ce point ; c'est la réunion de ces deux arcs de cercle qui forme la courbe appelée talon. Pour démontrer que ces deux arcs de cercle se touchent au point E, je remarque d'abord que les arcs BE, ED ont des cordes égales, et comme ils ont même rayon, ils sont égaux (34) ; il en résulte que les angles F et G sont égaux (31), et que les deux figures BFE, DGE peuvent se superposer ; l'angle DEG est donc égal à l'angle BEF ; et par suite EG est le prolongement de FE (66) ; par conséquent les deux arcs BE et ED ont un point commun E sur la ligne des centres ; donc ils sont tangents (230). Le talon est dit *droit* quand la plus longue des deux parallèles est au-dessus de l'autre ; *renversé*, dans le cas contraire. (V. les fig. 192 et 193.)

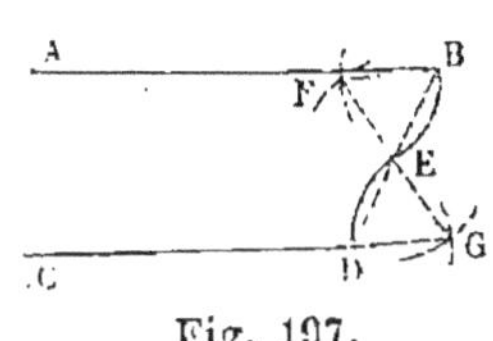

Fig. 197.

253. La *doucine* est formée comme le talon de deux arcs de cercle tangents extérieurement, compris entre deux droites parallèles AB et CD (fig. 198) ; mais de plus ils sont respectivement tangents à ces deux droites à leurs extrémités. Pour la construire, on joint les extrémités B et D des deux parallèles, et on prend le milieu E de cette droite ; on élève

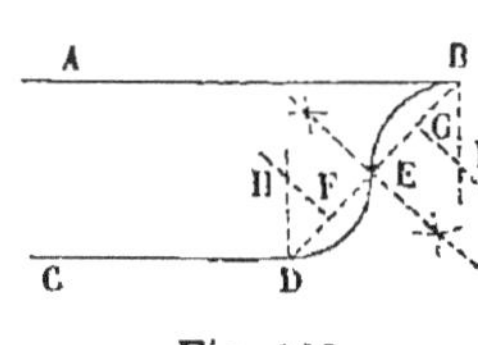

Fig. 198.

des perpendiculaires aux milieux des deux lignes BE et DE, et par les points B et D on mène des perpendiculaires à AB et à CD ; les points de rencontre H et I seront les centres de deux arcs DE et BE tangents aux deux parallèles et tangents entre eux au point E, comme on peut le démontrer facilement.

254. La *scotie* est une courbe formée de plusieurs arcs de cercle BF, FH, HK, KD (fig. 199), tangents les uns aux autres aux points F, H, K et ayant pour centres respectifs les points E, G, I, L; de plus les deux arcs extrêmes sont tangents aux droites parallèles AB et CD. Cette courbe s'emploie soit droite, soit renversée, comme les précédentes; les détails de sa construction se trouvent dans les traités d'architecture.

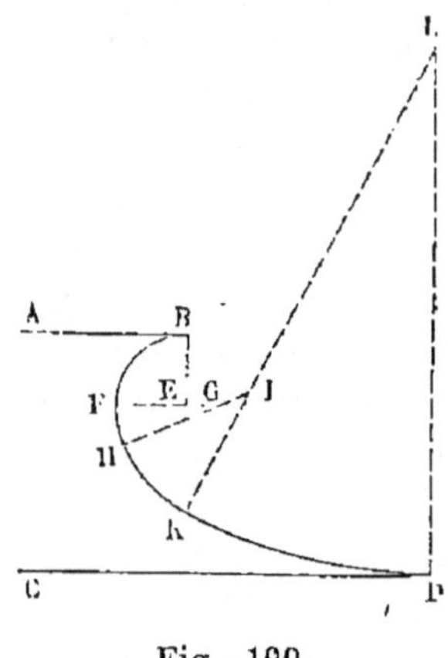

Fig. 199.

255. D'une manière générale, on emploie dans les arts des arcs de cercle tangents les uns aux autres pour former des lignes courbes qui, pour employer l'expression technique, ne présentent pas de *jarrets;* on appelle ainsi des points où on pourrait mener deux tangentes différentes à la courbe. Comme deux arcs de cercle tangents ont même tangente au point de contact (**251**), une ligne formée d'une suite d'arcs de cercle tangents deux à deux, comme la scotie, ne sera déformée par aucun jarret, et offrira à l'œil un aspect agréable. Les artistes disent alors que ces arcs de cercle se *raccordent* deux à deux au point de contact. Les courbes composées d'une suite d'arcs de cercle qui se raccordent portent le nom de *courbes à plusieurs centres*.

256. Parmi ces courbes, nous mentionnerons d'abord l'*ovale* à quatre centres, qui se décrit de la manière suivante. Soit AB le grand axe de l'ovale ; partagez la ligne AB en trois parties égales AC, CD, DB; des points C et D comme centres avec CA pour rayon, décrivez deux circonférences qui se couperont en E et en F; tirez les droites CE, CF, DE, DF, et prolongez-les jusqu'à ce qu'elles rencontrent les circonférences; puis des points E et F comme centres avec un rayon égal à AD, tracez deux arcs de cercle qui se raccordent avec les premières circonférences, aux points où celles-ci sont coupées par les droites CE, CF, DE et DF; l'ovale est alors tracée.

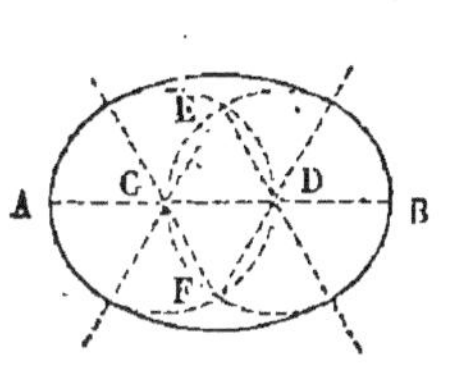

Fig 200.

257. Les arches des ponts et plus généralement les arcades *à cintre surbaissé* ont souvent la forme d'une demi-ovale, qu'on appelle *courbe à trois centres* ou *anse de panier*. Toutefois, on donne plutôt ce dernier nom à des courbes à trois, cinq, sept centres qui sont particulièrement appliquées au tracé des arches de pont; on connaît toujours, pour déterminer la courbe à trois centres, son grand axe AB qui s'appelle l'*ouverture* et sa plus grande hauteur CD, qui se nomme la *montée* (fig. 201). On a imaginé un grand nombre de tracés différents pour cette courbe; nous donnerons ici l'un des plus simples. Sur le milieu de l'ouverture AB, on élève une perpendiculaire CD égale à la montée et on joint AD et BD; sur CA on porte une longueur CE égale à CD; puis on prend à partir du point D sur DA et sur DB deux longueurs DF et DG égales à AE; aux milieux des lignes AF et BG on élève des perpendiculaires HK et IK à ces deux lignes; elles rencontrent AB aux points L et M; de ces points comme centres, on décrit les arcs AH et BI; puis du point K comme centre, on décrit l'arc HI qui se raccorde avec les deux autres, et qui de plus passe au point D; nous ne pouvons pas, quant à présent, démontrer cette dernière proposition.

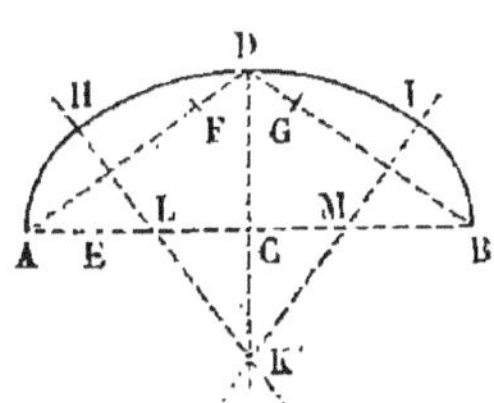

Fig. 201.

258. Lorsqu'une arcade est destinée à soutenir une rampe, on lui donne pour profil une courbe formée de deux arcs de cercle, et qu'on appelle *arc rampant ;* en voici le tracé. Soient AB et CD (fig. 202) les *pieds-droits* de l'arcade, AC sera une parallèle à la rampe, que nous appellerons l'ouverture de l'arcade ; on prolonge les lignes BA et DC au-dessus de AC, et on prend sur ces prolongements des longueurs AE et CF égales chacune à la moitié de AC, et on joint EF qui est parallèle à AC (**111**) ; au point G, milieu de la ligne EF, on lui élève une perpendiculaire GH, et on mène les bissectrices des angles AEG et CFG ; elles coupent la ligne GH aux points I et K ; joignons IA et KC. Si on fait tourner la figure EGI autour de IE comme charnière pour la rabattre sur la figure EAI, on voit bien aisément que ces deux figures coïncident ; donc IA = IG, et l'angle IAE est droit ; par suite, si du point I comme centre avec IA pour rayon, je décris un arc de cercle, il passera au point G, et touchera la droite AB au point A et la droite EF au point G. De même, l'arc de cercle décrit du point K comme centre avec KC pour rayon, passe au point G et touche EF en ce point et CD au point C; il se raccorde donc avec l'arc AG, et la courbe AGC est l'arc rampant demandé.

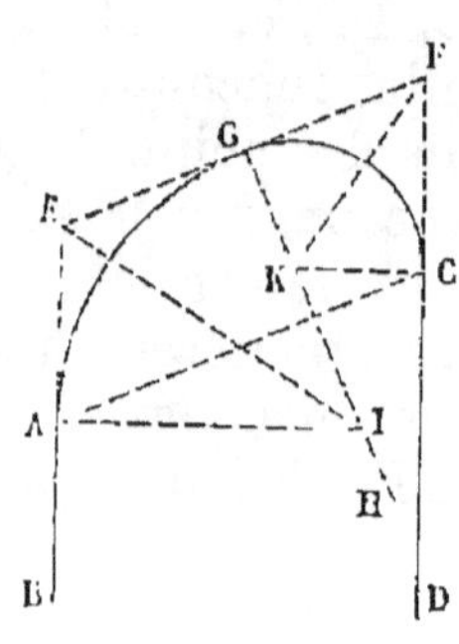

Fig. 202.

259. L'*ove* est une courbe employée comme ornement en architecture ; elle se compose aussi d'arcs de cercle tangents. Pour la tracer, on se donne d'abord une longueur AB, qu'on appelle improprement le petit axe de l'ove ; sur cette droite comme diamètre, on décrit une demi-circonférence ADB, et par le milieu C de AB, on lui élève une perpendiculaire indéfinie ; sur cette ligne on prend une longueur CF = CA ; on joint AF et BF qu'on prolonge indéfiniment;

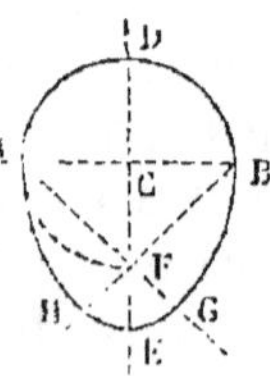

Fig. 203.

des points A et B comme centres, avec AB pour rayon, on décrit les arcs BG et AH ; enfin du point F comme centre avec FG comme rayon, on décrit l'arc GEH, qui termine l'ove.

260. Comme dernier exemple de courbes à plusieurs centres, nous mentionnerons les spirales qui trouvent leur emploi en architecture et quelquefois dans le dessin des ma-

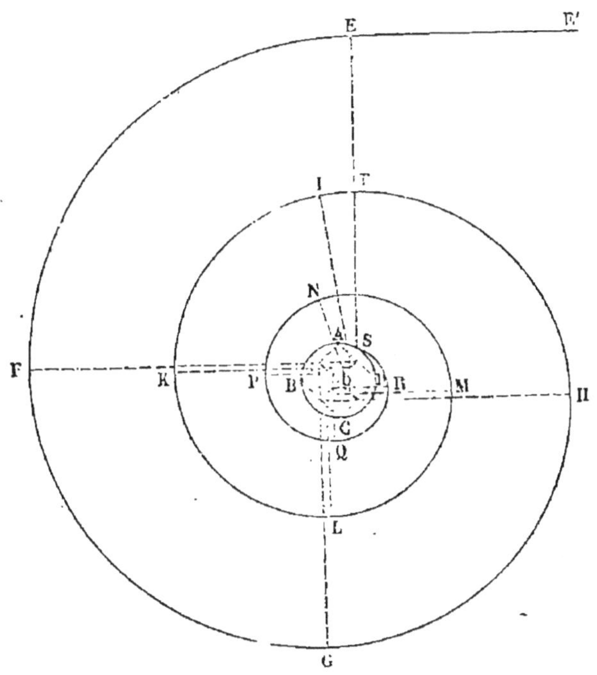

Fig. 204.

chines, et en particulier, nous donnerons le tracé de la *volute ionique* qui décore les chapiteaux des colonnes de l'ordre ionique. Soit O (fig. 204) le centre de la volute, EE' la ligne horizontale qui termine le chapiteau. Du point O comme centre, avec un rayon égal à la neuvième partie de la distance de ce point à la ligne EE', on décrit un cercle ABCD, qui s'appelle l'*œil* de la volute ; on mène dans ce cercle les diamètres AC et BD, l'un perpendiculaire, l'autre parallèle à EE'; on joint AB, BC, CD, DA, et par le point O on trace deux droites 1-3, 2-4 respectivement parallèles aux lignes AB et AD. On divise ensuite en trois parties égales les lignes 0-1, 0-2, 0-3, 0-4, et on numérote les points de division comme l'indique la figure 205; puis, on tire les droites 1-2, 2-3, 3-4, etc..... 11-12; enfin on abaisse du point 1 la perpendiculaire 1-E sur EE'.

Cela fait, du point 1 comme centre, avec 1-E comme rayon, on décrit l'arc de cercle EF terminé à la ligne 1-2; du point 2 comme centre, avec 2-F comme rayon, on décrit l'arc FG terminé à la ligne 2-3; du point 3 comme centre, avec 3-G comme rayon, on décrit l'arc GH terminé à la ligne 3-4; et ainsi de suite. Enfin, du point 12 comme centre, on décrit un dernier arc de cercle qui se raccorde avec le précédent en R, et qu'on termine à la circonférence de l'œil de la volute en S; ce dernier arc ne se raccorde pas avec l'arc SA; mais la différence est presque insensible.

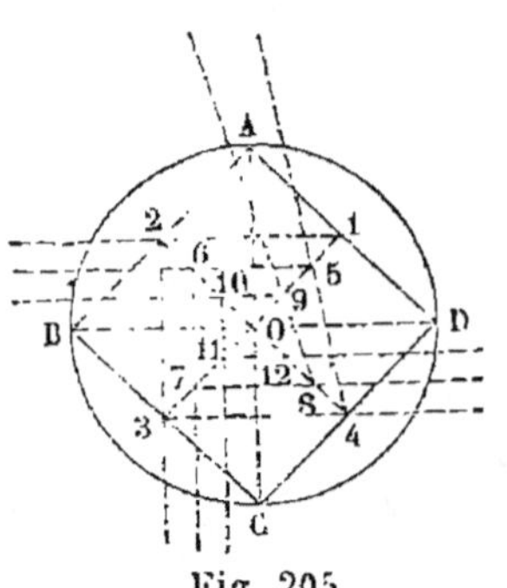

Fig. 205.

On donne ordinairement une épaisseur à la volute, en décrivant par le même procédé une autre volute de même centre O, mais qui est tangente à une ligne parallèle à EE', et menée au-dessous de cette ligne à une distance égale au quart de ET.

CHAPITRE XIII.

TANGENTES COMMUNES A DEUX CERCLES.

Centres de similitude de deux cercles.

261. THÉORÈME. *Si par les centres* O *et* O′ *de deux cercles inégaux, on mène des rayons parallèles et dirigés dans le même sens, tels que* OA, O′A′, *la ligne* AA′, *qui joint les extrémités de ces rayons, rencontre le prolongement de la ligne des centres en un point* S, *qui est fixe, quelle que soit la direction des rayons parallèles* OA, O′A′ (fig. 206).

La ligne AA′ rencontre nécessairement OO′; car si ces deux lignes étaient parallèles, les lignes OA, O′A′ seraient des parallèles comprises entre parallèles; donc elles seraient égales, ce qui est contre l'hypothèse. Soit alors S le

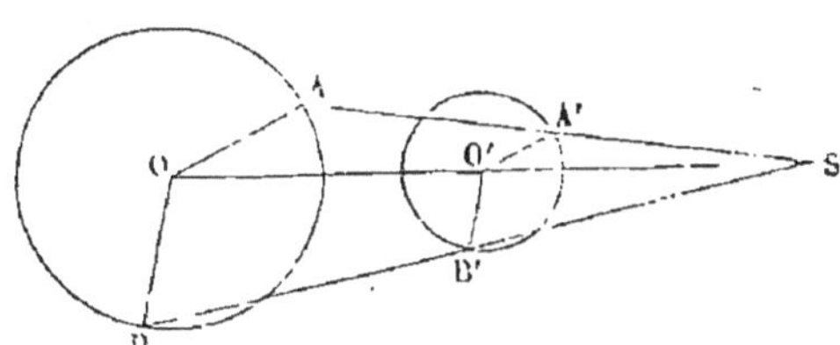

Fig. 206.

point de rencontre des lignes AA′ et OO′; je mène un autre rayon quelconque OB dans la circonférence O, et je joins SB; puis par le point O′, je mène une parallèle à la droite OB jusqu'à la rencontre de SB au point B′; je dis que ce point B′ appartient à la circonférence O′. En effet, les droites OA, O′A′ étant parallèles, on a, en vertu du théorème du nº **157**,

$$\frac{OA}{O'A'}=\frac{SO}{SO'};$$

on aura pour la même raison :

$$\frac{OB}{O'B'} = \frac{SO}{SO'};$$

les deux rapports $\frac{OA}{O'A'}$, $\frac{OB}{O'B'}$, égaux tous les deux au rapport $\frac{SO}{SO'}$, sont égaux entre eux; donc :

$$\frac{OA}{O'A'} = \frac{OB}{O'B'};$$

mais OA = OB, comme rayons d'un même cercle; donc O'B' = O'A'; ce qui démontre que le point B' est sur la circonférence O'; par suite les lignes OB et O'B' sont des rayons parallèles, et la ligne BB', qui joint leurs extrémités, coupe la ligne OO' au même point S que la ligne AA'; C. Q. F. D.

262. Remarque. Le point S s'appelle *le centre de similitude externe des deux cercles* O *et* O'. Il jouit de cette propriété que le rapport de ses distances aux deux centres O et O' est égal au rapport des rayons des deux circonférences, puisqu'on a :

$$\frac{SO}{SO'} = \frac{OA}{O'A'}.$$

263. Théorème. *Si par les centres* O *et* O' *de deux cercles, on mène des rayons parallèles et dirigés en sens contraires, tels que* OA, O'A', *la ligne* AA', *qui joint les extrémités de ces rayons, rencontre la ligne des centres en un point* T, *qui est fixe, quelle que soit la direction des rayons parallèles* OA *et* O'A'.

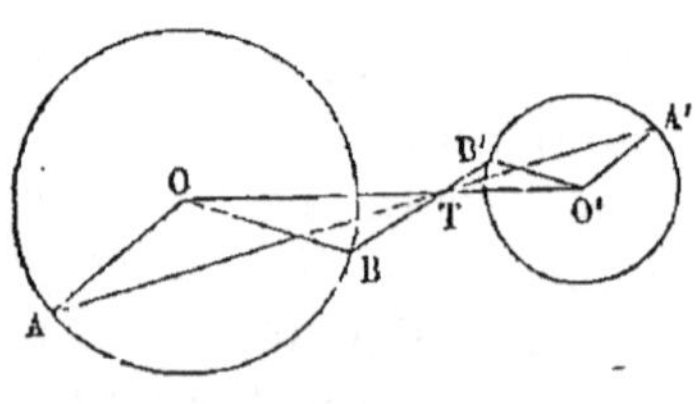

Fig. 207.

Soit T le point de rencontre des lignes AA' et OO'; je mène un rayon quelconque OB de la circonférence O; puis je joins BT, et par le point O', je mène une parallèle à OB jusqu'à la rencontre de la ligne BT, au point B'; je dis que ce point appartient à la circonférence O'. En effet, les lignes OA, O'A' étant parallèles, ainsi que les lignes OB et OB', on a les proportions (**157**) :

$$\frac{OA}{O'A'}=\frac{TO}{TO'};$$
$$\frac{OB}{O'B'}=\frac{TO}{TO'};$$

d'où l'on déduit, à cause du rapport commun $\frac{TO}{TO'}$,

$$\frac{OA}{O'A'}=\frac{OB}{O'B'};$$

d'ailleurs, OA = OB, comme rayons d'un même cercle; donc O'B' = O'A'; ce qui prouve que le point B' est sur la circonférence O'; alors les lignes OB et O'B' sont des rayons parallèles et de sens contraires, et la ligne BB', qui joint leurs extrémités, coupe la ligne des centres OO' au même point T que la ligne AA'; C. Q. F. D.

264. REMARQUE I. Le point T s'appelle *le centre de similitude interne des deux cercles* O *et* O'; ce point partage la ligne des centres en parties proportionnelles aux rayons; car on a :

$$\frac{TO}{TO'}=\frac{OA}{O'A'}.$$

265. REMARQUE II. Il est utile de savoir comment sont placés les centres de similitude de deux cercles, dans les diverses positions que ces cercles peuvent occuper l'un par rapport à l'autre.

Lorsque les circonférences sont extérieures, ce qui est le cas des deux figures précédentes, le centre de similitude externe est sur le prolongement de la ligne des centres du côté de la plus petite circonférence, et en dehors de cette circonférence; le centre de similitude interne est entre les deux centres et en dehors de chaque circonférence.

Lorsque les circonférences sont tangentes extérieurement, le centre de similitude externe est encore extérieur aux deux circonférences, et il est sur le prolongement de la ligne des centres; quant au centre de similitude interne, il coïncide avec le point de contact des deux cercles; car ce dernier point divise évidemment la ligne des centres en parties proportionnelles aux rayons.

Lorsque les circonférences sont sécantes, le centre de similitude externe est toujours extérieur aux deux circonférences, et situé sur le prolongement de la ligne des centres; mais le centre de similitude interne est placé à l'intérieur de chacune des circonférences, dans la partie du plan commune aux deux cercles.

Quand les circonférences sont tangentes intérieurement, le centre de similitude externe coïncide avec le point de contact; en effet ce point de contact jouit alors de la propriété que le rapport de ses distances aux deux centres est égal au rapport des rayons, et par conséquent c'est le centre de similitude externe. Le centre de similitude interne est situé entre les deux centres et il est intérieur aux deux circonférences.

Enfin quand les circonférences sont intérieures l'une à l'autre, les deux centres de similitude sont intérieurs à la plus petite.

Remarquons encore que si deux cercles sont égaux, il n'y a plus de centre de similitude externe; il s'est éloigné indéfiniment; et le centre de similitude interne est le milieu de la distance des centres.

Si les cercles sont concentriques, les deux centres de similitude se confondent avec le centre commun des deux circonférences.

Tous ces résultats s'aperçoivent aisément en faisant la figure pour chaque cas; on peut d'ailleurs les établir rigoureusement à l'aide de quelques calculs.

266. Applications. Les deux théorèmes précédents peuvent recevoir quelques applications dans la construction des machines; on pourrait s'en servir pour communiquer à deux roues des mouvements angulaires égaux et de même sens, ou égaux et de sens contraires. Il suffirait pour cela de fixer deux boutons en deux points A et A' des circonférences des roues (*Voy.* les figures 206 et 207); ces boutons seraient engagés dans une coulisse pratiquée dans une tige métallique tournant autour de l'un des centres de similitude. Quand la roue O tournerait autour du centre, le bouton A en se déplaçant ferait tourner la tige autour du point S ou du point T, et la tige elle-même, dans son mouvement, entraînerait le point A' ; la roue O' prendrait alors un mouvement de même vitesse que celui de la roue O, et tournerait dans le même sens si la tige métallique était fixée au point S, et en sens contraire, si elle était fixée au point T.

Cette disposition n'est employée que dans le cas où les cercles O et O' sont égaux : une tige d'une longueur égale à OO' est articulée par ses deux bouts aux deux extrémités A et A' de deux rayons parallèles et de même sens, et oblige les deux roues à prendre le même mouvement ; on dit alors que les deux roues sont *couplées ;* c'est ce qu'on peut observer dans certaines locomotives.

Tangentes communes à deux cercles.

267. Problème. *Mener une tangente commune à deux circonférences.*

Deux circonférences, qui touchent une même droite, peuvent être placées d'un même côté de cette droite, ou de côtés différents : dans le premier cas, la tangente commune est dite *extérieure ;* et dans le second cas, elle est dite *intérieure.*

Première solution. Je cherche d'abord les tangentes communes extérieures aux cercles O et C (fig. 208). Soit AB l'une de ces tangentes ; je mène les rayons OA et CB qui aboutissent aux deux points de contact, et par le centre C de la plus petite circonférence, je mène CD parallèle à AB. Les deux rayons OA et CB, perpendiculaires à une même droite AB, sont parallèles ; les lignes CB et DA sont alors des parallèles comprises entre parallèles, et par conséquent sont égales (**108**) ; or OD = OA — DA ; et comme DA est égale à

CB, OD est égale à OA — CB, c'est-à-dire à la différence des rayons des deux circonférences; de plus OA perpendiculaire à AB l'est aussi à la droite CD parallèle à AB. Il résulte de là que, si du point O comme centre avec OD comme rayon on décrit un cercle, la ligne CD est tangente à ce cercle, puisqu'elle est perpendiculaire à l'extrémité du rayon OD.

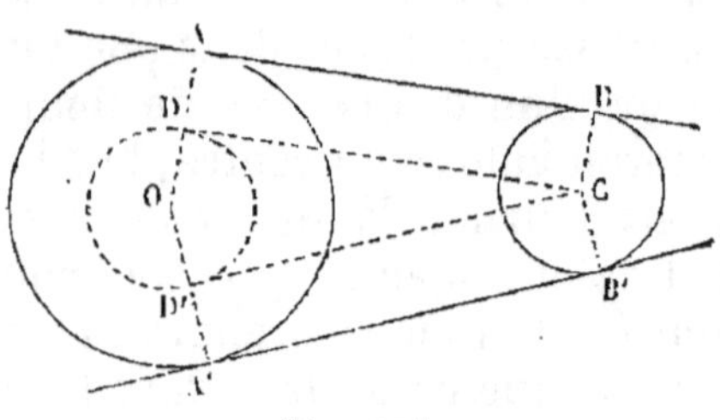

Fig. 208.

De là résulte cette construction de la tangente extérieure : du centre de la plus grande circonférence, avec une ouverture de compas égale à la différence des rayons, on décrit une circonférence, et par le centre C de la plus petite circonférence, on mène une tangente CD à la circonférence qu'on a décrite; on joint le point de contact D au centre O, et on prolonge cette ligne jusqu'à sa rencontre en A, avec la grande circonférence; enfin par le point A, on mène une parallèle à CD; cette ligne est la tangente commune. Comme du point C on peut mener deux tangentes au cercle OD, on obtient deux tangentes communes extérieures AB, A'B'.

Cherchons maintenant les tangentes communes intérieures. Soit EF une de ces tangentes; je mène les rayons OE et CF qui aboutissent aux points de contact, et par le centre C de l'une des circonférences, je mène une parallèle CG à la tangente EF jusqu'à la rencontre en G du rayon OE prolongé; les deux lignes CF et EG, perpendiculaires à la droite EF sont parallèles, et comme de plus elles sont comprises entre lignes parallèles, elles sont

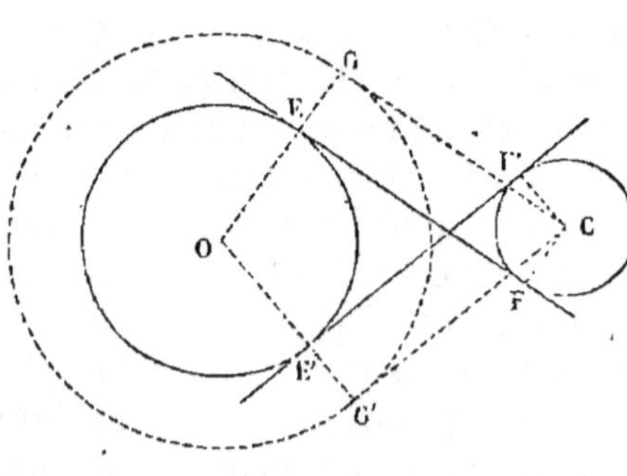

Fig. 209.

égales; donc la ligne OG est égale à OE + CF ou à la somme des rayons des deux circonférences. De plus, la ligne OG, perpendiculaire à EF, l'est aussi à sa parallèle CG; donc si du point O comme centre avec OG pour rayon, on décrit une circonférence, la ligne CG sera tangente à cette circonférence (**168**).

De là résulte la construction suivante : du centre O de l'une des circonférences avec une ouverture de compas égale à la somme des rayons, on décrit un cercle; du centre C de l'autre circonférence, on mène une tangente CG au cercle qu'on a tracé; on mène le rayon OG du point de contact; ce rayon coupe la première des circonférences données en un point E, et par ce point, on mène une parallèle à CG; c'est la tangente commune demandée. En menant par le point C la seconde tangente CG′ à la circonférence OG, on aura une seconde tangente commune intérieure E′F′.

Deuxième solution. Soient O et C les deux cercles donnés, et supposons d'abord qu'on veuille construire la tangente commune extérieure AB à ces deux circonférences. Si on mène les rayons OA et CB qui aboutissent aux deux points de contact, ces rayons sont tous les deux perpendiculaires à la ligne AB (**170**); donc ils sont parallèles, et comme de plus ils sont dirigés dans le même sens, la ligne AB qui joint leurs extrémités, passe par le centre de similitude externe S des deux circonférences (**261**); on voit par là que *la tangente commune extérieure à deux circonférences passe par leur centre de similitude externe.*

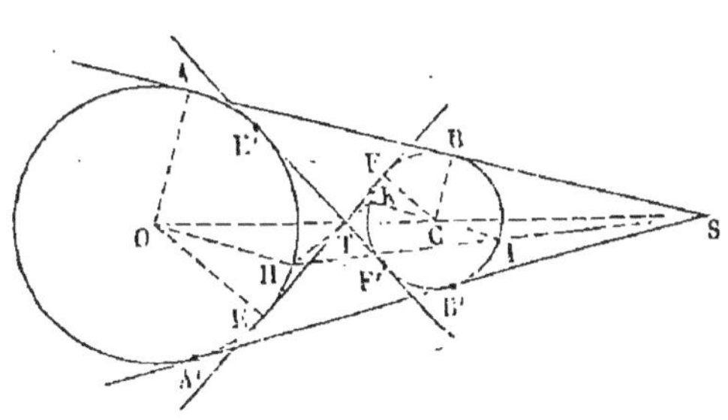

Fig. 210.

De cette propriété on déduit immédiatement la construction suivante : on mène dans les deux circonférences deux rayons parallèles et de même sens, tels que OH et CI : on joint leurs extrémités; la ligne HI ainsi construite coupe la ligne des centres OC au centre de similitude externe S (**261**); et par ce point on mène une tangente à la circonférence O; c'est la tangente commune extérieure. Comme du point S on peut mener deux tangentes à la circonférence O, il y aura deux tangentes communes extérieures AB, A'B'.

Je vais maintenant chercher les tangentes communes intérieures. Soit EF l'une de ces tangentes; je mène les rayons OE et CF qui aboutissent aux points de contact; ces rayons sont tous les deux perpendiculaires à la droite EF (**170**); donc ils sont parallèles, et comme de plus ils sont dirigés en sens contraires, la ligne EF qui joint leurs extrémités passe par le centre de similitude interne des deux circonférences (**263**); ainsi : *La tangente commune intérieure à deux circonférences passe par leur centre de similitude interne.*

Alors, pour construire les tangentes communes intérieures, on mène des centres O et C deux rayons OH et CK, parallèles et de sens contraires, et on joint leurs extrémités; la droite HK ainsi tracée coupe la ligne des centres OC au centre de similitude interne T des deux circonférences ; enfin par le point T on mène des tangentes au cercle O, ce sont les tangentes intérieures EF, E'F'.

268. Corollaire. Il résulte de la deuxième solution que les tangentes communes sont des tangentes au cercle O menées soit par le point S, soit par le point T; donc, en vertu d'une propriété connue des tangentes menées d'un point à un cercle (**179**), la ligne CO qui passe par les points S et T partage en deux parties égales l'angle des tangentes extérieures et celui des tangentes intérieures, propriété qui s'énonce ainsi:

La ligne des centres de deux circonférences passe par le point d'intersection des tangentes communes intérieures et aussi par celui des tangentes communes extérieures; et elle est bissectrice des angles formés par ces deux couples de tangentes.

269. Remarque I. Quand les deux circonférences O et C sont égales, on ne peut plus appliquer les constructions précédentes pour la tangente commune extérieure; mais on reconnaît aisément que dans ce cas les tangentes extérieures

AB et A'B' sont parallèles à la ligne des centres; car les rayons OA, CB sont parallèles et égaux; donc (**111**) la ligne AB est parallèle à OC. Par conséquent, il suffira de mener à l'un des cercles des tangentes parallèles à la ligne OC, ce que l'on sait faire (**175**).

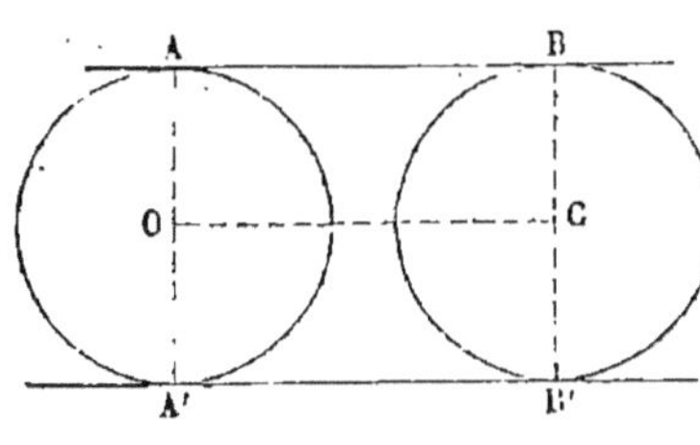

Fig. 211.

270. Remarque II. Quand les circonférences sont extérieures l'une à l'autre, comme dans les figures précédentes, on peut mener quatre tangentes communes, deux intérieures et deux extérieures.

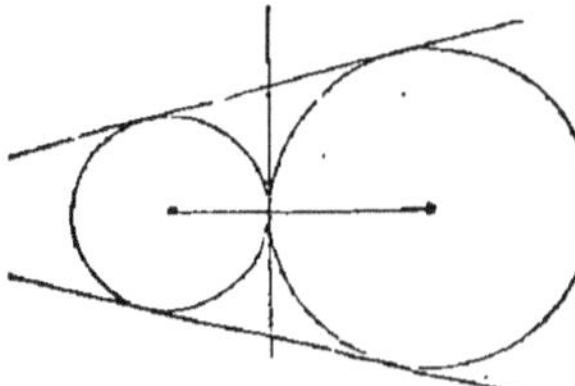
Fig. 212.

Lorsque les deux circonférences sont tangentes extérieurement, on peut leur mener deux tangentes communes extérieures, et une seule tangente commune intérieure (fig. 212).

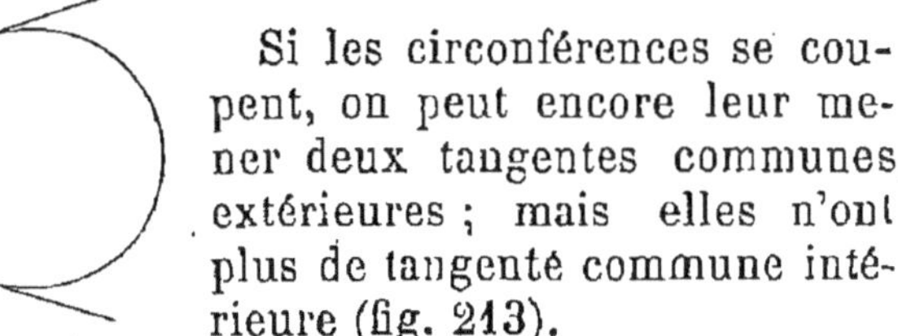
Fig. 213.

Si les circonférences se coupent, on peut encore leur mener deux tangentes communes extérieures ; mais elles n'ont plus de tangente commune intérieure (fig. 213).

Si les circonférences sont tangentes intérieurement, elles n'ont plus qu'une seule tangente commune qui est extérieure (fig. 214).

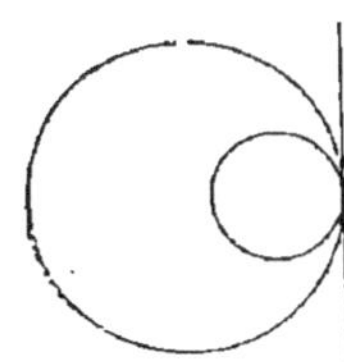
Fig. 214.

Enfin, si les circonférences deviennent intérieures l'une à l'autre, sans avoir aucun point commun, elles n'ont plus de tangente commune.

271. Application. Les *courroies sans fin*, qui servent dans les ateliers à communiquer le mouvement de rotation d'une roue à une autre nous offrent des exemples de tangentes communes à deux cercles ; quand les deux roues doivent tourner dans le même sens, la courroie est *extérieure;* si au contraire les deux roues doivent tourner en sens contraire, la courroie passe entre les deux roues, en se croisant comme l'indique la seconde figure ; on dit alors que la courroie est *intérieure*. On rencontre fréquemment cette disposition dans le tour du tourneur, et dans la meule du rémouleur, quand cette meule reçoit le mouvement d'une grande roue extérieure qu'on fait tourner à bras.

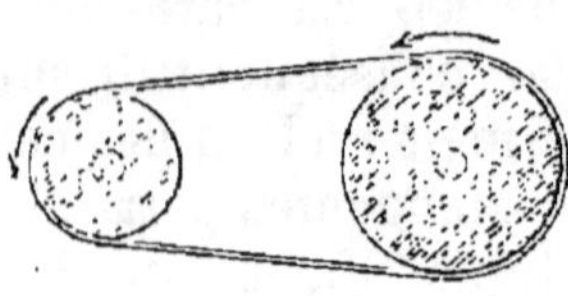

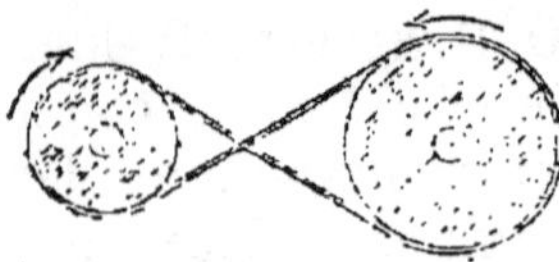

Fig. 215.

CHAPITRE XIV.

DU TRIANGLE.

Somme des angles d'un triangle.

272. Définitions. On appelle *polygone* une portion de plan limitée de tous côtés par des lignes droites; ces lignes droites s'appellent les *côtés* du polygone, et leurs points d'intersection successifs s'appellent les *sommets* du polygone. La figure représente un polygone de six côtés, dont les sommets sont A, B, C, D, H, et K. Les angles formés par deux côtés consécutifs se nomment les *angles du polygone*. Enfin les lignes droites qui joignent deux sommets non consécutifs d'un polygone, portent le nom de *diagonales;* telles sont les lignes AC, AD, AH.

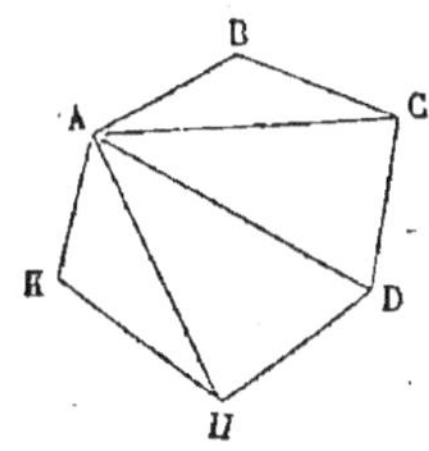

Fig. 216.

Le polygone le plus simple est celui de trois côtés; car deux droites qui se coupent forment un angle, et ne limitent pas de tous les côtés une portion de plan; il faut donc au moins trois lignes droites se coupant deux à deux pour faire un polygone.

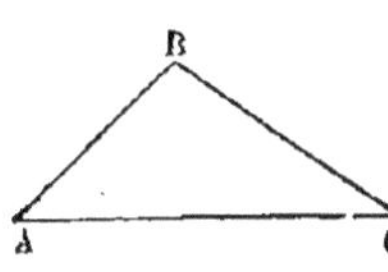

Fig. 217.

Le polygone de trois côtés s'appelle un *triangle :* telle est la figure ABC. Un triangle a trois côtés, trois sommets et trois angles; il ne peut avoir de diagonale.

273. Théorème. *La somme des trois angles d'un triangle est égale à deux angles droits*

Soit le triangle ABC (fig. 218); je prolonge le côté AB et je mène par le sommet B la ligne BH parallèle au côté AC.

L'angle CAB du triangle est égal à l'angle HBD; car ce sont des angles correspondants formés par les parallèles AC, BH, coupées par la sécante AD; de même les angles ACB, CBH sont égaux comme angles alternes-internes, formés par les parallèles AC, BH, coupées par la sécante CB. Donc la somme des trois angles du triangle est égale à la somme des angles ABC, CBH, HBD, formés au point B d'un même côté de la droite AD; donc cette somme est égale à deux angles droits (**62**); C. Q. F. D.

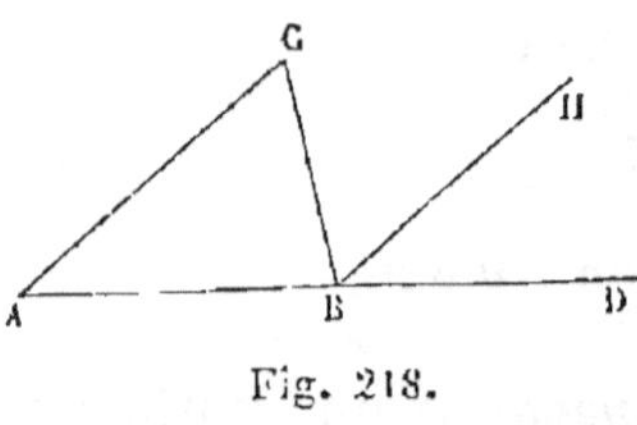

Fig. 218.

274. Corollaire I. On appelle *angle extérieur* d'un triangle un angle formé par un côté et le prolongement d'un autre; tel est l'angle CBD.

Tout angle extérieur à un triangle est égal à la somme des deux angles intérieurs qui ne lui sont pas adjacents.

En effet, l'angle extérieur CBD est égal à la somme des angles CBH et HBD, et ceux-ci sont respectivement égaux aux angles intérieurs C et A du triangle, comme nous venons de le prouver; donc l'angle CBD est égal à la somme des angles intérieurs A et C du triangle; C. Q. F. D.

275. Corollaire II. *Un triangle ne peut avoir qu'un seul angle droit ou obtus.*

Car, s'il a un angle droit, la somme des deux autres angles est égale à un droit, en vertu du théorème précédent; donc chacun d'eux est aigu. De même, si un triangle a un angle obtus, la somme des deux autres angles est inférieure à un angle droit; donc chacun d'eux est aigu.

276. Définitions. Lorsqu'un triangle a un angle obtus, on dit qu'il est *obtusangle;* quand il a un angle droit, on dit qu'il est *rectangle,* et on appelle alors *hypoténuse*, le côté opposé à l'angle droit. L'équerre du dessinateur a la forme d'un triangle rectangle.

Il résulte du corollaire précédent que, *dans un triangle rectangle, les angles aigus sont complémentaires.*

On appelle triangle *équiangle* un triangle dont les trois angles sont égaux; il résulte du théorème précédent que chacun des angles d'un triangle équiangle vaut le tiers de deux angles droits, c'est-à-dire $\frac{2}{3}$ d'angle droit ou 60°.

277. PROBLÈME. *Étant donnés deux angles d'un triangle, trouver le troisième.*

Supposons d'abord que les angles soient donnés en degrés, minutes et secondes; on fera la somme de ces deux angles, et on retranchera cette somme de 180°. Ex. Deux des angles d'un triangle ont pour mesure, l'un 48° 17′ 36″,18, l'autre 73° 28′ 52″, 19; trouver le troisième; j'ajoute les deux angles donnés :

$$\begin{array}{r} 48^\circ\ 17'\ 36'',18 \\ 73^\circ\ 28'\ 52'',19 \\ \hline 121^\circ\ 46'\ 28'',37 \end{array}$$

et je retranche cette somme de 180°, ou, ce qui est la même chose, de 179° 59′ 60″ :

$$\begin{array}{r} 179^\circ\ 59'\ 60'',00 \\ 121^\circ\ 46'\ 28'',37 \\ \hline 58^\circ\ 13'\ 31'',63 \end{array}$$

le troisième angle vaut donc 58° 13′ 31″, 63.

Supposons en second lieu qu'on donne les angles mêmes A et B du triangle, et qu'on demande de *construire* le troisième angle. Sur la droite indéfinie MN, on fait deux angles MOP, NOQ respectivement égaux aux angles donnés A et B (**60**); l'angle POQ sera le troisième angle cherché; car en l'ajoutant aux deux angles donnés, on obtient une somme égale à deux angles droits (**62**).

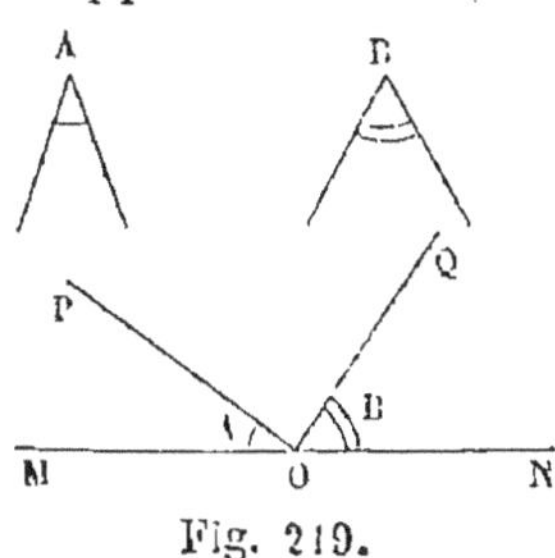

Fig. 219.

278. COROLLAIRE. *Si deux angles d'un triangle sont respectivement égaux à deux angles d'un autre triangle, le* *troisième angle du premier triangle est égal au troisième angle du second triangle.*

Car il faudrait retrancher de 180° la même somme pour obtenir le troisième angle de chacun des triangles ; ces angles ont donc la même valeur.

279. Applications. I. Il arrive souvent dans les opérations sur le terrain qu'on a besoin de *mesurer un angle dont le sommet est très-éloigné ou inaccessible.* On peut y arriver de la manière suivante :

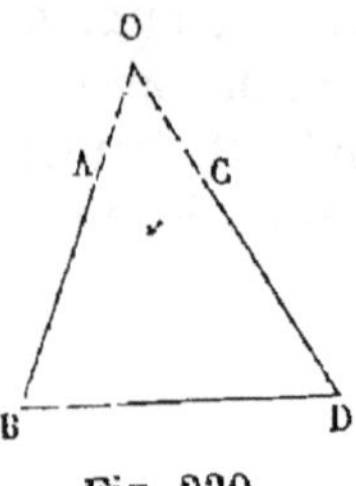

Fig. 220.

Soient AB et CD les deux alignements dont on veut obtenir l'angle ; on marque à volonté deux points B et D sur ces deux droites et, avec le graphomètre, on mesure les deux angles ABD et CDB ; on ajoute les deux angles ainsi obtenus, et on retranche cette somme de 180° ; le reste est la mesure de l'angle cherché O.

280. II. Le théorème du n° **275** peut être employé pour vérifier l'exactitude des divisions d'un graphomètre ; on marque trois points A, B, C à volonté sur le terrain, et on mesure les trois angles du triangle ABC; si le graphomètre est bien gradué, la somme des trois angles mesurés devra être égale à 180°, ou tout au moins en différer extrêmement peu.

281. III. On a quelquefois besoin, dans les opérations sur le terrain, de *connaître la direction de la perpendiculaire abaissée d'un point* O *sur une droite* MN, *sans marquer le pied de cette perpendiculaire* ; ce point peut d'ailleurs être inaccessible. Pour y parvenir, on trace un alignement OK qui rencontre la droite MN en un point K ; on mesure avec le graphomètre l'angle OKN, et par le point O, on mène, à

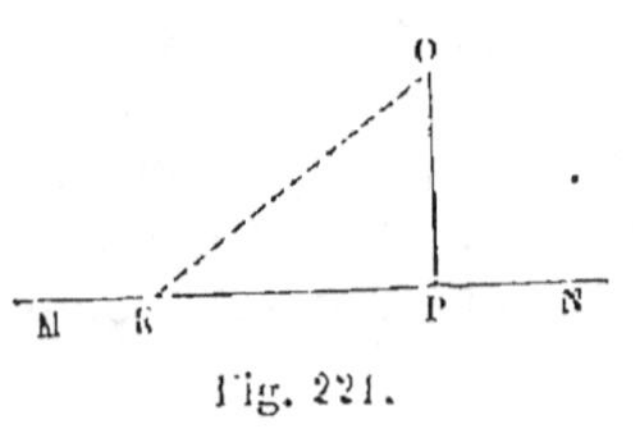

Fig. 221.

l'aide du même instrument, une ligne qui fasse avec OK un angle complémentaire de l'angle OKN ; cette ligne est la perpendiculaire demandée. En effet, si on la prolonge jusqu'à la rencontre de la ligne MN au point P, on forme un triangle OKP, dans lequel la somme des angles O et K vaut un angle droit ; il en résulte que le troisième angle P est droit aussi (**275**).

282. IV. C'est encore sur le théorème relatif à la somme des trois angles d'un triangle, qu'on s'appuie pour *construire par points une circonférence sur le terrain, quand on connaît trois points de cette circonférence, et que le centre est trop éloigné ou inaccessible.*

Soient A, B, C les trois points donnés ; proposons-nous de tracer la circonférence qui passe par ces trois points, ou plutôt de déterminer un nombre très-grand de points de cette circonférence. On met un graphomètre en station au point A, de manière que l'alidade fixe soit dirigée vers le point C ; puis on fait tourner l'alidade mobile de manière qu'elle fasse successivement avec AC des angles de 10°, 20°, 30°, 40°, etc., et on continue jusqu'à ce qu'on ait fait un tour entier de la circonférence ; on trace les alignements AC′, AC″, AC‴, etc., qui correspondent à chacune des positions de la ligne de foi de l'alidade mobile. Cela fait, on transporte le graphomètre au point B, on dirige son alidade fixe vers le point C, et avec l'alidade mobile, on marque des alignements successifs, BC′, BC″, BC‴, etc., faisant avec BC des angles égaux aux angles CAC′, CAC″, CAC‴, etc. On détermine ensuite les points d'intersection des alignements de même ordre des deux stations : les points C′, C″, C‴, etc., ainsi déterminés, appartiennent à la circonférence. En effet, considérons un de ces points, C″ par exemple : l'angle C″AB est inférieur à CAB de 20° par exemple, et l'angle C″BA surpasse CBA de 20° aussi ; donc la somme des angles C″AB et C″BA est égale à la somme

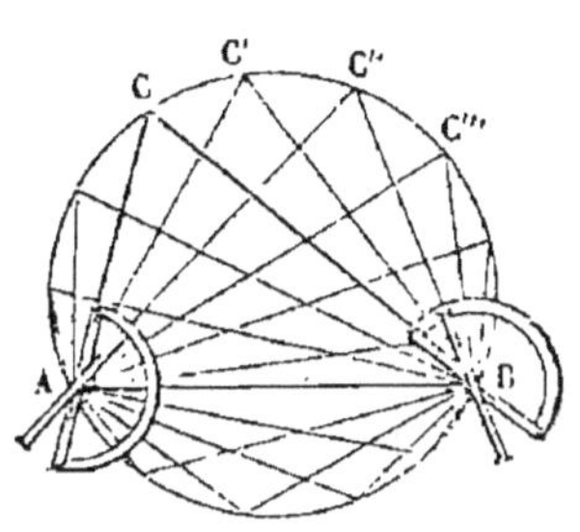

Fig. 222.

des angles CAB et CBA ; il en résulte que le troisième angle du triangle C″AB est égal au troisième angle du triangle CAB (**278**) ; en d'autres termes, l'angle AC″B est égal à l'angle ACB ; par conséquent la droite AB est vue sous le même angle des points C, C′, C″, C‴, etc. ; donc ces points sont tous sur une même circonférence, qui passe par les deux points A et B (**190**) ; C. Q. F. D.

Il arrive souvent qu'au lieu de donner trois points pour déterminer la circonférence, on donne d'autres conditions, comme deux tangentes et un point, ou bien deux tangentes et le rayon. Il faut alors, en se servant des principes exposés dans les chapitres précédents, commencer par déterminer trois points de la circonférence, et on appliquera ensuite la construction que nous venons de donner. Des problèmes de ce genre se rencontrent souvent dans la pratique, notamment lorsqu'on veut raccorder par un arc de cercle deux portions rectilignes d'une route ou d'un chemin de fer.

Du triangle isocèle et du triangle équilatéral.

283. Définitions. Un triangle, qui a deux côtés égaux, est dit *isocèle ;* le troisième côté s'appelle alors la *base* du triangle isocèle, et le point d'intersection des deux côtés égaux porte plus particulièrement le nom de *sommet* du triangle isocèle.

Un triangle, qui a ses trois côtés égaux, est dit *équilatéral.*

284. Théorème. *Dans un triangle isocèle :*

1° *La ligne qui joint le sommet au milieu de la base, est perpendiculaire à cette base, et divise l'angle du sommet en deux parties égales ;*

2° *Les angles opposés aux côtés égaux sont égaux.*

Soit ABC un triangle isocèle (fig. 223), dans lequel on suppose que le côté AB soit égal à AC ; je joins le sommet A au milieu D de la base BC ; les deux points A et D, étant chacun à égale distance des deux points B et C, appartiennent tous les deux à la perpendiculaire élevée au milieu de la ligne BC (**76**) ; donc la ligne AD, qui joint ces deux points est perpendiculaire à la base BC du triangle ; c'est la première propriété qu'il fallait démontrer. Cela posé, faisons tourner le triangle ADC autour de AD pour le rabattre sur le triangle ADB ; l'angle ADC, qui est droit, s'appliquera sur son égal l'angle ADB; et la ligne DC prendra la direction DB ; comme de plus ces lignes sont égales par hypothèse, le point C tombera au point B ; par conséquent, la ligne AC s'appliquera sur AB. Il résulte de là que les deux angles DAC et DAB coïncideront, ainsi que les angles ACD et ABD; donc la ligne AD divise l'angle BAC en deux parties égales, et de plus les angles ACB et ABC du triangle, qui sont opposés aux côtés égaux AB et AC, sont égaux ; C. Q. F. D.

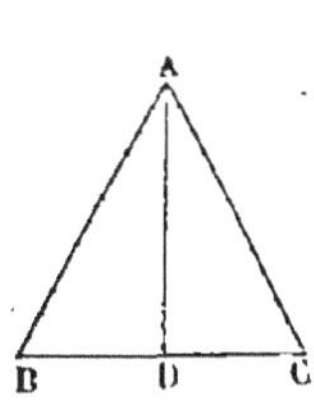

Fig. 223.

285. Corollaire I. La démonstration précédente montre que la ligne AD partage le triangle ABC en deux parties symétriques (**154**); en d'autres termes, cette ligne est un axe de symétrie de ce triangle ; le théorème précédent peut alors être énoncé ainsi :

La ligne qui joint le sommet d'un triangle isocèle au milieu de la base, est un axe de symétrie de ce triangle.

286. Corollaire II. *Un triangle équilatéral est en même temps équiangle, et a trois axes de symétrie.*

En effet, un triangle équilatéral peut être considéré comme isocèle de trois manières différentes puisque deux côtés quelconques sont égaux ; par suite, en vertu du théorème précédent, deux angles quelconques sont égaux, et le triangle est équiangle ; de plus la ligne qui joint l'un quelconque des sommets au milieu du côté opposé est un axe de symétrie du triangle.

287. Corollaire III. Lorsqu'on connaît l'un des angles d'un triangle isocèle, on peut calculer les deux autres.

Supposons d'abord qu'on donne l'angle du sommet ; en le retranchant de 180°, on aura la somme des deux autres, et, comme ils sont égaux, chacun d'eux sera égal à la moitié de cette somme. Ex. : l'angle du sommet est égal à

54° 43′ 17″ ; la somme des deux autres vaut 180° — 54° 43′ 17″ ou 125° 16′ 43″, et chacun d'eux vaut la moitié de ce nombre, ou 62° 38′ 21″,5.

Supposons en second lieu qu'on donne l'un des angles à la base : en le doublant, on aura la somme des deux angles à la base, et en retranchant cette somme de 180°, on obtiendra l'angle du sommet. Ex. : l'un des angles à la base est égal à 42° 13′ 24″ ; le double de ce nombre est 84° 26′ 48″, et l'angle au sommet vaut alors 180° — 84° 26′ 48″ ou 95° 33′ 12″.

En particulier, un triangle isocèle peut être rectangle, et alors c'est l'angle du sommet qui est droit ; la somme des deux autres vaut un droit ou 90°, et chacun d'eux est égal à $\frac{1}{2}$ droit ou à 45°.

288. Application. *Diviser un angle* AOB *en trois parties égales* (fig. 224).

Du point O comme centre avec un rayon quelconque, je décris un cercle qui coupe en C et en D les côtés de l'angle donné, et je prolonge indéfiniment la ligne AO de l'autre côté du centre. Sur une règle à biseau, ou mieux sur une bande de papier bien rectiligne, je marque deux points distants l'un de l'autre d'une longueur égale au rayon OC ; et par *tâtonnement*, je place cette règle de manière que l'un de ces points soit en F sur le prolongement de AO, l'autre en E sur la circonférence, et que, de plus, le bord de la règle passe par le point D ; je dis que si on joint alors le point E au centre, l'angle EOF sera le tiers de l'angle AOB. En effet, la longueur EF étant égale au rayon OE, le triangle OEF est isocèle, et l'angle EFO est égal à l'angle EOF (**284**) ; mais l'angle EOF, qui est un angle au centre, a pour

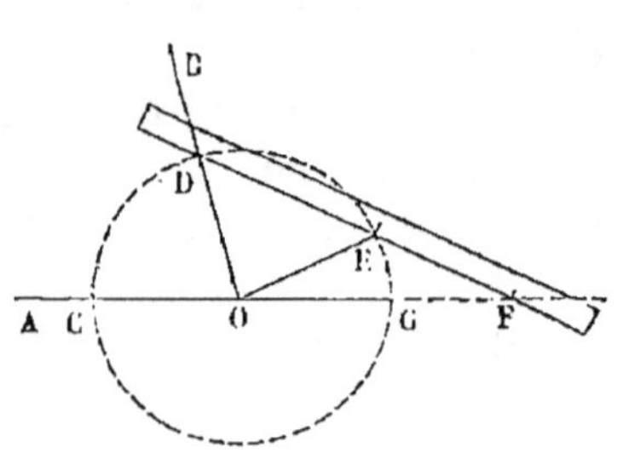

Fig. 224.

mesure l'arc EG compris entre ses côtés (**57**) ; l'angle EFO, qui a son sommet à l'extérieur de la circonférence, a pour mesure la demi-différence des arcs compris entre ses côtés (**189**), c'est-à-dire ici,

$$\frac{1}{2}\text{arc CD} - \frac{1}{2}\text{arc EG};$$

les deux angles EOF et EFO étant égaux, leurs mesures sont égales ; on a donc :

$$\frac{1}{2}\text{arc CD} - \frac{1}{2}\text{arc EG} = \text{arc EG},$$

ou, en doublant tous les arcs,

$$\text{arc CD} - \text{arc EG} = 2 \text{ fois arc EG};$$

j'ajoute maintenant arc EG aux deux membres, et j'ai :

$$\text{arc CD} = 3 \text{ fois arc EG}.$$

L'arc EG est donc le tiers de l'arc CD, et, par suite, l'angle EOG, qui a pour mesure l'arc EG, est le tiers de l'angle COD, qui a pour mesure l'arc CD ; C. Q. F. D.

Remarque. Il n'existe pas de construction exacte pour diviser un angle en trois parties égales ; on n'a que des méthodes de tâtonnement ; celle qui précède n'est pas susceptible d'une grande exactitude, surtout dans le cas où l'angle donné AOB surpasse 60 degrés ; nous en indiquerons plus tard d'autres qui sont préférables.

289. Théorème. *Si un triangle* ABC *a deux angles* B *et* C *égaux entre eux, les côtés opposés à ces angles sont égaux, et le triangle est isocèle* (fig. 225).

Du point A j'abaisse une perpendiculaire AD sur le côté opposé BC ; les deux triangles ADB, ADC ont l'angle B égal à l'angle C par hypothèse, et l'angle ADB égal à l'angle ADC comme angles droits ; donc les troisièmes angles BAD, CAD de ces triangles sont aussi égaux (**278**). Cela posé, faisons tourner le triangle ACD autour de AD pour le rabattre sur le triangle ABD : l'angle ADC étant égal à l'angle ADB, la ligne DC prendra la direction DB, et le point C tombera quelque part sur DA ou sur son prolongement; de même l'angle CAD étant égal à l'angle BAD, la ligne AC prendra la direction AB, et le point C tombera quelque part sur AB ou sur son prolongement. Le point C, devant tomber à la fois sur la ligne DB et sur la ligne AB, coïncidera avec le point B ; donc la ligne AC s'appliquera sur AB ; ces deux lignes sont donc égales ; C. Q. F. D.

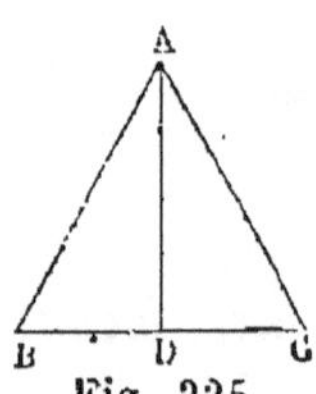

Fig. 225.

290. Corollaire. *Tout triangle équiangle est en même temps équilatéral.*

Car deux quelconques des angles étant égaux entre eux, les côtés opposés à ces angles sont égaux en vertu du théorème précédent; donc les côtés sont égaux deux à deux, et par conséquent le triangle est équilatéral.

291. Théorème. *Si un triangle a deux angles inégaux, le côté opposé au plus grand de ces angles est plus grand que le côté opposé au plus petit.*

Soit ABC un triangle, dans lequel l'angle BAC est plus grand que l'angle BCA ; je dis que le côté BC opposé au plus grand angle BAC est plus grand que le côté BA opposé au plus petit angle BCA. En effet, par le point A menons une ligne AD qui fasse avec AC un angle égal à l'angle BCA ; cette ligne tombera évidemment dans l'intérieur de l'angle BAC, et par conséquent elle rencontrera le côté BC en un point D situé entre B et C. Cela posé, les deux angles DAC et DCA étant égaux, les côtés DC et DA seront aussi égaux (**289**); d'autre part, la ligne droite AB est plus courte que la ligne brisée ADB ; on a donc :

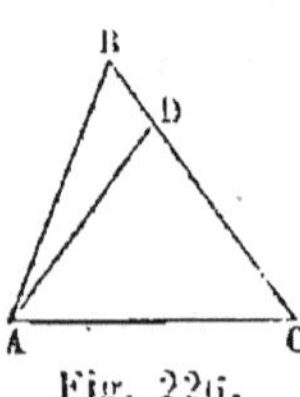

Fig. 226.

$$AB < AD + DB :$$

remplaçons AD par la ligne égale CD, et nous aurons :

$$AB < CD + DB,$$

ou enfin,

$$AB < CB;$$

C. Q. F. D

292. Corollaire. *Si deux côtés d'un triangle sont inégaux, les angles opposés à ces côtés sont inégaux, et le plus grand angle est opposé au plus grand côté.*

Les angles opposés à des côtés inégaux ne peuvent pas être égaux, puisqu'à des angles égaux sont opposés des côtés égaux (**289**) ; les angles étant inégaux, c'est le plus grand qui est opposé au plus grand côté d'après le théorème précédent.

293. Applications. Les triangles isocèles se rencontrent fréquemment dans nos constructions ; nous citerons seulement les *fermes* des charpentes de nos toits, les *croupes droites* qui les terminent, et les *frontons* qui décorent beaucoup d'édifices.

Les fermes le plus communément employées se composent d'une pièce de bois horizontale, appelée *tirant*, qui s'appuie sur les deux murs opposés du bâtiment, et de deux pièces de bois obliques, égales entre elles, qui s'assemblent par un bout aux deux extrémités du tirant, et sont appuyées l'une contre l'autre à l'autre bout ; on les nomme des *arbalétriers ;* la figure formée par ces trois pièces de bois est un triangle isocèle dont le tirant représente la base ; à ces trois pièces, on en joint plusieurs autres, dont la plus importante est une poutre verticale appelée *poinçon* qui porte d'un bout sur le milieu du tirant et s'assemble de l'autre avec les deux arbalétriers ; le poinçon figure l'axe de symétrie de la ferme.

Dans les toits, dont la surface présente quatre plans inclinés, deux des faces au moins ont la forme d'un triangle isocèle, pourvu toutefois que le bâtiment soit régulier ; la portion de charpente qui supporte une de ces faces du toit, et qu'on appelle une *croupe droite*, est formée de pièces de bois qui figurent encore un triangle isocèle.

Enfin les *frontons*, qui forment le couronnement de beaucoup d'édifices, sont encore des triangles isocèles, dans lesquels la base est ordinairement beaucoup plus grande que la *montée*, c'est-à-dire que la distance du sommet à la base. Voici au surplus l'une des constructions en usage pour tracer les frontons : au milieu de la base *ac* (fig. 227), on élève une perpendiculaire *db*; et du point *d* comme centre avec *da* pour rayon, on décrit une circonférence qui rencontre la ligne *db* au point *b*; enfin de ce dernier point comme centre, on décrit un arc de cercle passant par le point *a*; le point *e* où cet arc rencontre la ligne *bd* est le sommet du fronton.

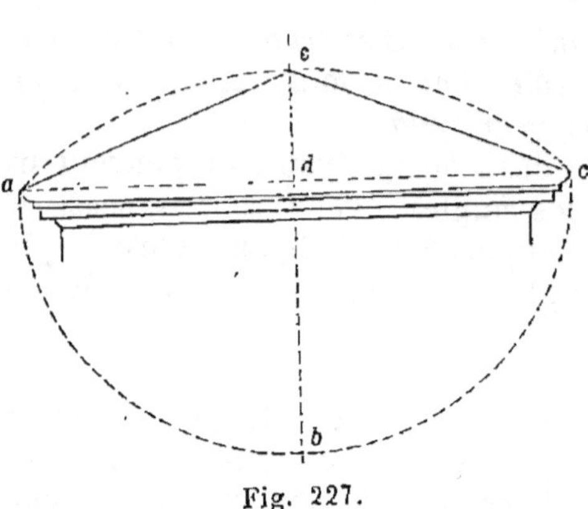

Fig. 227.

Cas d'égalité des triangles.

294. Théorème. *Deux triangles, qui ont les trois côtés égaux chacun à chacun, sont égaux.*

Soient ABC, DEF (fig. 228) deux triangles dans lesquels nous supposons que l'on ait :

$$AB = DE; \quad BC = EF; \quad CA = FD;$$

je dis que ces deux triangles sont égaux. En effet, transportons le triangle DEF sur le triangle ABC, de manière que le côté EF s'applique sur son égal BC, et que les points A et D soient tous les deux du même côté de BC; le point E étant sur le point B, et le point F sur le point C. Les deux lignes ED et BA étant égales par hypothèse, le point

D devra se trouver sur une circonférence qui serait décrite du point B comme centre avec BA pour rayon ; pour la même raison, le point D doit aussi se trouver sur une circonférence qui aurait le point C pour centre et le côté CA pour rayon ; or, ces deux circonférences ne peuvent avoir qu'un point commun d'un même côté de la ligne des centres BC (**228**), et ce point est ici le point A ; donc le point D tombera au point A, et les deux triangles ABC, DEF coïncideront ; C. Q. F. D.

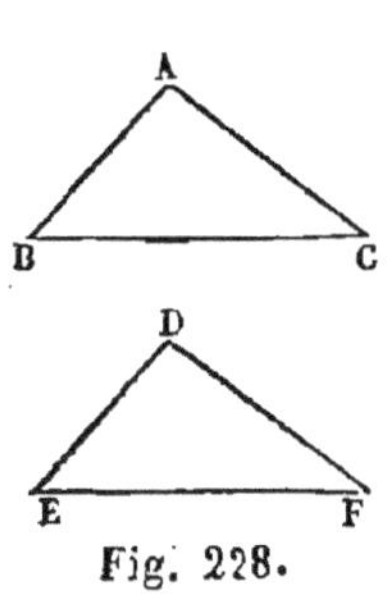

Fig. 228.

295. Corollaire. *Lorsque deux triangles ont les trois côtés égaux chacun à chacun, les angles opposés aux côtés égaux sont égaux.*

En effet, puisque les triangles peuvent coïncider, leurs angles sont égaux chacun à chacun ; il est évident, de plus, que deux angles qui sont opposés à des côtés égaux dans les deux triangles, seront appliqués l'un sur l'autre, quand on superposera les deux triangles comme on l'a fait dans la démonstraton qui précède.

Remarque. Un triangle est complétement déterminé, quand on connaît ses trois côtés ; on peut donc le construire.

296. Problème. *Étant donnés les trois côtés* A, B, C *d'un triangle, construire ce triangle* (fig. 229).

Sur une droite indéfinie, je prends une longueur DE égale au côté A ; puis du point D comme centre avec un rayon égal au côté B, je décris un arc de cercle, et du point E comme centre avec un rayon égal au côté C, je décris un arc de cercle, qui coupe le premier au point F ; enfin, je mène les lignes DF et EF ; le triangle DEF est le triangle demandé.

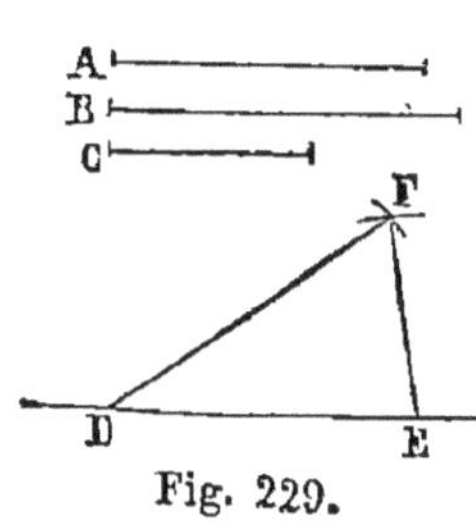

Fig. 229.

Remarque I. Pour que le problème soit possible, il

faut et il suffit que les deux arcs de cercle se coupent ; ce qui exige que la distance DE de leurs centres soit plus petite que la somme de leurs rayons et plus grande que la différence de ces mêmes rayons (**236**) ; en d'autres termes, il faut et il suffit qu'un des côtés soit plus petit que la somme des deux autres et plus grand que leur différence.

REMARQUE II. Les deux circonférences décrites des points D et E comme centres se coupent en deux points ; le premier est le point F ; l'autre serait le point symétrique du point F par rapport à la ligne DE (**228**) ; en joignant ce second point aux points D et E, on obtiendrait un autre triangle symétrique du triangle DEF par rapport à la ligne DE, et par conséquent égal au triangle DEF (**154**).

297. THÉORÈME. *Deux triangles, qui ont un angle égal compris entre deux côtés égaux chacun à chacun, sont égaux.*

Soient ABC, DEF, deux triangles qui ont l'angle A égal à l'angle D, le côté AB égal au côté DE, et le côté AC égal au côté DF ; je dis qu'ils sont égaux. En effet, transportons le triangle DEF sur le triangle ABC, de manière que le côté DE s'applique sur son égal AB, le point D étant au point A, et le point E au point B ; l'angle D étant égal à l'angle A, le côté DF prendra la direction du côté AC, et comme ces deux côtés sont égaux, le point F tombera au point C ; alors les deux côtés EF et BC, ayant les mêmes extrémités, se confondront, et le triangle DEF coïncidera avec le triangle ABC ; C. Q. F. D.

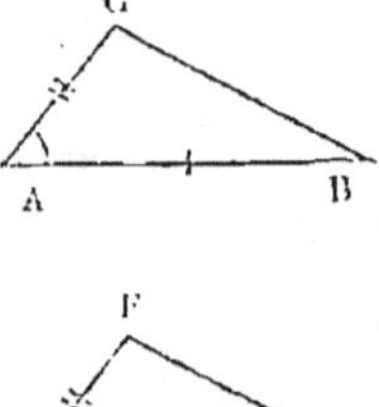

Fig. 230.

298. COROLLAIRE. *Lorsque deux triangles ont un angle égal compris entre côtés égaux chacun à chacun, les autres angles et les autres côtés sont égaux chacun à chacun.*

Il résulte en effet de la démonstration précédente que, si l'on a :

$$A = D ; \quad AB = DE ; \quad AC = DF ;$$

on aura aussi :

$$B = E; \quad C = F; \quad BC = EF;$$

puisque les deux triangles coïncident.

299. Problème. *Étant donnés deux côtés* A *et* B *d'un triangle et l'angle* C *qu'ils comprennent, construire ce triangle* (fig. 231).

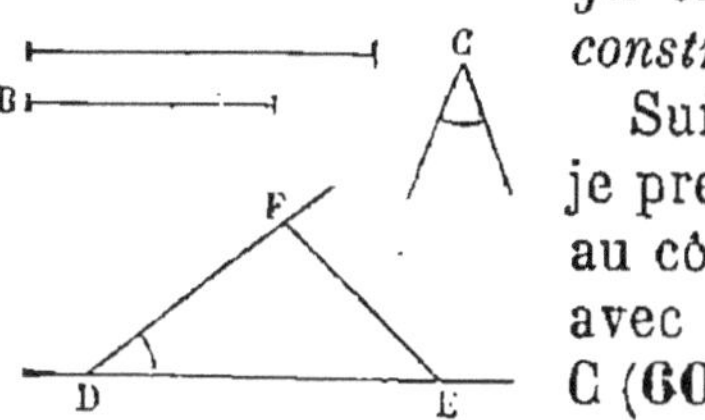

Fig. 231.

Sur une ligne droite indéfinie, je prends une longueur DE égale au côté A, et, au point D, je fais avec DE un angle égal à l'angle C (**60**) ; puis, sur le second côté de cet angle je prends une longueur DF égale à B, et je joins EF ; le triangle DEF est le triangle demandé.

Le problème est toujours possible.

300. Théorème. *Deux triangles qui ont un côté égal, adjacent à deux angles égaux chacun à chacun, sont égaux.*

On dit qu'un côté est *adjacent* à deux angles, lorsque ces angles ont pour sommets les extrémités de ce côté.

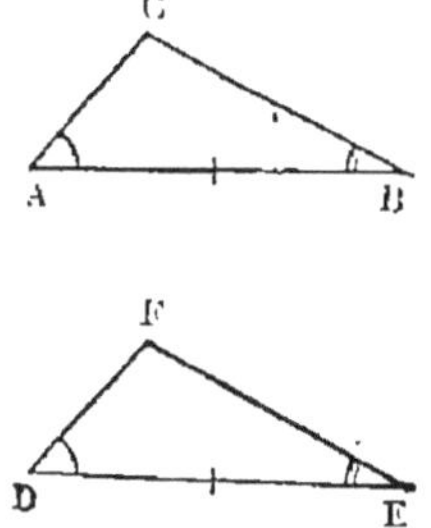

Fig. 232.

Cela posé, soient ABC, DEF, deux triangles qui ont le côté AB égal au côté DE, l'angle A égal à l'angle D, et l'angle B égal à l'angle E ; je dis qu'ils sont égaux. En effet, transportons le triangle DEF sur le triangle ABC, de manière que le côté DE s'applique sur son égal AB, le point D étant au point A, et le point E au point B ; l'angle D étant égal à l'angle A, la ligne DF prendra la direction AC, et le point F tombera quelque part sur AC ou sur son prolongement ; de même, l'angle E étant égal à l'angle B, le côté EF prendra la direction BC, et le point F tombera quelque part sur BC ou sur son prolongement. Le point F devant se trouver à la fois sur AC et sur BC, coïncidera avec le point C; donc les deux triangles ABC, DEF peuvent être superposés ; donc ils sont égaux; C. Q. F. D.

301. COROLLAIRE I. *Deux triangles rectangles, qui ont l'hypoténuse égale et un angle aigu égal, sont égaux.*

En effet, ces triangles ont deux angles égaux chacun à chacun, d'abord leurs angles droits, et ensuite deux de leurs angles aigus ; donc leurs troisièmes angles sont aussi égaux (**278**) ; et comme les hypoténuses sont égales, on voit que ces deux triangles ont en définitive un côté égal adjacent à deux angles égaux chacun à chacun ; donc ils sont égaux, d'après le théorème précédent.

302. COROLLAIRE II. *Lorsque deux triangles ont un côté égal adjacent à deux angles égaux chacun à chacun, les autres côtés et les autres angles de ces triangles sont aussi égaux chacun à chacun.*

En effet, la démonstration précédente fait voir que, si l'on a :

$$A = D; \quad B = E; \quad AB = DE,$$

on aura aussi :

$$C = F; \quad AC = DF; \quad BC = EF.$$

REMARQUE. Un triangle est déterminé quand on connaît un de ses côtés et les deux angles adjacents à ce côté, puisque tous les triangles qu'on pourrait former avec ces trois éléments sont égaux entre eux d'après le théorème précédent. On peut même remarquer que le triangle est encore déterminé, si l'on connaît un côté, l'un des angles adjacents, et l'angle opposé à ce côté, car deux des angles étant connus, on peut trouver le troisième (**277**), et on est alors ramené au cas précédent.

303. PROBLÈME. *Étant donnés un côté et deux angles d'un triangle, construire ce triangle.*

On peut toujours supposer que les deux angles connus

soient ceux qui sont adjacents au côté donné; car si l'un des angles donnés était l'angle opposé à ce côté, on commencerait par construire le troisième angle du triangle (**277**), et on aurait alors les deux angles adjacents au côté connu.

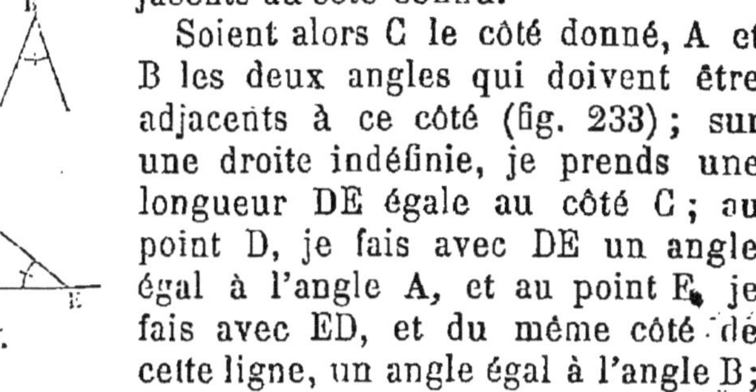

Fig. 233.

Soient alors C le côté donné, A et B les deux angles qui doivent être adjacents à ce côté (fig. 233); sur une droite indéfinie, je prends une longueur DE égale au côté C; au point D, je fais avec DE un angle égal à l'angle A, et au point E, je fais avec ED, et du même côté de cette ligne, un angle égal à l'angle B; les deuxièmes côtés de ces angles se coupent en un point F; et le triangle DEF est le triangle cherché.

Pour que le problème soit possible, il faut et il suffit que la somme des deux angles A et B soit inférieure à deux droits (**273**).

304. Remarque générale. Les théorèmes **294**, **297** et **300** montrent qu'un triangle est déterminé quand on connaît ses trois côtés, ou deux côtés et l'angle compris, ou un côté et deux angles.

Dans tous ces cas, on connaît trois des six éléments du triangle, en donnant le nom d'éléments aux côtés et aux angles. On peut se demander si trois éléments quelconques suffisent à déterminer un triangle; or les seuls cas qui restent à examiner sont ceux où on donnerait les trois angles, ou bien, deux côtés et l'angle opposé à l'un d'eux; nous verrons bientôt, et il serait facile de prouver dès à présent, qu'un triangle n'est pas déterminé quand on donne les trois angles : pour voir ce qui arrive lorsqu'on donne deux côtés et l'angle opposé à l'un d'eux, nous allons essayer de construire un triangle avec ces trois éléments.

305. Problème. *Étant donnés deux côtés* A *et* B *d'un triangle et l'angle* C *opposé au côté* A, *construire le triangle.*

Je fais un angle GDF égal à l'angle C (fig. 234) ; je prends sur le côté DG une longueur DE égale au côté B, et du point E comme centre avec un rayon égal au côté A, je décris un arc de cercle, dont le point d'intersection avec la ligne DF donnera le troisième sommet du triangle cherché. Il peut se présenter trois cas distincts :

1er *Cas.* Le côté A opposé à l'angle donné C est plus grand que le côté B (fig. 234).

L'angle C peut être alors aigu, droit ou obtus ; quelle que soit sa valeur, la circonférence décrite du point E comme centre, avec un rayon plus grand que ED, renfermera le point D dans son intérieur, et par conséquent rencontrera la ligne DF, en deux points F et H, situés de côtés différents du point D ; en les joignant au point E, on aura deux triangles, EDF, EDH, dont un seul, le triangle EDF, satisfait à la question ; car le triangle EDH est à la vérité formé avec deux côtés ED et EH respectivement égaux aux côtés donnés B et A ; mais l'angle EDH, opposé au côté EH, n'est pas égal à l'angle C, il en est le supplément. Donc, dans ce cas, le problème est toujours possible et n'a qu'une solution.

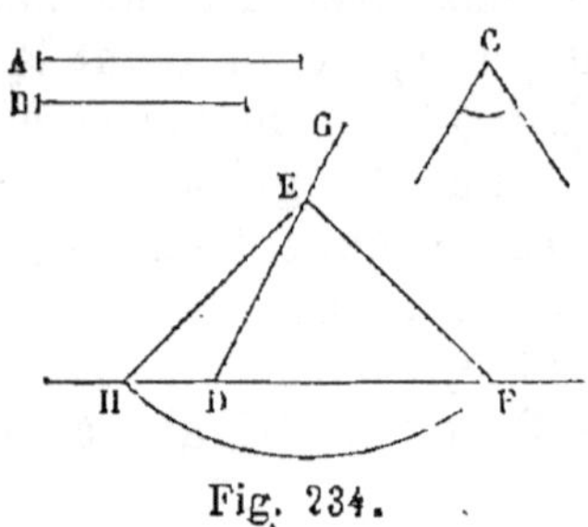

Fig. 234.

Si l'angle C était droit, le triangle EDH remplirait les conditions de l'énoncé ; mais alors les deux triangles EDF et EDH seraient égaux, parce que le point D serait au milieu de HF, et on peut dire encore que le problème n'a qu'une solution.

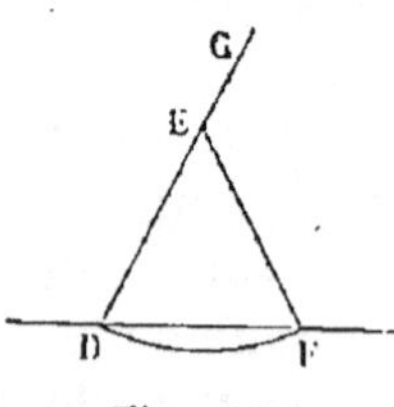

Fig. 235.

2e *Cas.* Les côtés A et B sont égaux (fig. 235).

Dans ce cas, le problème n'est possible que si l'angle C est aigu ; car dans un triangle isocèle, les angles opposés aux côtés égaux sont égaux, et par suite ne peuvent être ni droits ni obtus (**275**). Si cette condition est remplie, le cercle décrit du point E comme centre avec le côté A pour rayon, passe au point D, et par conséquent coupe la droite DF en un second point F; le triangle EDF répond à la question, et il est le seul. Donc, dans ce cas, il faut, pour que le problème soit possible, que l'angle C soit aigu, et il n'y a qu'une solution.

3° *Cas*. Le côté A est plus petit que le côté B (fig. 236).

Dans ce cas, il faut encore que l'angle C soit aigu, puisqu'il est opposé au côté A, qui est plus petit que B (**292**.) Quand cette condition est remplie, la circonférence décrite du point E comme centre avec A pour rayon peut rencontrer la ligne DF, lui être tangente, ou ne pas la couper, suivant que A est supérieur, égal ou inférieur à la perpendiculaire EK, abaissée du point E sur DF. Si le côté donné A est supérieur à EK, les deux points d'intersection H et F de la circonférence avec la ligne DF donnent deux solutions du problème; car le rayon du cercle étant plus petit que ED, le point D est extérieur à ce cercle, et les deux points H et F sont tous les deux à droite du point D; par conséquent les deux triangles EDF et EDH sont formés tous les deux avec les éléments donnés. Si le côté A est égal à EK, les deux points H et F se confondent en un seul point K, et l'on n'a plus qu'une solution, le triangle rectangle EDK. Enfin si le côté A est plus petit que la perpendiculaire EK, la circonférence décrite du point F comme centre avec A pour rayon n'a aucun point commun avec DF, et le problème est impossible. Donc, dans le cas où A est moindre que B, il faut d'abord, pour que le problème soit possible, que l'angle C soit aigu; et alors le problème aura deux solutions, ou une seule, ou n'en aura aucune, suivant que A sera supérieur, égal ou inférieur à la perpendiculaire EK.

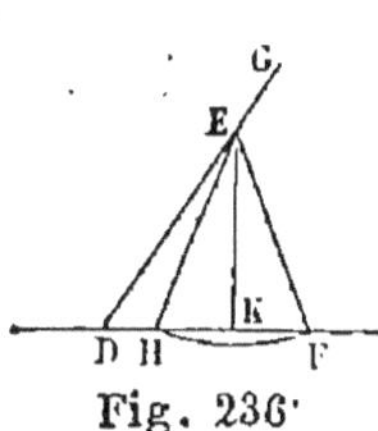

Fig. 236

306. Corollaire. Il résulte de la discussion précédente qu'un triangle n'est pas toujours déterminé quand on connait deux côtés et l'angle opposé à l'un d'eux; puisqu'il arrive, dans un cas, qu'avec ces éléments on peut construire deux triangles différents. Toutefois, cette double solution ne peut jamais se présenter quand le côté opposé à l'angle donné est plus grand que l'autre ; on conclut de là la proposition suivante :

Deux triangles sont égaux quand deux côtés du premier sont respectivement égaux à deux côtés du second, et que l'angle opposé au plus grand des deux côtés du premier triangle est égal à l'angle opposé au plus grand des deux côtés du second.

507. En particulier, *si deux triangles rectangles ont l'hypoténuse égale et un côté de l'angle droit égal, ils sont égaux*, car les deux triangles ont bien deux côtés égaux chacun à chacun, et les angles opposés aux plus grands côtés, c'est-à-dire aux deux hypoténuses, sont égaux comme droits.

Triangles semblables.

508. DÉFINITIONS. On dit que deux triangles sont *semblables*, lorsqu'ils ont les angles égaux chacun à chacun, et les côtés homologues proportionnels. On appelle *côtés homologues* de deux triangles semblables, ceux qui sont opposés à des angles égaux dans les deux triangles. Ainsi les deux triangles ABC, *abc* seront semblables, si l'angle A est égal à l'angle *a*, l'angle B à l'angle *b*, l'angle C à l'angle *c*, et si de plus le rapport du côté BC au côté *bc* est le même que le rapport du côté CA au côté *ca*, et aussi que le rapport du côté AB au côté *ab* ; c'est-à-dire, si l'on a :

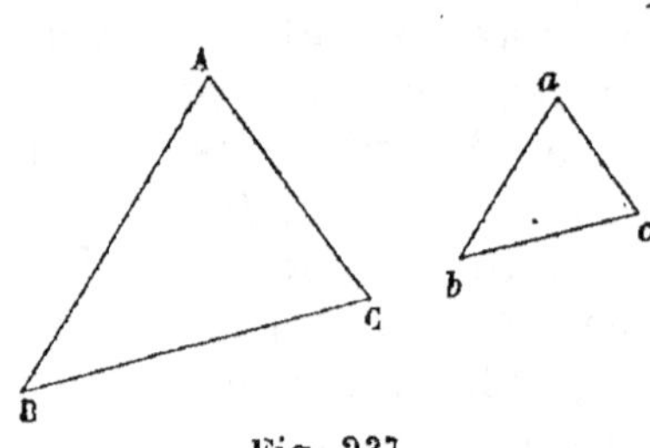

Fig. 237.

$$A = a;\quad B = b;\quad C = c;$$

et

$$\frac{BC}{bc} = \frac{CA}{ca} = \frac{AB}{ab}.$$

Les côtés BC et *bc* sont des côtés homologues des deux triangles, parce qu'ils sont opposés aux angles égaux A et *a* ; et il en est de même des côtés CA et *ca*, AB et *ab*.

Le rapport de deux côtés homologues s'appelle le *rapport de similitude* des deux triangles ; ainsi dans notre figure, chacun des côtés du triangle ABC est double du côté homologue du triangle *abc* ; le rapport de similitude de ces deux triangles est donc le rapport de 2 à 1, c'est-à-dire 2.

Remarque. La définition des triangles semblables que nous venons de donner n'est que la traduction en langage scientifique de l'idée simple que tout le monde se fait de la ressemblance ou de la similitude de deux figures. Quand un dessinateur, par exemple, veut copier un modèle en le réduisant ou en l'amplifiant, il sait très-bien que le dessin ne sera *semblable* au modèle que si les lignes correspondantes des deux figures ont les mêmes inclinaisons mutuelles, et si toutes les dimensions du modèle sont réduites ou amplifiées dans le même rapport ; c'est cette double condition que nous avons exprimée d'une manière précise pour deux triangles semblables, en disant qu'ils doivent avoir les angles égaux et les côtés homologues proportionnels.

509. Théorème. *Lorsqu'on mène une droite* DE *parallèle à un côté d'un triangle* ABC, *on forme un triangle* ADE *semblable au triangle* ABC (fig. 238).

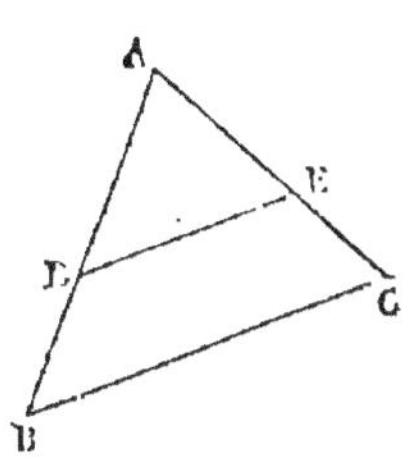

Fig. 238.

En effet, les deux triangles ABC, ADE ont l'angle A commun, l'angle B égal à l'angle D, comme angles correspondants formés par les parallèles BC, DE, coupées par la sécante AB, et l'angle C égal à l'angle E pour la même raison ; ces deux triangles ont donc les angles égaux chacun à chacun. Ils ont de plus les côtés homologues proportionnels ; car on a, d'après le théorème du n° **157** :

$$\frac{BC}{DE} = \frac{CA}{EA} = \frac{AB}{AD}.$$

Les deux triangles ABC, ADE, ayant les angles égaux chacun à chacun et les côtés proportionnels, sont semblables ; C. Q. F. D.

510. REMARQUE. Le théorème serait encore vrai, si la ligne DE, parallèle à BC, coupait les prolongements des côtés AB et AC au delà du sommet A, au lieu de couper ces côtés eux-mêmes ; seulement les angles en A des deux triangles ABC et ADE seraient égaux comme opposés par le sommet, et les angles B et D de ces triangles seraient alternes-internes au lieu d'être correspondants.

511. THÉORÈME. *Deux triangles, qui ont les angles égaux chacun à chacun, sont semblables.*

Soient les deux triangles ABC, *abc* qui ont l'angle A égal à l'angle *a*, l'angle B égal à l'angle *b* et l'angle C égal à l'angle *c* ; je dis que ces triangles sont semblables. En effet, je prends sur le côté AB une longueur AD égale à *ab*, et par le point D je mène DE parallèle au côté BC ; le triangle ADE sera semblable au triangle ABC (**309**) ; je dis de plus que ce triangle ADE est égal au triangle *abc*. En effet, ces deux triangles ont d'abord le côté AD égal à *ab* par construction, et l'angle A égal à l'angle *a* par hypothèse ; l'angle ADE est égal à l'angle B comme correspondants, et l'angle B est égal à l'angle *b* par hypothèse ; donc l'angle ADE est égal à l'angle *b*, et par suite les deux triangles ADE, *abc* ont un côté égal adjacent à deux angles égaux chacun à chacun ; donc ils sont égaux (**300**) ; donc enfin, le triangle *abc* est semblable au triangle ABC ; C. Q. F. D.

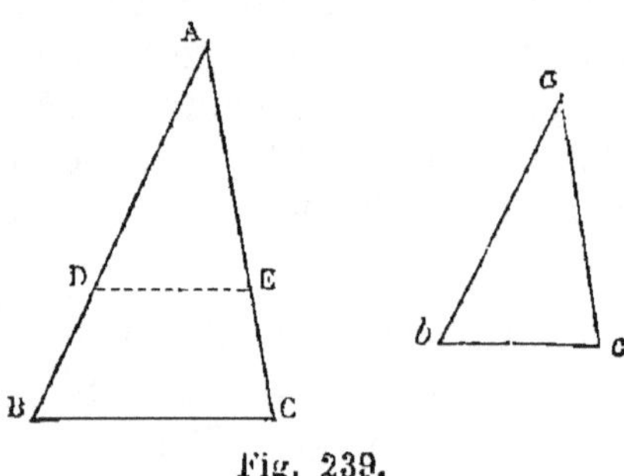

Fig. 239.

512. COROLLAIRE. *Lorsque deux triangles ont deux angles égaux chacun à chacun, ils sont semblables.*

Car les troisièmes angles de ces triangles seront aussi égaux (**278**).

Remarque. Le théorème précédent montre que deux triangles qui ont les trois angles égaux chacun à chacun, ne sont pas égaux en général ; en d'autres termes, un triangle n'est pas déterminé quand on connait seulement ses angles.

313. Théorème. *Deux triangles qui ont un angle égal compris entre côtés proportionnels sont semblables.*

Soient ABC, *abc* (fig. 240) deux triangles qui ont l'angle A égal à l'angle *a*, et les côtés AB et AC proportionnels à *ab* et *ac*, en sorte qu'on a la proportion :

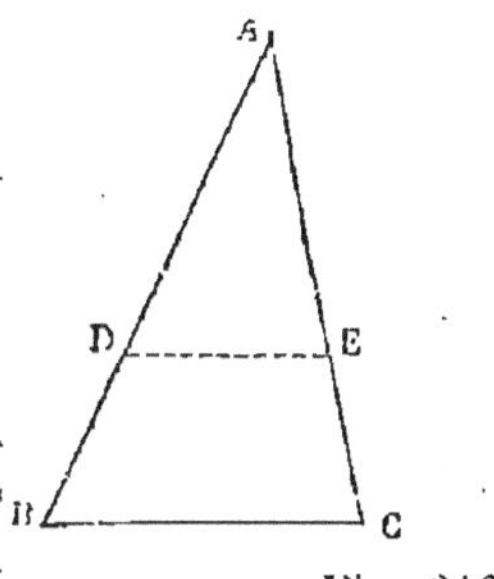

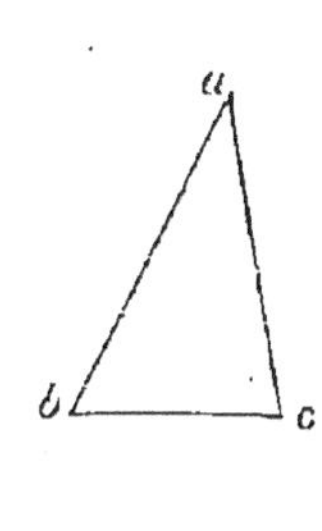

Fig. 240.

$$\frac{AB}{ab}=\frac{AC}{ac}. \qquad [1]$$

je dis que ces triangles sont semblables. En effet, je prends sur AB une longueur AD égale à *ab*, et je mène par le point D la ligne DE parallèle à BC ; le triangle ADE sera semblable au triangle ABC (**309**) ; tout revient donc à prouver que le triangle ADE est égal au triangle *abc* ; or ces deux triangles ont d'abord les angles A et *a* égaux par hypothèse, et le côté AD égal à *ab* par construction ; de plus, les triangles semblables ABC, ADE ont les côtés homologues proportionnels ; on a donc

$$\frac{AB}{AD}=\frac{AC}{AE};$$

ou, à cause de l'égalité des lignes AD et *ab*,

$$\frac{AB}{ab}=\frac{AC}{AE}; \qquad [2]$$

les proportions [1] et [2] ont les trois premiers termes identiques ; donc, les quatrièmes termes sont égaux, et l'on a $AE = ac$. Les deux triangles ADE et abc, ont donc un angle égal compris entre côtés égaux chacun à chacun, et par conséquent sont égaux (**297**) ; et comme le premier est semblable au triangle ABC, il en est de même du second ; C. Q. F. D.

314. Théorème. *Deux triangles qui ont les côtés proportionnels sont semblables.*

Soient ABC, abc (fig. 241) deux triangles qui ont les côtés proportionnels, en sorte qu'on a :

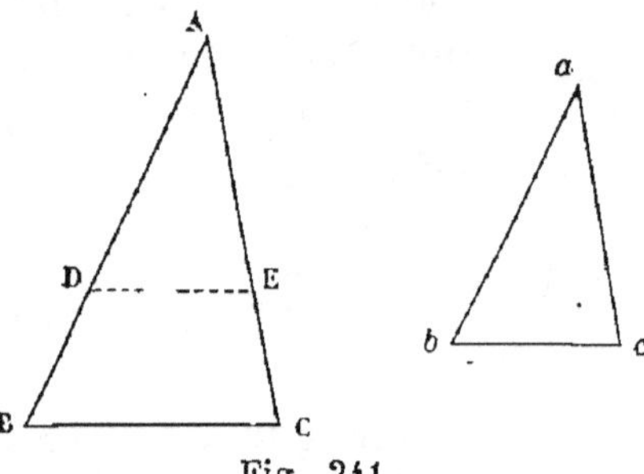

Fig. 241.

$$\frac{AB}{ab} = \frac{BC}{bc} = \frac{CA}{ca}; \quad [1]$$

je dis que ces triangles sont semblables. En effet, je prends sur AB une longueur AD égale à ab, et par le point D, je mène DE parallèle à BC ; le triangle ADE est semblable au triangle ABC (**309**) ; et il suffit alors de faire voir que le triangle abc est égal au triangle ADE. Or, les deux triangles semblables ABC, ADE ont les côtés homologues proportionnels ; on a donc :

$$\frac{AB}{AD} = \frac{BC}{DE} = \frac{CA}{EA};$$

mais $AD = ab$ par construction ; l'égalité de rapports précédente peut donc s'écrire :

$$\frac{AB}{ab} = \frac{BC}{DE} = \frac{CA}{EA}; \quad [2]$$

en comparant les égalités [1] et [2], on voit que le premier rapport est le même dans les deux ; donc, les autres rapports sont égaux deux à deux, c'est-à-dire qu'on a :

$$\frac{BC}{bc}=\frac{BC}{DE}; \quad \text{et} \quad \frac{CA}{ca}=\frac{CA}{EA}.$$

Ces égalités ne peuvent évidemment avoir lieu que si l'on a :

$$bc=DE \quad \text{et} \quad ca=EA;$$

il résulte de là que les deux triangles *abc* et ADE ont les trois côtés égaux chacun à chacun ; donc, ils sont égaux (**294**) ; et comme le second est semblable au triangle ABC, il en est de même du premier ; C. Q. F. D.

315. Théorème. *Deux triangles qui ont les côtés parallèles ou perpendiculaires deux à deux sont semblables.*

Nous avons vu (**105**, **106**, **107**, **108**) que deux angles qui ont les côtés parallèles ou perpendiculaires sont égaux ou supplémentaires ; alors deux triangles qui ont leurs côtés parallèles ou perpendiculaires ont leurs angles deux à deux égaux ou supplémentaires. Si nous désignons par A, B, C les trois angles du premier triangle, par A′, B′, C′ les trois angles du second, nous pourrons faire sur ces angles trois hypothèses.

1° Les angles des deux triangles sont supplémentaires chacun à chacun ; on aurait alors :

$$A+A'=2 \text{ droits};$$
$$B+B'=2 \text{ droits};$$
$$C+C'=2 \text{ droits};$$

mais cette hypothèse ne peut pas être admise, car elle exige que la somme des six angles A, B, C, A′, B′, C′ vaille six angles droits, et l'on sait (**273**) que cette somme est égale à quatre droits.

2° Un angle du premier triangle est égal à un angle du second, et les autres angles sont deux à deux supplémentaires ; on aurait, par exemple,

$$A = A';$$
$$B + B' = 2 \text{ droits};$$
$$C + C' = 2 \text{ droits};$$

cette hypothèse est encore inadmissible, car la somme des six angles A, B, C, A', B', C' serait encore supérieure à quatre droits, puisque les angles B, B', C, C', donnent déjà une somme égale à quatre droits.

3° Les deux triangles ont deux angles égaux chacun à chacun, c'est la seule hypothèse admissible ; mais nous avons vu qu'alors les deux triangles sont semblables (**312**).

Remarque. Il est utile de remarquer que les côtés homologues des deux triangles sont les côtés parallèles ou perpendiculaires, car ils sont évidemment opposés aux angles égaux des deux triangles.

316. Problème. *Construire sur une droite donnée un triangle semblable à un triangle donné* (fig. 242).

Soient ABC le triangle donné, *ab* le côté donné qui doit être homologue au côté AB ; on peut employer trois moyens principaux pour faire sur cette ligne un triangle semblable au triangle ABC.

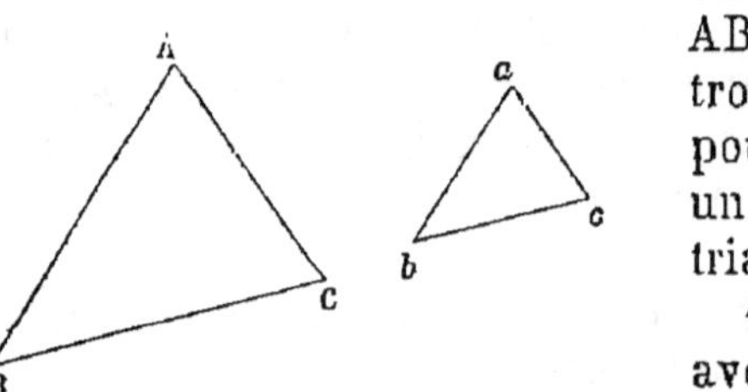

Fig. 242.

1° Au point *a*, on fait avec *ab* un angle égal à l'angle A, et au point *b*, un angle égal à l'angle B ; le triangle *abc* ainsi obtenu sera semblable au triangle ABC, en vertu du théorème du n° **311**.

2° Au point *a*, je fais avec *ab* un angle égal à l'angle A, et je prends sur le second côté de cet angle une longueur *ac*, qui soit quatrième proportionnelle aux lignes AB, *ab* et AC (**135**), c'est-à-dire telle que l'on ait :

$$\frac{AB}{ab} = \frac{AC}{ac};$$

puis je joins *bc* ; le triangle *abc* est semblable au triangle ABC, en vertu du théorème du n° **515**.

3° Je construis deux lignes qui soient : la première, quatrième proportionnelle à AB, *ab* et AC ; la seconde, quatrième proportionnelle à AB, *ab* et BC ; puis je fais un triangle *abc* ayant pour côtés ces deux lignes et la ligne donnée *ab* ; on aura alors :

$$\frac{AB}{ab}=\frac{AC}{ac}=\frac{BC}{bc};$$

donc les deux triangles ABC, *abc* seront semblables (**514**).

Le premier procédé est le plus simple des trois.

Remarque. Si la ligne *ab* était parallèle ou perpendiculaire à AB, il suffirait de mener des points *a* et *b* des lignes respectivement parallèles ou perpendiculaires aux côtés AC et BC du triangle ABC ; on formerait ainsi un triangle qui serait semblable à ABC en vertu du théorème du n° **515**.

Relations métriques entre les éléments d'un triangle rectangle.

517. Théorème. *Si du sommet* A *de l'angle droit d'un triangle rectangle* ABC, *on abaisse une perpendiculaire* AD *sur l'hypoténuse,*

1° *Elle partage le triangle rectangle en deux autres triangles qui sont semblables au grand triangle* ABC, *et semblables entre eux ;*

2° *Chaque côté de l'angle droit du triangle* ABC *est une moyenne proportionnelle entre l'hypoténuse entière et le segment adjacent à ce côté ;*

3° *La perpendiculaire* AD *est moyenne proportionnelle entre les deux segments de l'hypoténuse* (fig. 243).

1° Le triangle ABD est semblable au triangle ABC, car ils ont l'angle B commun et l'angle BDA égal à l'angle BAC comme droits ; donc les troisièmes angles BAD, BCA de ces triangles sont égaux, et par conséquent les triangles sont semblables (**511**). On verrait de même que les triangles ADC, BAC sont semblables, et par suite que l'angle DAC est égal à l'angle ABC. Enfin les deux triangles BDA, ADC sont semblables entre eux, car nous venons de voir que les angles DAB, DCA sont égaux, ainsi que les angles DBA et DAC ; de plus, les angles BDA, ADC sont égaux comme droits ; donc les triangles BDA, ADC ont les angles égaux chacun à chacun, et par conséquent sont semblables (**511**) ; C. Q. F. D.

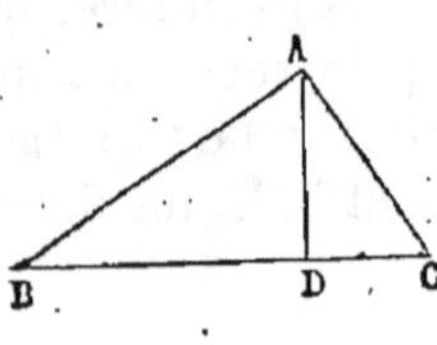

Fig. 243.

2° Je considère les deux triangles semblables ABC, DBA, et j'écris que les côtés homologues de ces triangles sont proportionnels : les hypoténuses BC et BA des deux triangles sont des côtés homologues ; le côté BA du grand triangle et le côté BD du petit triangle sont aussi homologues, puisqu'ils sont opposés respectivement aux angles égaux BCA et BAD ; j'aurai donc :

$$\frac{BC}{BA} = \frac{BA}{BD},$$

ou

$$\overline{BA}^2 = BC \times BD ;$$

égalité qui exprime que le côté BA de l'angle droit du triangle rectangle ABC est une moyenne proportionnelle entre l'hypoténuse entière BC et le segment BD adjacent au côté BA. On ferait voir de même que le côté CA est une moyenne proportionnelle entre l'hypoténuse BC et le segment CD ; c'est-à-dire qu'on a :

$$\overline{CA}^2 = BC \times CD.$$

3° Prenons maintenant les deux triangles semblables BDA et ADC, et écrivons que les côtés homologues de ces triangles sont proportionnels : le côté BD du premier a pour homologue le coté AD du second, parce qu'ils sont respectivement opposés aux angles égaux BAD, ACD ; de même le côté AD du premier triangle, opposé à l'angle DAB, est l'homologue du côté CD du second triangle, opposé à l'angle égal DAC ; on a donc :

$$\frac{BD}{AD}=\frac{AD}{CD},$$

ou

$$\overline{AD}^2 = BD \times CD ;$$

égalité qui montre que la perpendiculaire AD est moyenne proportionnelle entre les deux segments BD et CD de l'hypoténuse.

318. Remarque I. Si on décrit une circonférence sur l'hypoténuse BC du triangle rectangle ABC comme diamètre, on sait qu'elle passera par le sommet A de l'angle droit (**195**) ; et alors en vertu du théorème du n° **205**, la perpendiculaire AD, abaissée d'un point de la circonférence sur le diamètre BC, est moyenne proportionnelle entre les deux segments BD et CD de ce diamètre ; on voit par ce rapprochement que la troisième partie du théorème précédent ne diffère pas au fond du théorème déjà démontré au n° **205**.

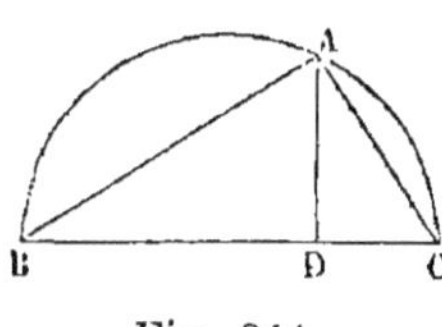

Fig. 244.

319. Remarque II. La seconde partie du théorème précédent nous fournit un nouveau procédé pour *construire une moyenne proportionnelle entre deux droites données A et B*; problème que nous avons déjà résolu de deux manières différentes au n° **205**.

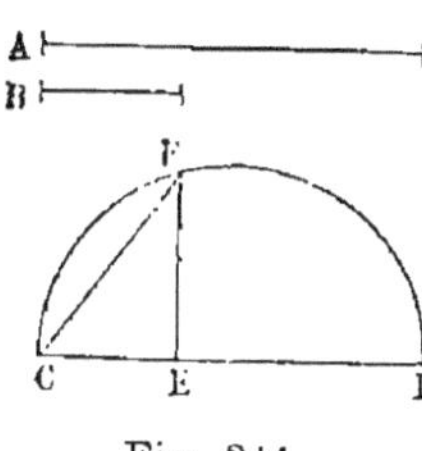

Fig. 245.

Sur une droite indéfinie (fig. 245), on prend à partir d'un point C, et dans le même sens, deux longueurs CD et CE, respectivement égales à A et à B ; sur CD comme diamètre on décrit une demi-circonférence ; par le point E on élève au diamètre CD une perpendiculaire, qui rencontre la demi-circonférence au point F, et on joint CF; cette ligne est la moyenne proportionnelle demandée : en effet, supposons qu'on mène la droite FD, l'angle CFD sera droit comme inscrit dans une demi-circonférence ; le triangle CFD sera rectangle, et alors le côté CF sera la moyenne proportionnelle entre l'hypoténuse CD et le segment adjacent CE; C. Q. F. D.

320. THÉORÈME. *Si l'on mesure les trois côtés d'un triangle rectangle avec une même unité, le carré du nombre qui mesure l'hypoténuse est égal à la somme des carrés des nombres qui mesurent les deux côtés de l'angle droit.*

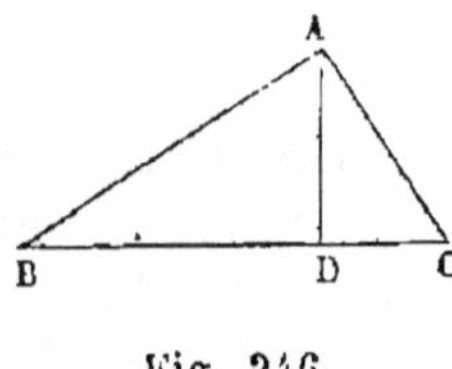

Fig. 246.

Soit ABC un triangle rectangle en A ; j'abaisse du sommet de l'angle droit, la perpendiculaire AD sur l'hypoténuse ; nous aurons, en appliquant la seconde partie du théorème précédent, les deux égalités suivantes :

$$\overline{AB}^2 = BC \times BD,$$

$$\overline{AC}^2 = BC \times CD ;$$

en ajoutant ces deux égalités, on obtient :

$$\overline{AB}^2 + \overline{AC}^2 = BC \times BD + BC \times CD.$$

Le second membre de cette égalité est la somme de deux produits BC × BD, BC × CD, dans lesquels le multiplicande est le même ; c'est le nombre qui mesure BC ; or, au lieu de multiplier un même nombre successivement par deux autres et d'ajouter les produits, on peut évidemment multiplier le multiplicande par la somme des multiplicateurs ; ainsi au lieu de multiplier le nombre 7 par exemple, d'abord par 2 et ensuite par 3 et d'ajouter les produits, on peut évidemment multiplier le nombre 7 par la somme des multiplicateurs 2 + 3 ou 5 (Voyez l'*Arithmétique*). Faisant ici l'application de ce principe, nous remplacerons la somme des deux produits BC × BD et BC × CD par le produit obtenu en multipliant BC par la somme BD + CD, somme qui n'est autre chose que BC. Nous aurons donc :

$$\overline{AB}^2 + \overline{AC}^2 = BC \times (BD + CD) = BC \times BC\,;$$

mais BC × BC, c'est ce qu'on appelle le carré de BC ; on aura donc enfin :

$$\overline{AB}^2 + \overline{AC}^2 = \overline{BC}^2\,;$$

C. Q. F. D.

321. Applications. I. Le théorème qui précède est un des plus importants de la géométrie ; nous en ferons de nombreuses applications. Nous remarquerons d'abord qu'il fournit le moyen de calculer l'un des côtés d'un triangle rectangle quand on connaît les deux autres.

Supposons en premier lieu qu'on donne les deux côtés de l'angle droit AB et AC, et qu'on demande l'hypoténuse : on aura d'après le théorème précédent,

$$\overline{BC}^2 = \overline{AB}^2 + \overline{AC}^2,$$

d'où l'on tire immédiatement

$$BC = \sqrt{\overline{AB}^2 + \overline{AC}^2}\,;$$

donc, *pour calculer l'hypoténuse d'un triangle rectangle, quand on connaît les deux côtés de l'angle droit, il faut ajouter les carrés des deux côtés donnés, et extraire la racine carrée de cette somme.*

Exemple. Les deux côtés de l'angle droit sont égaux, l'un à 12 mètres, l'autre à 5 mètres; calculer l'hypoténuse.

Je fais les carrés des nombres 12 et 5, ce qui donne 144 et 25 ; j'ajoute ces carrés, ce qui donne 169, et j'extrais la racine carrée de 169, qui est 13 ; l'hypoténuse est donc égale à 13 mètres.

Supposons en second lieu qu'on donne l'hypoténuse BC et un côté de l'angle droit AB, et qu'on demande de calculer l'autre côté de l'angle droit ; on aura par le théorème précédent :

$$\overline{AB}^2 + \overline{AC}^2 = \overline{BC}^2 ;$$

retranchons $\overline{AB}^2$ des deux nombres de cette égalité ; elle deviendra

$$\overline{AC}^2 = \overline{BC}^2 - \overline{AB}^2;$$

d'où l'on tire immédiatement :

$$AC = \sqrt{\overline{BC}^2 - \overline{AB}^2};$$

donc, *lorsqu'on connaît dans un triangle rectangle l'hypoténuse et un côté de l'angle droit, il faut, pour avoir l'autre côté, retrancher du carré de l'hypoténuse le carré du côté donné, et extraire la racine carrée de cette différence.*

Exemple. L'hypoténuse d'un triangle rectangle est égale à $31^m,5$, et l'un des côtés de l'angle droit est égal à $25^m,2$; calculer l'autre côté de l'angle droit.

Je fais les carrés des nombres 31,5 et 25,2, ce qui donne 992,25 et 635,04 ; je retranche le second carré du premier, ce qui donne 357,21, et j'extrais la racine carrée de 357,21, qui est 18,9; le second côté de l'angle droit est égal à $18^m,9$.

322. II. La même propriété peut servir à *élever une perpendiculaire à une droite donnée* AC *en un point donné* A (fig. 247).

Sur AC on porte à partir du point A, à la suite l'une de l'autre, *quatre* longueurs égales entre elles ; puis du point A comme centre avec un rayon égal à *trois* de ces longueurs, on décrit un arc de cercle, et du point C comme centre avec une ouverture de compas égale à *cinq* de ces mêmes longueurs, on décrit un autre arc de cercle, qui coupe le premier au point B ; la ligne AB est la perpendiculaire demandée. En effet, si l'on joint AC, on aura, dans le triangle ABC,

$$AC = 4; \quad AB = 3; \quad BC = 5;$$

supposons qu'on fasse un triangle rectangle ayant pour côtés de l'angle droit 4 et 3; l'hypoténuse de ce triangle rectangle serait égale, d'après ce qui précède, à la racine carrée de $4^2 + 3^2$, c'est-à-dire à la racine carrée de

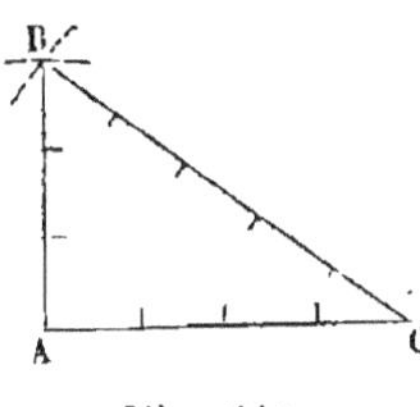

Fig. 247.

$$16 + 9 = 25;$$

mais cette racine est précisément 5, longueur de la ligne BC; le triangle ABC a donc ses trois côtés égaux à ceux d'un triangle rectangle; donc il est lui-même rectangle, et la ligne AB est perpendiculaire à AC.

Remarquons que cette construction s'applique très-bien quand la droite AC ne peut pas être prolongée au delà du point A.

Ce même procédé peut être employé sur le terrain en remplaçant le compas par un cordeau. Prenons par exemple un cordeau de 12 mètres de longueur, et divisons-le par des nœuds en trois parties ayant respectivement 3 mètres, 4 mètres et 5 mètres; en pliant le cordeau aux deux nœuds, réunissant les deux bouts, et tendant les trois parties, on obtiendra un triangle rectangle qu'on appelle une *équerre de corde,* et qui pourra servir à mener des perpendiculaires sur le terrain. Il est bien clair d'ailleurs qu'on peut donner aux trois côtés de cette équerre de corde d'autres longueurs que 3 mètres, 4 mètres et 5 mètres pourvu qu'elles soient proportionnelles aux nombres 3, 4 et 5; ainsi avec une chaine d'arpenteur, qui est composée de 50 chainons, on peut, en laissant deux des chainons, faire avec les 48 autres une équerre de corde dont les côtés contiendront 12, 16 et 20 chainons.

Propriétés diverses du triangle *.

323. Définitions. On dit qu'un cercle est *circonscrit* à un triangle, quand la circonférence de ce cercle passe par les trois sommets du triangle ; et réciproquement on dit alors que le triangle est *inscrit* dans le cercle.

On dit qu'un cercle est *inscrit* dans un triangle, quand il est tangent aux trois côtés du triangle, et le triangle est dit alors *circonscrit* au cercle.

On appelle *hauteur* d'un triangle la perpendiculaire abaissée d'un sommet quelconque sur le côté opposé ; un triangle a donc trois hauteurs.

On appelle *médianes* d'un triangle les lignes qui joignent chacun des sommets au milieu du côté opposé.

324. Théorème. *Les perpendiculaires élevées aux trois côtés d'un triangle par les milieux de ses côtés se coupent en un même point, qui est le centre du cercle circonscrit au triangle.*

Soit ABC un triangle ; nous avons vu (**149**) que pour avoir le centre de la circonférence qui passe par les trois points A, B, C, il faut par les milieux E et F de deux côtés AC et AB, élever à ces côtés des perpendiculaires, et c'est le point d'intersection O de ces lignes qui est le centre du cercle circonscrit au triangle ; ce point O est donc à égale distance des deux points B et C ; donc il se trouve sur la perpendiculaire élevée au milieu D du côté BC (**76**) ; donc enfin les trois perpendiculaires élevées aux trois côtés AB, BC et CA par leurs milieux se rencontrent en un même point O ; et ce point est précisément le centre du cercle circonscrit au triangle ABC ; C. Q. F. D.

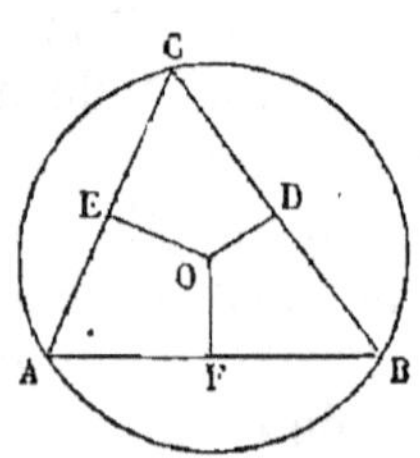

Fig. 248.

* Les propriétés du triangle exposées dans ce paragraphe sont indiquées dans le programme officiel ; mais elles ont beaucoup moins d'importance que les précédentes, et l'on peut sans inconvénient les négliger dans une première étude de la géométrie.

325. Théorème. *Les trois hauteurs d'un triangle concourent en un même point.*

Soit ABC un triangle, dont les trois hauteurs sont AD, BE, CF ; je dis que ces trois lignes se rencontrent en un même point. En effet, par chacun des sommets du triangle ABC, je mène une parallèle au côté opposé; ces lignes forment un second triangle A'B'C'; les lignes AB' et BC sont des parallèles comprises entre les parallèles AB et CB'; donc elles sont égales(**109**); pour la même raison, les lignes AC' et BC sont égales; alors les lignes AB' et AC', égales toutes les deux à la ligne BC, sont égales entre elles; c'est-à-dire que le point A est le milieu de B'C'; on démontrerait de même que le point B est le milieu de A'C', et le point C, le milieu de A'B'. D'autre part, la ligne AD, perpendiculaire à BC, est aussi perpendiculaire à la ligne B'C' parallèle à BC (**96**); et de même, BE est perpendiculaire à A'C', et CF est perpendiculaire à A'B'. Il résulte de là que les trois lignes AD, BE, CF sont perpendiculaires aux trois côtés du triangle A'B'C' en leurs milieux ; donc, en vertu du théorème précédent, elles se coupent au même point; C. Q. F. D.

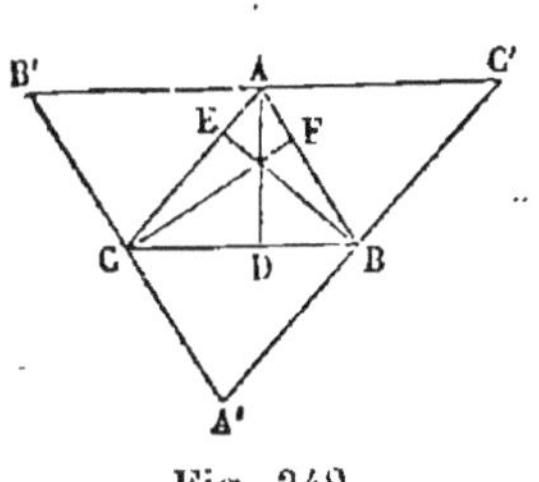

Fig. 249.

326. Théorème. *Les bissectrices des trois angles d'un triangle concourent en un même point qui est le centre du cercle inscrit dans ce triangle.*

Ce théorème a déjà été démontré au n° **220** ; nous l'avons seulement rappelé ici, pour l'énoncer sous la forme ordinaire.

327. Théorème. *Les trois médianes d'un triangle concourent en un même point, et ce point est situé sur chacune des médianes aux deux tiers de sa longueur à partir du sommet.*

Soient AD, BE, CF les trois médianes du triangle ABC (fig. 250); je prends deux quelconques d'entre elles, par exemple, BE et CF, et je désigne par G leur point de rencontre ; je dis que la troisième médiane passe au même point. En effet, je mène la ligne EF : cette ligne partage les côtés AC et AB en parties proportionnelles, puisque les points E et F sont les milieux de ces côtés ; donc cette ligne EF est parallèle au côté BC (**135**), et de plus, le rapport de EF à BC est le même que celui de AE à AC (**157**), c'est-à-dire que EF est la moitié de BC. D'autre part, les triangles GFE, GBC sont semblables (**309**), et nous avons alors :

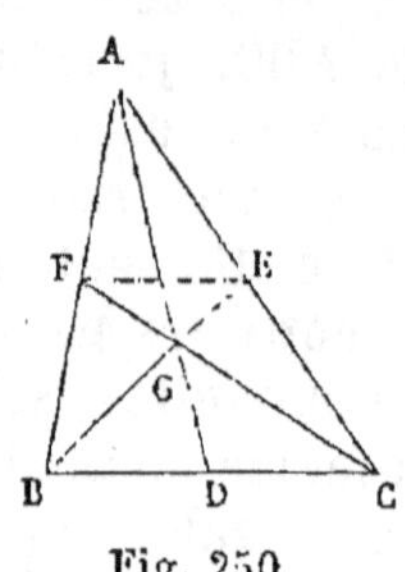

Fig. 250.

$$\frac{GE}{GB}=\frac{EF}{BC}=\frac{1}{2};$$

donc GE est la moitié de GB, ou, ce qui revient au même, BG est les $\frac{2}{3}$ de BE ; ainsi la médiane CF coupe la médiane BE aux deux tiers de sa longueur à partir du sommet. On démontrerait de même que la médiane AD coupe aussi la médiane BE aux deux tiers de sa longueur à partir du sommet, c'est-à-dire au même point G ; donc enfin les trois médianes passent toutes au point G, et de plus, la démonstration fait voir que ce point est sur chaque médiane aux deux tiers de sa longueur à partir du sommet ; C. Q. F. D.

328. Remarque. Dans un triangle équilatéral, le centre du cercle circonscrit, le point de rencontre des hauteurs, le centre du cercle inscrit et le point de rencontre des médianes se confondent ; car nous avons vu (**286**) que les médianes d'un triangle équilatéral sont perpendiculaires sur les côtés opposés et bissectrices des angles du triangle ; de telle sorte que les perpendiculaires élevées aux milieux des côtés, les hauteurs, les bissectrices, les médianes se confondent, et ne donnent alors qu'un point d'intersection ; ce point s'appelle le *centre* du triangle équilatéral.

CHAPITRE XV.

DES QUADRILATÈRES.

Somme des angles d'un quadrilatère.

329. Définitions. On appelle *quadrilatère* un polygone qui a quatre côtés.

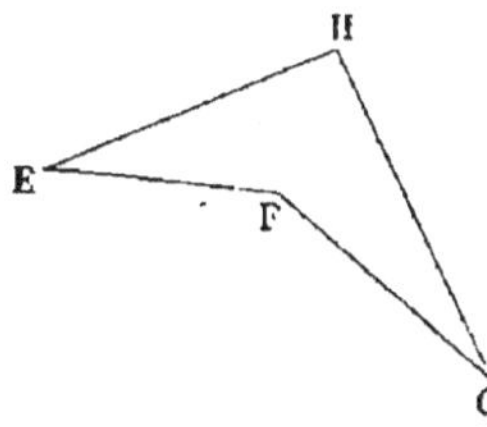

Fig. 251.

Un quadrilatère est dit *convexe* lorsqu'il est situé tout entier du même côté de chacune des droites qui le terminent, prolongée indéfiniment ; tel est le quadrilatère ABCD (fig. 252). Lorsqu'un quadrilatère n'est pas convexe, l'un des angles est en dehors du polygone ; on l'appelle alors un *angle rentrant :* tel est l'angle EFG dans le quadrilatère EFGH (fig. 251).

330. Théorème. *La somme des angles d'un quadrilatère convexe est égale à quatre angles droits.*

Soit ABCD un quadrilatère convexe ; je mène l'une de ses diagonales, AC, par exemple, et je décompose ainsi le quadrilatère en deux triangles ABC et ADC. La somme des angles du quadrilatère est évidemment la même que la somme des angles de ces deux triangles ; or, la somme des angles de chaque triangle est égale à deux angles droits (**273**) ; donc la somme des angles du quadrilatère est égale à 2 droits + 2 droits, ou à 4 droits ; C. Q. F. D.

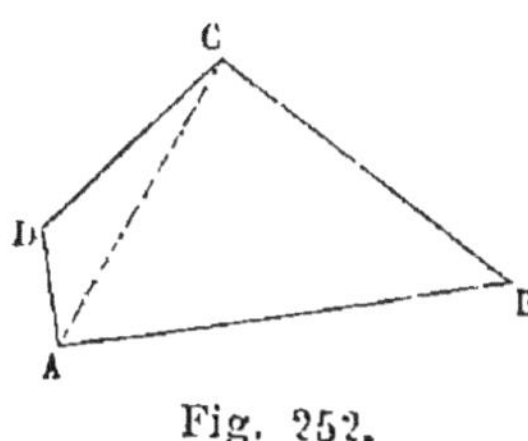

Fig. 252.

Du trapèze.

331. Définitions. On appelle *trapèze* un quadrilatère dont deux côtés opposés sont parallèles; tel est le quadrilatère ABCD. Les côtés parallèles AD et BC s'appellent les *bases* du trapèze; et on appelle *hauteur* du trapèze la distance des deux bases, c'est-à-dire, la longueur de la perpendiculaire EF commune à ces deux bases.

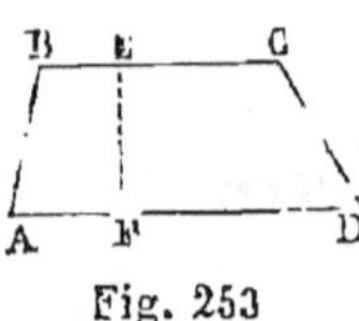

Fig. 253

Un trapèze est dit *isocèle* ou *symétrique*, quand les côtés non parallèles sont égaux.

332. Théorème. *Dans tout trapèze, la ligne qui joint les milieux des côtés non parallèles, est parallèle aux deux bases et égale à la demi-somme des bases.*

Soient ABCD un trapèze, et H, le milieu du côté AD; par ce point, je mène HG parallèle aux deux bases; cette ligne passera par le milieu du côté BC; car les trois parallèles AB, HG, DC qui interceptent sur la droite AD des segments égaux, déterminent aussi des segments égaux sur la droite BC (**126**); donc BG = GC; donc la ligne qui joint les milieux des côtés non parallèles AD et BC du trapèze est parallèle aux bases de ce trapèze.

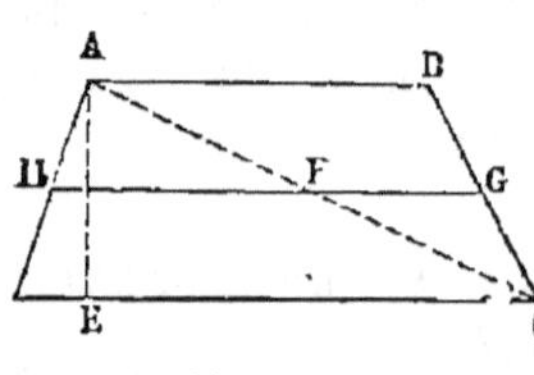

Fig. 254.

Je dis de plus que la ligne HG est égale à la demi-somme des bases; en effet, je mène la diagonale AC, qui rencontre la ligne HG au point F; les deux triangles ADC, AHF sont semblables (**309**), et nous donnent la proportion

$$\frac{HF}{DC} = \frac{AH}{AD} = \frac{1}{2};$$

donc HF est la moitié de DC ; de même les deux triangles semblables CAB, CFG, donnent la proportion :

$$\frac{FG}{AB}=\frac{CG}{CB}=\frac{1}{2};$$

donc FG est la moitié de AB ; par suite la ligne HG est égale à la moitié de CD plus la moitié de AB, c'est-à-dire à la demi-somme des bases CD et AB ; C. Q. F. D.

REMARQUE. La ligne GH partage en deux parties égales la hauteur AE du trapèze ; on le démontrerait comme pour la ligne BC ; donc cette ligne GH est une parallèle aux deux bases, menée à égale distance des deux bases.

333. THÉORÈME. *Dans tout trapèze, les milieux des deux bases, le point de concours des deux côtés non parallèles et le point de concours des diagonales sont quatre points en ligne droite.*

Soit ABCD un trapèze ; je prolonge les côtés non parallèles AD et BC jusqu'à leur intersection au point E, et je joins ce point E au milieu F de la base DC ; cette ligne rencontre AB au point G, et l'on sait (140) que les droites parallèles AB et DC sont divisées en parties proportionnelles par les droites ED, EF, EC issues du même point E ; or la droite DC est divisée en deux parties égales ; donc il en est de même de la droite AB et le point G est le milieu de AB ; par suite la droite GF, qui joint les milieux des deux bases, passe par le point de concours des côtés non parallèles. On démontrerait de la même manière que cette droite FG passe par le point de rencontre H des deux diagonales, donc enfin les quatre points E, G, H et F sont en ligne droite ; C. Q. F. D.

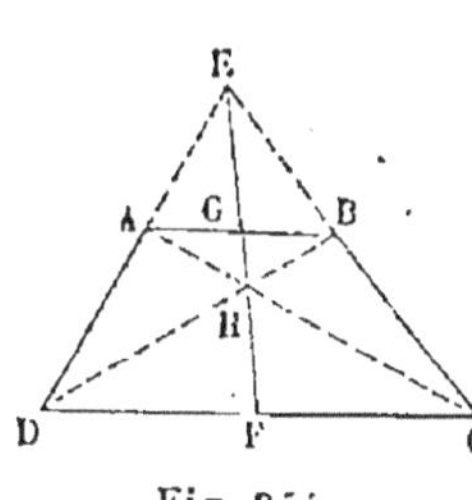

Fig 255.

334. THÉORÈME. *Dans un trapèze isocèle,*

1° *Les côtés non parallèles font des angles égaux avec chacune des deux bases;*

2° *La ligne qui joint les milieux des deux bases leur est perpendiculaire, et divise le trapèze en deux parties symétriques.*

1° Soit ABCD un trapèze isocèle, dans lequel les côtés non parallèles AD et BC sont égaux; je dis que les angles ADC, BCD sont égaux, ainsi que les angles DAB et CBA. En effet, des sommets A et B j'abaisse sur la base DC les perpendiculaires AG et BH; ces perpendiculaires seront égales (**110**); alors les deux triangles rectangles ADG, BCH ont les hypoténuses AD et BC égales par hypothèse, et le côté AG égal à BH; donc ils sont égaux (**307**); par suite les angles ADG et BCH sont égaux; il en est de même des angles DAG et CBH; et si à ces deux angles égaux, on ajoute respectivement les angles droits GAB, HBA, on obtiendra deux angles égaux DAB et CBA; donc enfin les côtés AD et BC font des angles égaux avec chacune des deux bases; C. Q. F. D.

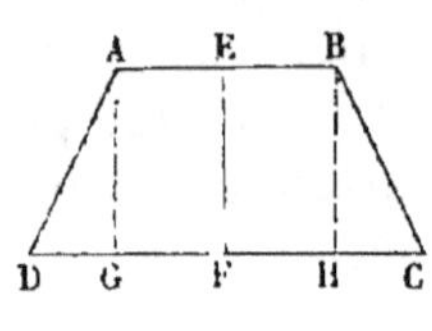

Fig. 256.

2° Par le milieu E de la base AB, je mène une perpendiculaire EF à la base CD; elle sera aussi perpendiculaire à AB (**96**); je dis que cette ligne passe par le milieu de CD et qu'elle partage le trapèze en deux parties symétriques. En effet, faisons tourner le quadrilatère EBCF autour de EF pour le rabattre sur le quadrilatère EADF; les angles BEF et AEF étant égaux comme droits, la ligne EB prendra la direction EA, et comme le point E est le milieu de AB, EB est égale à EA, et le point B tombera au point A; l'angle EBC étant égal à l'angle EAD comme nous l'avons fait voir, le côté BC prendra la direction AD, et comme de plus ces côtés sont égaux, le point C coïncidera avec le point D, et par conséquent la ligne FC s'appliquera sur FD; donc le point F est le milieu de CD. Alors les points C et D sont symétriques par rapport à la ligne EF, et comme il en est de même, par hypothèse, des points B et A, la ligne

EF partage le trapèze en deux parties symétriques; C. Q. F. D.

REMARQUE I. On démontrerait aisément que *si, dans un trapèze, les côtés non parallèles font des angles égaux avec l'une des bases, le trapèze est isocèle.*

REMARQUE II. Le trapèze isocèle s'appelle quelquefois trapèze *symétrique*, parce que la ligne qui joint les milieux des deux bases est un axe de symétrie de cette figure.

335. PROBLÈME. *Construire un trapèze isocèle, connaissant les deux bases et la hauteur* (fig. 256).

Au milieu de l'une des bases AB, on élève une perpendiculaire EF égale à la hauteur; par le point F, on mène une parallèle à AB, et on prend sur cette parallèle de part et d'autre du point F, deux longueurs FC et FD égales à la moitié de l'autre base; en joignant AD et BC, on obtient le trapèze demandé.

336. PROBLÈME. *Construire un trapèze isocèle, connaissant une base* AB, *la hauteur, et la longueur des côtés non parallèles* (fig. 256).

Au milieu E de la base donnée AB, on élève une perpendiculaire EF égale à la hauteur, et par le point F, on mène une parallèle à AB; puis des points A et B comme centres, avec un rayon égal à la longueur des côtés non parallèles on décrit deux arcs de cercle, qui rencontrent la parallèle aux points D et C; on joint AD et BC, et on a le trapèze demandé.

Le problème est impossible, si la longueur donnée pour les côtés non parallèles est inférieure à la hauteur; quand la longueur donnée pour les côtés non parallèles est plus grande que la hauteur, le problème peut avoir deux solutions, parce que les arcs décrits des points A et B comme centres coupent chacun en deux points la parallèle à AB menée par le point F.

337. PROBLÈME. *Construire un trapèze isocèle, connaissant les deux bases, et la longueur des côtés non parallèles* (fig. 256).

A partir du milieu F de la plus grande base CD, je prends

de part et d'autre deux longueurs FG et FH égales à la moitié de l'autre base ; par les points G et H, j'élève des perpendiculaires à CD, et des points C et D comme centres avec un rayon égal à la longueur donnée pour les côtés non parallèles, je décris deux arcs de cercle qui coupent les perpendiculaires aux points B et A ; puis je joins CB, DA et AB, et j'ai le trapèze demandé.

Le problème serait impossible, si la longueur donnée pour les côtés non parallèles était égale ou inférieure à DG, c'est-à-dire à la demi-différence des bases.

338. Applications. Les toits en *mansarde* ou toits à la Mansard ont une croupe qui présente la forme d'un trapèze isocèle surmonté d'un triangle isocèle; les fermes de ces toits ont une forme analogue.

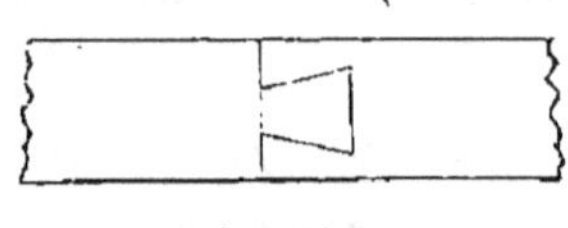

Fig. 257.

Les menuisiers emploient fréquemment un assemblage à tenon et à mortaise, dit assemblage *à queue d'hironde*, dans lequel le tenon et la mortaise ont tous les deux la forme d'un trapèze isocèle (fig. 257).

Les feuilles des parquets dits *en point de Hongrie* ont la forme de trapèzes isocèles dans le voisinage des angles des appartements.

Fig. 258.

La partie supérieure d'une fenêtre ou d'une porte non cintrée, qu'on nomme une *plate-bande*, est souvent formée de pierres de taille appelées *claveaux* dont les parements ont la forme de trapèzes ; celui du milieu, qui porte le nom de *clef*, est de plus un trapèze isocèle; dans la figure 258, *a, b, c* sont des claveaux, et *b* est la clef de la plate-bande.

Enfin la coupe transversale d'un fossé, l'embrasure d'une fenêtre ou d'une porte ont aussi le plus souvent la forme d'un trapèze isocèle.

Du parallélogramme.

339. Définition. On appelle *parallélogramme* un quadrilatère dont les côtés opposés sont parallèles deux à deux. Tel est le quadrilatère ABCD (fig. 259).

Dans un parallélogramme, les côtés opposés sont égaux, comme parallèles comprises entre parallèles (**109**) ; ainsi, AB = CD ; et AD = BC. Les angles opposés sont égaux comme ayant les côtés parallèles et dirigés en sens contraire (**106**) ; il en résulte que deux angles consécutifs, tels que ABC et BCD sont supplémentaires : car la somme de deux angles consécutifs est égale à la somme des deux autres, d'après ce que nous venons de dire, et comme la somme des quatre angles vaut quatre angles droits, la somme des angles ABC et BCD vaut la moitié de quatre angles droits ou deux angles droits. Enfin, une diagonale quelconque du parallélogramme, telle que AC, le partage en deux triangles ABC, ADC qui sont égaux, comme ayant les trois côtés égaux chacun à chacun.

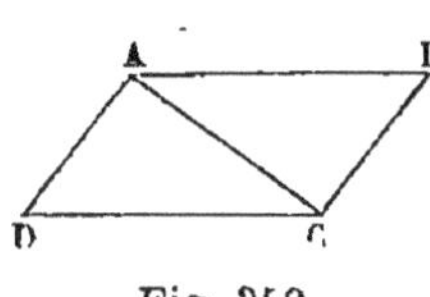

Fig. 259.

340. Théorème. *Si dans un quadrilatère* ABCD *les côtés opposés sont égaux deux à deux, le quadrilatère est un parallélogramme* (fig. 260).

Je suppose que dans le quadrilatère ABCD, on ait :

$$AB = CD \text{ et } AD = BC ;$$

je dis que le quadrilatère est un parallélogramme. En effet, je mène la diagonale AC ; les deux triangles ABC, ADC ont le côté AC commun, le côté AB égal à CD par hypothèse, et le côté BC égal à AD pour la même raison ; ces deux triangles sont donc égaux (**294**) ; et par suite l'angle BAC, opposé au côté BC, est égal à l'angle DCA, opposé au côté égal AD ; et comme ces angles égaux sont alternes-internes

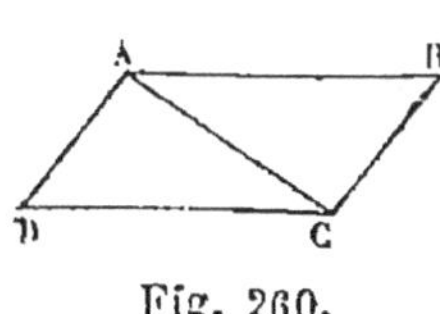

Fig. 260.

par rapport aux droites AB et CD coupées par la sécante AC, les droites AB et CD sont parallèles (**98**); on démontre de même le parallélisme des droites BC et AD; donc la figure ABCD a ses côtés opposés parallèles deux à deux, et par conséquent c'est un parallélogramme; C. Q. F. D.

341. THÉORÈME. *Si dans un quadrilatère* ABCD, *deux côtés opposés* AB *et* CD *sont égaux et parallèles, le quadrilatère est un parallélogramme* (fig. 261).

Il suffit évidemment de faire voir que le côté AD est parallèle à BC; menons la diagonale AC; les deux triangles ABC, ADC ont le côté AC commun, le côté AB égal à CD par hypothèse, et l'angle BAC égal à l'angle DCA comme angles alternes-internes formés par les parallèles AB et CD coupées par la sécante AC (**99**); ces deux triangles sont donc égaux, comme ayant un angle égal compris entre côtés égaux chacun à chacun (**297**); par suite, l'angle BCA, opposé au côté AB, est égal à l'angle DAC, opposé au côté égal CQ; or, ces deux angles égaux sont alternes-internes par rapport aux droites BC et DA coupées par la sécante AC; donc ces droites sont parallèles (**98**), et la figure ABCD est un parallélogramme; C. Q. F. D.

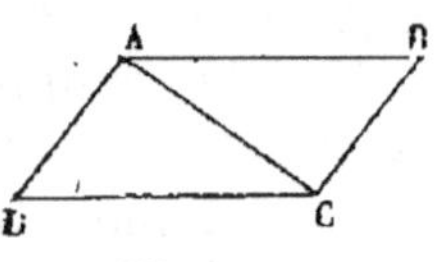

Fig. 261.

342. THÉORÈME. *Les diagonales d'un parallélogramme se divisent mutuellement en deux parties égales.*

Soient AC et BD les diagonales du parallélogramme ABCD, E leur point d'intersection; je dis que ce point est le milieu de chacune d'elles. En effet, les deux triangles ABE, CDE ont le côté AB égal à CD comme parallèles comprises entre parallèles (**109**); l'angle EAB égal à l'angle ECD, comme angles alternes-internes formés par les parallèles AB et CD coupées par la sécante AC (**99**), et l'angle EBA égal à l'angle EDC comme angles alternes-internes formés par les parallèles AB et CD coupées par la sécante BD; ces

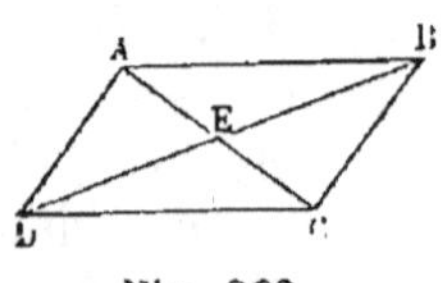

Fig. 262.

deux triangles ont donc un côté égal adjacent à deux angles égaux chacun à chacun; par conséquent ils sont égaux (**300**); alors les côtés EA et EC, opposés aux angles égaux EBA et EDC, sont égaux, et il en est de même des côtés EB et ED, opposés aux angles égaux EAB, ECD; C. Q. F. D.

343. THÉORÈME. Réciproquement, *si, dans un quadrilatère* ABCD, *les diagonales se partagent mutuellement en deux parties égales, ce quadrilatère est un parallélogramme* (fig. 262).

Je suppose que l'on ait :

$$EA = EC \text{ et } EB = ED;$$

je dis que le quadrilatère est un parallélogramme. En effet, les deux triangles EAB, ECD, ont le côté EA égal à EC par hypothèse, le côté EB égal à ED pour la même raison, et l'angle AEB égal à l'angle CED, comme angles opposés par le sommet (**66**); ces deux triangles, ayant un angle égal compris entre côtés égaux chacun à chacun, sont égaux (**297**); par suite le côté AB est égal à CD; et l'angle EAB est égal à l'angle ECD; or ces deux angles égaux sont alternes-internes par rapport aux deux droites AB et CD coupées par la sécante AC; donc les droites AB et CD sont parallèles (**98**); le quadrilatère ABCD a donc deux côtés opposés AB et CD égaux et parallèles; par conséquent c'est un parallélogramme (**341**); C. Q. F. D.

344. THÉORÈME. *Deux parallélogrammes sont égaux, lorsqu'ils ont un angle égal compris entre côtés égaux chacun à chacun* (fig. 263).

Soient ABCD, A'B'C'D' deux parallélogrammes qui ont l'angle A égal à l'angle A', le côté AB égal au côté A'B' et le côté AD égal au côté A'D'; je dis que ces deux parallélogrammes sont égaux. En effet, je transporte le parallélogramme A'B'C'D' sur le parallélogramme ABCD, de manière que le côté

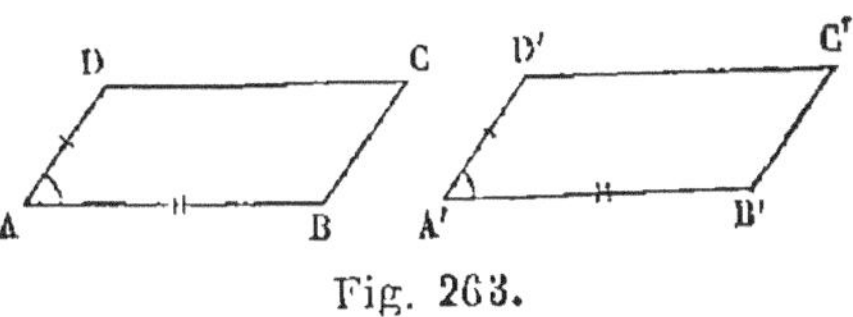

Fig. 263.

A'B' s'applique sur son égal AB; l'angle A' étant égal à l'angle A, le côté A'D' prendra la direction du côté AD, et comme ces deux côtés sont égaux, le point D' tombera au point D. Cela posé, comme d'un point on ne peut mener qu'une parallèle à une droite, la droite D'C', parallèle à A'B', prendra la direction de la droite DC, parallèle à AB, et la droite B'C', parallèle à A'D', prendra la direction de la droite BC parallèle à AD; le point C' se confondra alors avec le point C, et les deux parallélogrammes coïncideront; C. Q. F. D.

Remarque. Il résulte du théorème précédent qu'un parallélogramme est complétement déterminé, quand on donne l'un de ses angles, et les côtés qui comprennent cet angle.

345. Problème. *Construire un parallélogramme, connaissant deux côtés consécutifs* M *et* N, *et l'angle* P *qu'ils comprennent* (fig. 264).

Je fais un angle A égal à l'angle P, et, sur les deux côtés de cet angle, je prends deux longueurs AB, AC respectivement égales à M et N. Puis du point C comme centre avec un rayon égal à M, je décris un arc de cercle, et du point B comme centre avec un rayon égal à N, je décris un autre arc de cercle qui coupe le premier au point D; je joins CD et BD, et le quadrilatère ABCD est le parallélogramme demandé. En effet, c'est un parallélogramme, puisque les côtés opposés sont égaux deux à deux d'après la construction; et de plus ce parallélogramme est formé avec les éléments donnés. Remarquons que les arcs de cercle décrits des points C et B comme centres se coupent en deux points; mais il ne faut prendre ici que celui de ces points qui forme avec les points A, B, C, un quadrilatère convexe.

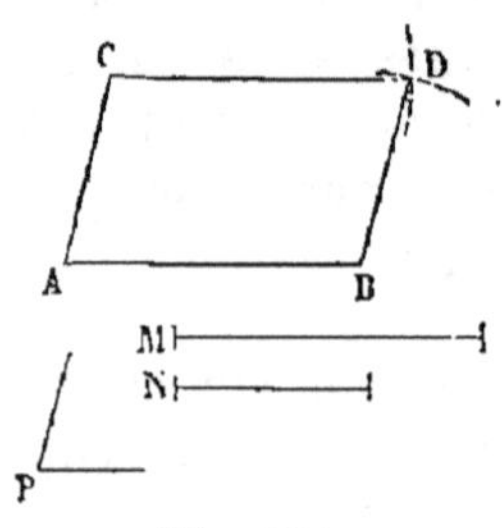

Fig. 264.

On pourrait encore, pour déterminer le point D, mener par les points B et C des droites respectivement parallèles à AC et à AB, ce qui peut se faire très-simplement en employant l'équerre (**101**, 2e solution).

346. Remarque. La première construction que nous avons donnée pour le problème précédent pourrait servir à *mener par un point une parallèle à une droite donnée.*

Proposons-nous, par exemple, de mener par le point C une parallèle à la droite AB; on marque sur cette droite deux points à volonté, A et B par exemple; puis du point C comme centre avec un rayon égal à AB, on décrit un arc de cercle, et du point B comme centre avec un rayon égal à AC, on décrit un autre arc de cercle qui coupe le premier en D; CD est la parallèle demandée; car la figure ABDC est un parallélogramme, comme nous l'avons fait voir ci-dessus.

347. Applications. I. Le parallélogramme se rencontre assez fréquemment dans nos constructions; citons seulement les parquets dits *en point de Hongrie* (fig. 265), dans lesquels les diverses feuilles ont la forme de parallélogrammes, excepté celles qui avoisinent les angles des appartements, et qui sont des trapèzes symétriques.

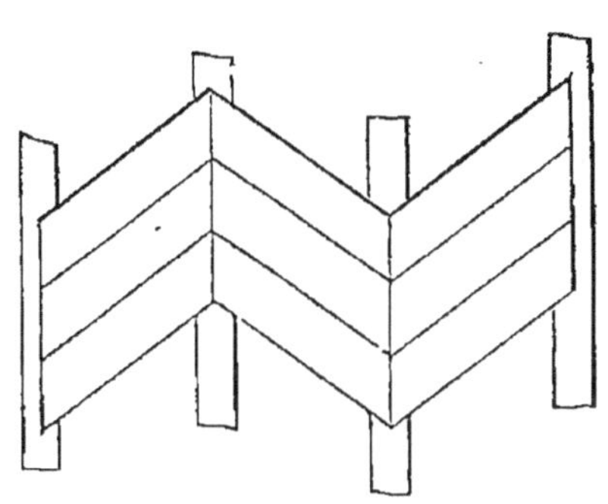

Fig. 265.

348. II. On démontre en mécanique que deux forces sollicitant un même point peuvent être remplacées par une force unique qu'on appelle leur *résultante,* et on prouve que si on représente les deux forces par des lignes droites de même direction que ces forces, et ayant des longueurs proportionnelles à leurs intensités respectives, la résultante est représentée en grandeur et en direction par la diagonale du parallélogramme construit sur les deux forces; c'est ce qu'on appelle la règle du *parallélogramme des forces.*

349. III. Dans la mécanique appliquée, on emploie, pour

transformer un mouvement de va-et-vient rectiligne en un mouvement circulaire alternatif, un dispositif où figurent quatre tiges métalliques formant un parallélogramme; ce mécanisme porte le nom de *parallélogramme de Watt;* il a été imaginé par le célèbre ingénieur anglais Watt pour transmettre le mouvement du piston d'une machine à vapeur au balancier de cette machine. (Voir le cours de Mécanique, 3e année.)

Nous rencontrerons plus tard beaucoup d'autres applications du parallélogramme.

Du losange, du rectangle et du carré.

350. DÉFINITIONS. On appelle *losange* un quadrilatère qui a ses quatre côtés égaux (fig. 266).

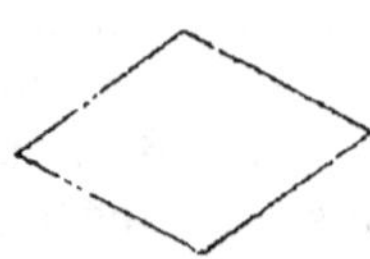

Fig. 266.

Il résulte du théorème du n° **340** que le losange est un parallélogramme, puisque ses côtés opposés sont égaux deux à deux; le losange jouit donc de toutes les propriétés démontrées aux nos **339** et **342**.

Le *rectangle* est un quadrilatère qui a tous ses angles droits (fig. 267).

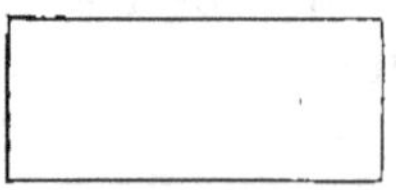

Fig. 267.

Deux côtés opposés d'un rectangle sont perpendiculaires à l'un quelconque des autres côtés; donc ils sont parallèles (**90**); le rectangle a donc ses côtés opposés deux à deux parallèles; par conséquent c'est un parallélogramme.

On appelle *carré* un quadrilatère qui a tous ses côtés égaux et tous ses angles droits (fig. 268). Il résulte de cette définition que le carré est à la fois un losange et un rectangle.

Fig. 268.

351. THÉORÈME. *Les diagonales d'un losange sont perpendiculaires entre elles, et divisent en deux parties égales les angles du losange.*

Soit ABCD un losange; je mène les deux diagonales AC et BD qui se coupent en E; je dis que ces droites sont perpendiculaires et qu'elles sont les bissectrices des angles du losange. En effet, puisque le losange est un parallélogramme, les diagonales se divisent mutuellement en deux parties égales (**342**), et par suite le point E est le milieu de AC; or le triangle ABC est isocèle, puisque le côté AB est égal à BC; donc la ligne BE qui joint le sommet au milieu de la base AC est perpendiculaire à cette base, et divise l'angle ABC en parties égales (**284**). On démontrerait de même que la ligne DE partage en deux parties égales l'angle ADC, et que la ligne AC est bissectrice des angles BAD et BCD.

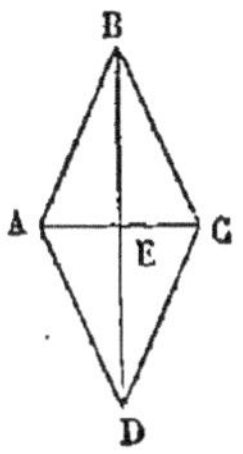

Fig. 269.

Remarque. Il résulte du théorème précédent que les points A et C sont symétriques par rapport à la droite BD, et aussi que les points B et D sont symétriques par rapport à la droite AC; donc *les deux diagonales* BD *et* AC *du losange sont des axes de symétrie de ce losange* (**154**). Le point de rencontre E des deux diagonales s'appelle le *centre* du losange.

352. Théorème. Réciproquement. *Si, dans un quadrilatère, les diagonales sont perpendiculaires et se coupent mutuellement en deux parties égales, le quadrilatère est un losange.*

Je suppose que les diagonales AC et BD du quadrilatère ABCD (fig. 269) soient perpendiculaires et se divisent au point E en deux parties égales; je dis que les quatre côtés AB, BC, CD, DA sont égaux. En effet, la ligne BD est, par hypothèse, perpendiculaire au milieu de la ligne AC; les deux lignes BA et BC sont donc égales (**75**); pour la même raison, le côté BC est égal au côté CD et le côté CD est égal au côté DA; donc les quatre côtés sont égaux; C. Q. F. D.

353. Problème. *Construire un losange, ; connaissant ses deux diagonales* (fig. 270).

Au milieu E de l'une des diagonales données, AC par exemple, on élève une perpendiculaire, et on prend, à partir du point E sur cette ligne, deux longueurs EB et ED égales toutes les deux à la moitié de l'autre diagonale; puis on joint AB, BC, CD, DA; le quadrilatère ABCD est un losange, en vertu du théorème précédent.

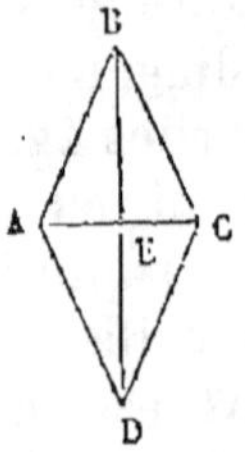

Fig. 270.

354. Problème. *Construire un losange, connaissant le côté et l'un des angles.*

Ce problème n'est qu'un cas particulier de celui du n° **345**; il suffit de supposer que les deux lignes M et N données dans ce dernier problème soient égales toutes les deux au côté du losange.

355. Applications. I. Le losange est fréquemment employé dans les arts; il sert à la décoration des panneaux des meubles et des boiseries de nos appartements; les grilles et les treillis en bois et en fer sont souvent formés de baguettes qui dessinent des losanges par leurs intersections mutuelles; certains parquets sont composés de losanges; on retrouve encore cette figure dans les ouvrages de marqueterie, dans les vitraux de beaucoup d'églises, dans les dessins des étoffes et des papiers de tenture, etc.

356. II. Dans la mécanique appliquée, on peut, à l'aide d'un ou de plusieurs losanges articulés, transformer un mouvement rectiligne en un autre dont la direction soit perpendiculaire. Considérons en effet un losange formé de quatre tiges égales en bois ou en fer assemblées à charnière aux quatre sommets, de telle manière que le losange puisse se déformer sans cesser d'être un losange; il est bien évident que si l'on diminue la longueur d'une diagonale, l'autre s'allongera dans un sens perpendiculaire. On peut réunir plusieurs de ces losanges articulés, ce qui permet d'augmenter ainsi l'étendue du mouvement que reçoit le sommet extrême. Il existe un jouet d'enfant fondé sur ce principe; on l'a appliqué aussi dans un appareil de sauvetage employé quelquefois dans les incendies.

357. Théorème. *Les diagonales d'un rectangle sont égales.*

Soient AC et BD les diagonales d'un rectangle ABCD ; les deux triangles ADC, BCD ont le côté CD commun, le côté AD égal au côté BC, comme parallèles comprises entre parallèles (**109**), et les angles ADC, BCD égaux comme droits; ces triangles ont donc un angle égal compris entre côtés égaux chacun à chacun ; donc ils sont égaux (**297**) ; et AC = BD ; C. Q. F. D.

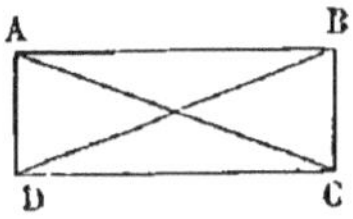

Fig. 271.

358. Corollaire. *On peut faire passer une circonférence par les quatre sommets d'un rectangle ; en d'autres termes, on peut circonscrire un cercle à un rectangle.*

Car les diagonales sont égales et se coupent en deux parties égales ; donc le point d'intersection des diagonales est à égale distance des quatre sommets; par conséquent les quatre sommets sont sur une même ciconférence ayant pour centre le point d'intersection des deux diagonales; C. Q. F. D.

359. Théorème. Réciproquement, *Si les diagonales d'un quadrilatère sont égales et se divisent mutuellement en deux parties égales, ce quadrilatère est un rectangle.*

Soit ABCD un quadrilatère, dans lequel on a par hypothèse,

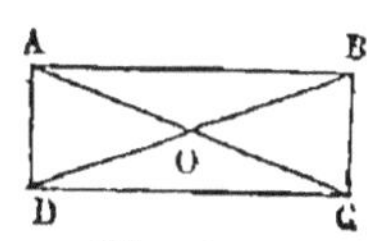

Fig. 272.

$$AC = BD; \quad OA = OC; \quad OB = OD;$$

je dis que ce quadrilatère est un rectangle.

En effet, les lignes AC et BD étant égales, leurs moitiés sont égales ; donc

$$OA = OB = OC = OD;$$

par conséquent, si du point O comme centre avec OA comme rayon, on décrit une circonférence, elle passera par les points B, C et D, et les lignes AC et BD seront des diamètres de cette circonférence ; il en résulte alors que les angles du quadrilatère ABCD seront inscrits chacun dans une demi-circonférence; donc ils sont droits (**182**), et le quadrilatère est un rectangle; C. Q. F. D.

360. Remarque. Ce théorème peut servir à mener des droites perpendiculaires; les dessinateurs s'en servent souvent pour faire le cadre d'un dessin : à cet effet, ils joignent par deux lignes droites les angles opposés de la feuille de papier; puis, à partir du point d'intersection O de ces deux lignes droites, ils portent de part et d'autre sur chacune d'elles quatre longueurs égales OA, OB, OC, OD; en menant ensuite les lignes AB, BC, CD, DA, ils forment un rectangle, qui est le cadre qu'on voulait tracer.

361. Théorème. *Un rectangle* ABCD *est divisé en deux parties symétriques par chacune des lignes* EF *et* GH *qui joignent les milieux de deux côtés opposés* (fig. 273).

Les lignes AB et DC étant égales, leurs moitiés AE et DF sont aussi égales; donc, en vertu d'un théorème connu (**112**), la ligne EF est parallèle à AD, et par suite elle est perpendiculaire à la fois aux deux lignes AB, CD, en leurs milieux; donc les points A et B sont symétriques par rapport à la ligne EF (**154**), et il en est de même des points C et D; en d'autres termes la ligne EF est un axe de symétrie du rectangle ABCD; on démontrerait de même que la ligne GH est aussi un axe de symétrie de ce rectangle.

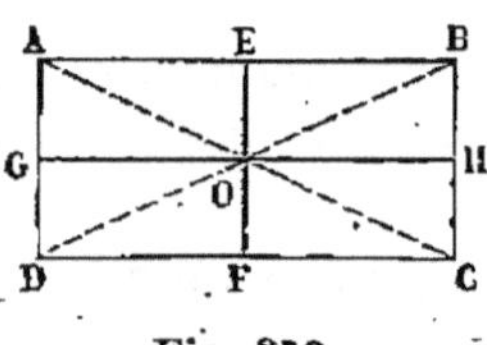

Fig. 273.

362. Corollaire. *Les deux axes de symétrie d'un rectangle passent par le point de rencontre des diagonales de ce rectangle.*

En effet, dans le triangle ABD, la ligne EF est une parallèle au côté AD, menée par le milieu du côté AB; donc elle passe par le milieu du côté BD (**127**); mais le milieu de BD, c'est le point d'intersection des diagonales O du rectangle (**342**); donc la ligne EF passe par ce point O, et il en est de même de GH : on le démontrerait de la même manière.

Remarque. Le point O, où se coupent à la fois les axes de symétrie et les diagonales du rectangle, s'appelle le *centre* du rectangle; remarquons que ce point est le centre du cercle circonscrit au rectangle (**358**).

363. Problème. *Construire un rectangle, connaissant deux côtés consécutifs.*

Ce problème n'est qu'un cas particulier de celui que nous avons traité au n° **345** ; il suffit de supposer que l'angle P soit droit, et par conséquent de mener AC perpendiculaire à AB.

364. Théorème. *Dans un carré, les diagonales sont égales et perpendiculaires ; les diagonales et les lignes qui joignent les milieux des côtés opposés sont des axes de symétrie.*

Ces propriétés sont évidentes, si l'on se rappelle que le carré est à la fois un losange et un rectangle.

On appellera *centre* du carré le point où se coupent les quatre axes de symétrie de la figure.

365. Problème. *Construire un carré, connaissant :*

1° *son côté ;*

2° *sa diagonale.*

1° Pour construire un carré dont on connaît le côté, on prend sur les deux côtés d'un angle droit deux longueurs égales au côté donné, et, par les extrémités de ces deux lignes, on mène des parallèles aux deux côtés de l'angle droit.

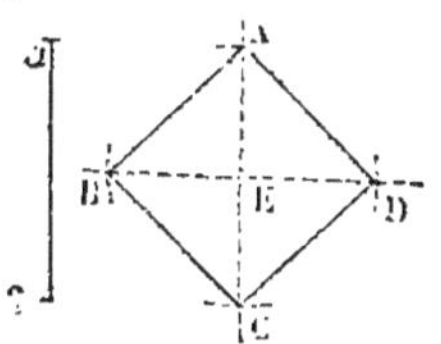

Fig. 274.

2° Pour construire un carré dont on connait la diagonale *ac* (fig. 274), on trace deux droites indéfinies perpendiculaires, et, à partir du point E de rencontre de ces deux droites, on porte de part et d'autre, sur chacune d'elles, quatre longueurs EA, EB, EC, ED égales à la moitié de la ligne *ac* ; le quadrilatère ABCD est un carré ; en effet, les diagonales se coupent mutuellement en deux parties égales et sont perpendiculaires ; donc la figure est un losange (**352**); de plus elles sont égales entre elles; par suite, la figure est aussi un rectangle (**359**); par conséquent, le quadrilatère ABCD a ses côtés égaux et ses angles droits, c'est-à-dire que c'est un carré.

366. Applications. Le rectangle et le carré sont de tous les quadrilatères ceux qu'on emploie le plus souvent dans les arts.

I. Les planchers et les murailles de nos appartements sont ordinairement des rectangles ; les portes, les fenêtres, les cadres de tableaux, les faces des caisses et des meubles, les tablettes des armoires, les feuilles de carton, les pages d'un livre, etc., etc., ont la forme rectangulaire. Il en est de même de la surface des pièces de bois employées en charpente, des faces des briques et de beaucoup de pierres de taille. Un grand nombre de planchers ou de parquets sont formés de feuilles de forme rectangulaire ; tel est le parquet dit *en capucine*, représenté par la figure ci-jointe. Le rectangle est encore employé fréquemment dans le dessin des lambris et des panneaux de meubles ; une des dispositions les plus usitées présente des rectangles qui ont leurs côtés respectivement parallèles ; les angles intérieurs les uns aux autres ont leurs sommets sur une même droite, qui est la bissectrice commune de tous ces angles. D'autres fois, aux rectangles sont associés des losanges, qui ont pour sommets les milieux des côtés de ces rectangles.

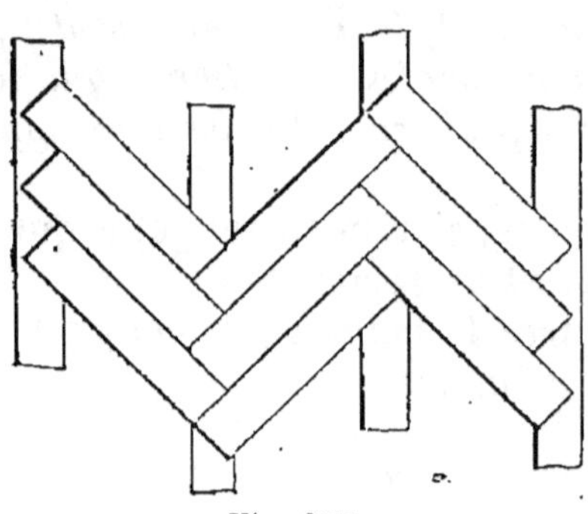

Fig. 275.

367. II. Le carré est aussi d'une application très-fréquente ; les *carreaux* de brique, de pierre ou de marbre employés pour carreler les cuisines et les vestibules, les dalles qui recouvrent le sol d'un grand nombre d'églises et d'édifices publics sont des carrés; comme le rectangle, le carré figure dans les ornements des portes et des lambris, dans les dessins des papiers de tenture, des étoffes, etc. Les cases d'un damier, d'un échiquier, sont des carrés. Lorsqu'on veut faire une plantation d'arbres en *quinconce*, on trace sur le sol une série de lignes parallèles équidistantes, et une autre série de lignes perpendiculaires aux précédentes et à la même distance les unes des autres ; ces lignes dessinent sur le sol des carrés égaux ; c'est aux sommets de ces carrés qu'il faut planter les arbres. Les cardes sont formées de pointes d'acier implantées en quinconce dans une planchette de bois ou dans une bande de cuir.

Nous ferons connaître plus tard encore d'autres applications du carré.

CHAPITRE XVI.

DES POLYGONES EN GÉNÉRAL.

Somme des angles d'un polygone.

368. Définitions. Nous avons déjà vu que le polygone de trois côtés porte le nom de triangle, et que le polygone de quatre côtés porte le nom de quadrilatère. Voici les noms de quelques autres polygones: on appelle

Pentagone,	le polygone de	5	côtés.
Hexagone,	—	6	id.
Heptagone,	—	7	id.
Octogone,	—	8	id.
Ennéagone,	—	9	id.
Décagone,	—	10	id.
Dodécagone,	—	12	id.
Pentédécagone,	—	15	id.

Ce sont les seuls polygones auxquels on donne des noms spéciaux; on désigne les autres par le nombre de leurs côtés; ainsi on dit: le polygone de treize côtés, de vingt côtés, etc.

On appelle *périmètre* ou *contour* d'un polygone la ligne brisée fermée qui limite le polygone; sa longueur est la somme de tous les côtés.

On dit qu'un polygone est *convexe*, lorsqu'il est tout entier du même côté de chacune des lignes droites qui le terminent, prolongées indéfiniment. Lorsqu'un polygone n'est pas convexe, il a un ou plusieurs *angles rentrants* (voy. le n° **329**). Le périmètre d'un polygone convexe ne peut être rencontré par une ligne droite en plus de deux points; quand au contraire un polygone n'est pas convexe, on peut toujours tracer des lignes droites qui coupent le contour du polygone en plus de deux points.

369. Si d'un sommet A d'un polygone ABCDEF, on mène toutes les diagonales possibles, le polygone est partagé en triangles, et le nombre de ces triangles est le nombre des côtés du polygone diminué de deux. Car tous ces triangles ont le point A pour sommet commun, et les côtés de ces triangles opposés au sommet A sont tous les côtés du polygone, à l'exception des côtés AB et AF adjacents à l'angle A ; il y aura donc autant de triangles que le polygone a de côtés, moins deux.

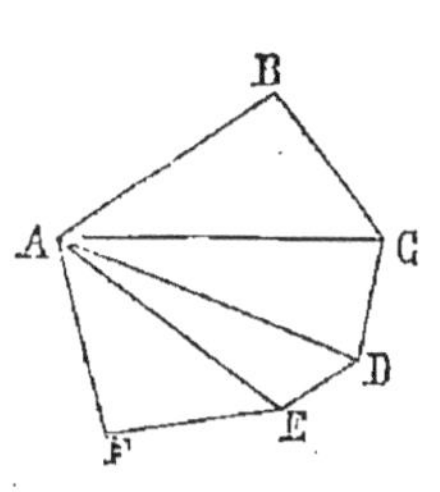

Fig. 276.

370. Théorème. *La somme des angles intérieurs d'un polygone convexe est égale à autant de fois deux angles droits que le polygone a de côtés, moins deux.*

Je considère le polygone convexe ABCDEF (fig. 276), et du sommet A, je mène toutes les diagonales possibles, AC, AD, etc. ; elles décomposeront le polygone en autant de triangles qu'il a de côtés, moins deux; or la somme des angles de tous ces triangles est évidemment égale à la somme des angles du polygone, et la somme des angles de chaque triangle est égale à deux angles droits (**275**) ; donc la somme des angles du polygone est égale à autant de fois deux droits qu'il y a de triangles, c'est-à-dire à autant de fois deux droits que le polygone a de côtés, moins deux ; C. Q. F. D.

371. Remarque. La somme des angles d'un quadrilatère est égale à quatre angles droits, comme nous l'avons déjà démontré. Pour le pentagone, la somme des angles vaut 5 — 2 ou trois fois deux angles droits ; c'est-à-dire six droits ; pour l'hexagone, elle vaut 6 — 2 ou quatre fois deux angles droits, c'est-à-dire huit droits ; et ainsi de suite. Voici les résultats que donne l'application du théorème précédent :

La somme des angles est :

Pour le quadrilatère,		4	droits.
—	pentagone,	6	id.
—	hexagone,	8	id.
—	heptagone,	10	id.
—	octogone,	12	id., etc., etc.

Égalité des polygones.

372. Il existe pour les polygones en général, comme pour les triangles, des caractères qui permettent de reconnaître leur égalité ; le plus simple de tous peut s'énoncer ainsi :

Deux polygones sont égaux, si l'on peut les décomposer l'un et l'autre en un même nombre de polygones égaux chacun à chacun et disposés de la même manière. Il est bien évident, en effet, que dans ce cas les deux polygones pourront être superposés exactement, et par conséquent seront égaux.

Les polygones plus simples dans lesquels on décompose deux polygones quelconques, pour reconnaître s'ils sont égaux, sont ordinairement des triangles ou des trapèzes, comme on le verra dans les problèmes suivants.

373. PROBLÈME. *Construire au moyen de triangles un polygone égal à un polygone donné* ABCDE (fig. 277).

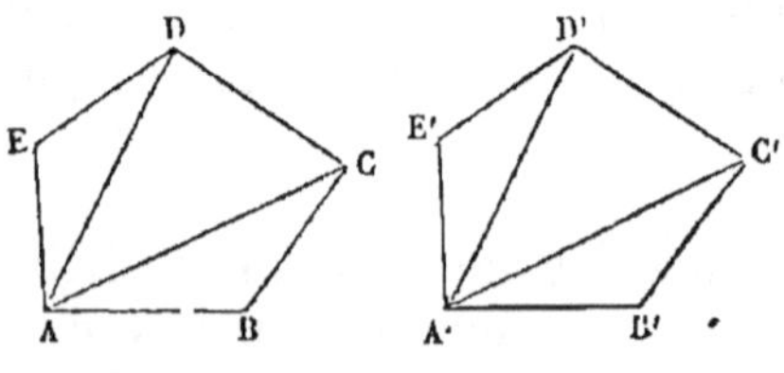

Fig. 277.

Je décompose le polygone donné en triangles par des diagonales menées du sommet A, par exemple; puis je construis par l'une des méthodes données aux nos **296, 299, 303**, des triangles A'B'C', A'C'D', A'D'E', respectivement égaux aux triangles ABC, ACD, ADE ; le polygone A'B'C'D'E', formé par la réunion de tous ces triangles, est égal au polygone ABCDE.

374. Corollaire. Chacun des triangles ABC, ACD, ADE est déterminé, quand on donne trois de ses éléments, pourvu que, parmi les trois, il y ait au moins un côté (**504**) ; il suffit, par exemple, de connaître les côtés de tous ces triangles pour pouvoir les construire. Il en résulte qu'*un polygone est déterminé, quand on connaît tous ses côtés et les diagonales qui partent d'un même sommet ;* en d'autres termes, *deux polygones sont égaux, lorsqu'ils ont leurs côtés égaux chacun à chacun et disposés dans le même ordre, et que de plus les diagonales menées de deux sommets correspondants dans les deux polygones sont égales chacune à chacune.*

On déduirait d'une manière analogue de la construction précédente d'autres caractères d'égalité de deux polygones.

375. Problème. *Construire un polygone égal à un polygone donné* ABCDE *au moyen de projections sur une diagonale* (fig. 278).

Je mène dans le polygone donné une diagonale quelconque, la plus grande de préférence ; soit AD cette diagonale ;

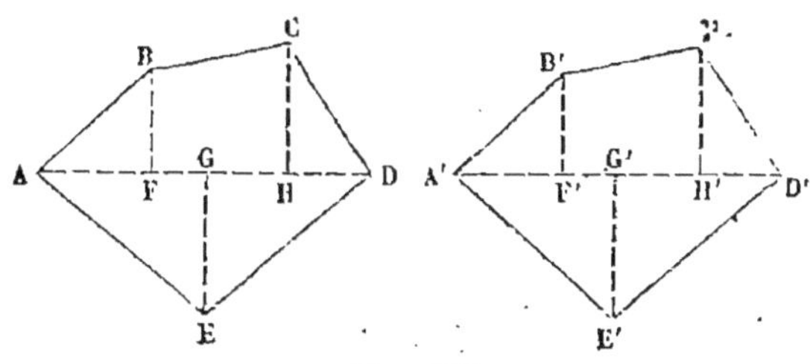

Fig. 278.

puis des sommets B, C, E, j'abaisse sur cette ligne les perpendiculaires BF, CH, EG. Le polygone donné se trouve ainsi décomposé en triangles rectangles et en trapèzes rectangles, comme BCHF ; je vais construire un autre polygone qui soit formé de triangles et de trapèzes respectivement égaux à ceux qui composent le polygone ABCDE, et disposés de même. Pour cela, je trace une ligne droite indéfinie, sur laquelle je prends, à partir d'un point A', des longueurs A'F', A'G', A'H', A'D' respectivement égales à AF, AG, AH et AD; par les points F', G' et H', j'élève des perpendiculaires à A'D', et je prends sur ces lignes, à partir de leur pied et dans le sens convenable, des longueurs F'B', G'E', H'C', respectivement égales à FB, GE et HC; puis je joins deux à deux les points A',B',C',D',E'; le polygone ainsi construit est égal au polygone ABCDE; car ces deux polygones sont composés d'un même nombre de triangles et de trapèzes égaux chacun à chacun, et disposés de la même manière.

376. Remarque I. On appelle *projection d'un point sur une ligne* le pied de la perpendiculaire abaissée de ce point sur une ligne, et *projection d'une droite sur une autre*, la distance des projections des deux extrémités de la première droite sur la seconde. Ainsi, dans la figure précédente, les points F, G, H sont les projections des sommets B, E, C sur la diagonale AD, et les lignes AF, FH, HD, DG, GA sont les projections des côtés AB, BC, CD, DE, EA sur cette même diagonale.

377. Remarque II. Au lieu de projeter les sommets du polygone sur une diagonale, on pourrait les projeter sur une droite quelconque, et même sur une droite extérieure au polygone; la construction précédente s'appliquerait encore; seulement elle serait un peu plus longue.

378. Problème. *Construire un polygone égal à un polygone donné* ABCDEF...., *au moyen de projections sur les côtés d'un triangle* (fig. 279).

La construction indiquée dans le n° **375** laisse à désirer sous le rapport de l'exactitude, lorsque les perpendiculaires abaissées des sommets sur la diagonale sont un peu longues, parce que la plus légère erreur dans la direction d'une des perpendiculaires en donnerait alors une très-grande sur la position du sommet correspondant. Il est préférable, dans ce cas, de projeter les sommets sur plusieurs droites convenablement choisies, au lieu de projeter sur une seule ; le plus ordinairement on projette sur les trois côtés d'un triangle.

On mène, dans le polygone donné, trois diagonales AE EH, HA formant un triangle AEH, et qui soient telles que les autres sommets du polygone soient peu éloignés de l'une ou de l'autre de ces trois lignes; puis on projette les divers sommets sur les côtés les plus voisins, comme l'in-

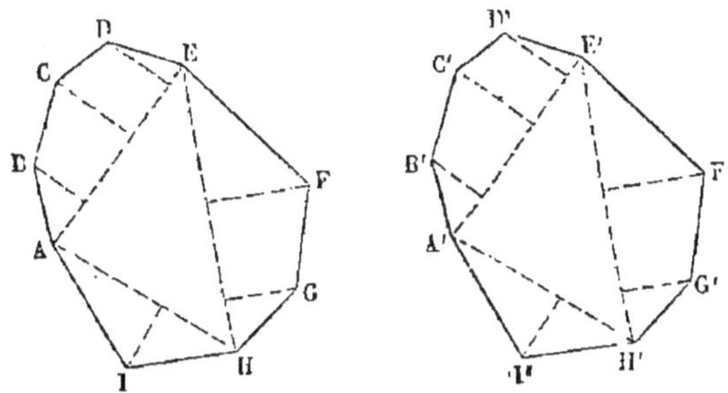

Fig. 279.

dique la figure. On construit ensuite un triangle A'E'H' égal au triangle AEH ; sur A'E' on construit, par le procédé du problème précédent, un polygone A'B'C'D'E' égal au polygone ABCDE; et on fait de même sur les côtés E'H' et A'H' des polygones respectivement égaux aux polygones EFGH et AIH. Le polygone A'B'C'D'E'F'G'..... ainsi construit est égal au polygone donné; car tous les deux sont composés de polygones égaux chacun à chacun et semblablement disposés.

379. Problème. *Construire un polygone égal à un polygone donné au moyen de projections sur les côtés d'un rectangle.*

Lorsqu'on ne peut pas ou qu'on ne veut pas tracer de lignes à l'intérieur du polygone donné, on entoure ce polygone d'un rectangle, et on projette tous les sommets sur les côtés de ce rectangle; puis on construit un rectangle égal, et on détermine les sommets du polygone cherché, comme on l'a fait dans les deux problèmes précédents.

380. Problème. *Construire un polygone égal à un polygone donné* ABCDE *au moyen du tricage* (fig. 280).

Par tous les sommets du polygone ABCDE je mène des lignes parallèles et égales AA′, BB′, CC′, etc., et je joins les extrémités de ces parallèles; le polygone A′B′C′D′E′, ainsi construit, est égal au polygone ABCDE. En effet, les lignes AA′, BB′, etc., étant égales et parallèles, les quadrilatères ABB′A′, BCC′B′, etc., sont des parallélogrammes (**341**); par conséquent les côtés AB et A′B′, BC et B′C′, etc., sont deux à deux égaux et parallèles (**339**). De plus les angles ABC et A′B′C′ sont égaux comme ayant les côtés parallèles et dirigés dans le même sens (**105**), et il en est de même des angles BCD et B′C′D′, CDE et C′D′E′, etc. Donc les deux polygones ont les angles et les côtés égaux chacun à chacun et disposés dans le même ordre; par suite on peut les superposer.

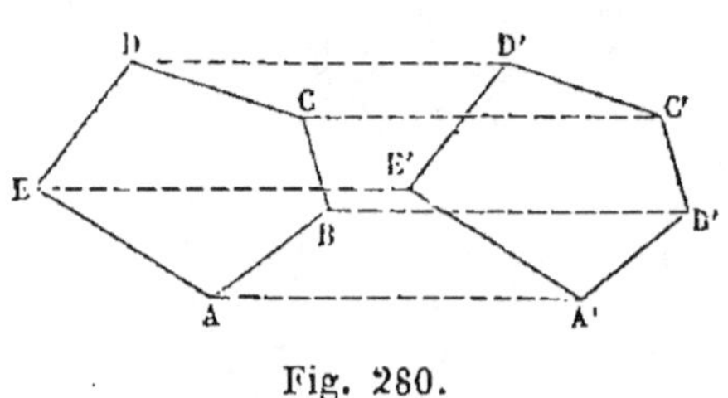

Fig. 280.

381. Remarque. Les diverses méthodes que nous venons de donner pour construire un polygone égal à un autre, peuvent servir aussi à tracer une courbe égale à une autre; il suffira de marquer sur cette courbe un grand nombre de points très-rapprochés, et de les regarder comme les sommets d'un polygone; on construira ensuite un polygone égal, et en faisant passer à la main une ligne courbe par les sommets de ce nouveau polygone, on aura une ligne qui sera sensiblement égale à la courbe donnée, et qui en différera d'autant moins que les points marqués sur la ligne donnée seront plus rapprochés les uns des autres.

382. Application. On a besoin dans une foule d'industries, de tracer une figure égale à une figure donnée; il suffit de mentionner les dessinateurs de plans et de cartes, les dessinateurs en broderie, les dessinateurs sur étoffes, les tailleurs, les couturières, et tous les ouvriers qui ont à donner à un tissu, à une planche, à une lame de métal, à une pierre, etc., une forme déterminée. Indépendamment des procédés géométriques que nous venons d'indiquer, il existe divers moyens pratiques pour résoudre cette question.

383. I. *Méthode des carreaux.* Cette méthode n'est au fond que la méthode par projections un peu modifiée. Supposons, par exemple, qu'on veuille copier une carte (fig. 281); on tracera sur le modèle un grand nombre de lignes parallèles et équidistantes; on pourra employer pour cela un bon carrelet; on tracera ensuite une autre série de lignes perpendiculaires aux précédentes et également dis-

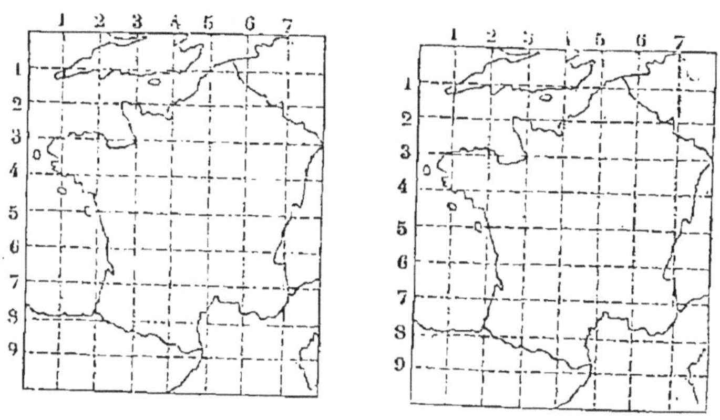

Fig. 281.

tantes; le dessin à reproduire sera ainsi recouvert d'un grand nombre de carrés égaux juxtaposés; on les appelle des *carreaux*. On recouvre de même la feuille qui doit recevoir la copie de carreaux égaux aux précédents. Pour se reconnaître facilement au milieu de toutes ces parallèles, on les numérote dans les deux sens, en ayant soin de marquer du même numéro les parallèles de même rang sur le dessin et sur la copie. Tout est alors préparé pour qu'on puisse reproduire la carte.

On prend successivement les points où les lignes du modèle rencontrent les diverses parallèles, et on les marque à vue sur les parallèles correspondantes de la copie. Si un point remarquable est dans l'intérieur d'un carreau, on estime à vue ses distances aux côtés de ce carreau, et on prend sur la copie, dans le carreau correspondant, un point placé de la même manière; les carreaux étant petits, on ne commet qu'une faible erreur dans l'évaluation des distances, et on obtient ainsi une reproduction ordinairement fort exacte.

On voit que cette méthode permet de tracer à vue toutes les sinuosités d'un dessin, quelque nombreuses qu'elles soient, ce qui est un très-grand avantage.

En opérant comme nous venons de le dire, on détériore le dessin que l'on copie; mais on peut parer à cet inconvénient en plaçant ce dessin sous une lame de verre *quadrillée*, ou sous un treillis de fils de soie très-déliés fixés aux côtés d'un châssis en bois.

384. II. Les dessinateurs de plans emploient souvent pour copier un plan un autre procédé : on place le plan donné sur la feuille de papier qui doit recevoir la copie, et pour que ces deux feuilles de papier ne se dérangent pas, on les maintient appliquées l'une sur l'autre en les fixant sur la table au moyen de petits clous à tête plate qu'on appelle des *punaises*. Ensuite au moyen d'une aiguille très-fine fixée dans un manche en bois, on perce le plan donné aux sommets de tous les angles ; la pointe traversant la première feuille de papier, fait un petit trou sur la feuille de papier blanche; on enlève alors le plan donné, et on joint à la règle tous les points marqués sur le papier; on a ainsi une figure qui pourrait être superposée au plan donné, et qui est par conséquent la copie; c'est là ce que les dessinateurs appellent *piquer* un plan.

Ce procédé a de graves inconvénients : il détériore notablement le modèle, et il n'est un peu rapide que lorsque le dessin qu'on veut reproduire ne contient pas de lignes courbes.

385. III. Les dessinateurs qui reportent sur les tissus les dessins de broderie, commencent par percer d'un grand nombre de trous très-rapprochés toutes les lignes du dessin ; ils l'appliquent ensuite sur le tissu, et ils frappent dessus avec un tampon recouvert d'une encre colorée particulière; cette encre passe au travers des trous et trace sur l'étoffe tous les contours du dessin.

386. IV. Nous mentionnerons encore un procédé fréquemment employé pour copier un dessin, et qui consiste à le *calquer* sur un papier transparent, appelé *papier végétal ;* on applique ce papier sur le modèle et on en suit tous les contours avec un crayon ou une plume. On peut ensuite, si on le désire, transporter cette copie sur du papier ordinaire : pour cela on colle la feuille de papier végétal qui a reçu le dessin, derrière une feuille de papier blanc, et on applique le tout contre une vitre ; on peut alors avec un crayon suivre toutes les lignes de la figure et la copier ainsi de nouveau ; c'est ce qu'on appelle *calquer à la vitre*.

V. Les dessinateurs emploient encore un autre procédé quand ils veulent copier rapidement les contours d'un dessin ; ils enduisent de crayon à dessiner noir ou rouge une des faces d'une feuille de papier, et ils appliquent cette face sur une feuille de papier blanc: sur le tout ils placent le dessin, et en parcourent tous les traits avec une pointe mousse en appuyant assez fortement ; la pointe trace un sillon qui produit sur la feuille de papier blanc une empreinte noire ou rouge ; ce moyen est défectueux, parce qu'il endommage trop le modèle.

387. VI. Enfin les tailleurs, les couturières, les tailleurs de pierre, les menuisiers, les serruriers, quand ils veulent tracer sur un plan une figure égale à une figure donnée ou *patron*, appliquent ce patron sur l'étoffe, sur le parement de la pierre ou sur la surface plane qui doit recevoir la copie, et au moyen d'un morceau de craie, d'une pointe d'acier ou d'un crayon, ils suivent exactement le contour du patron; en enlevant ensuite tout ce qui dépasse le trait, ils donnent la forme voulue au tissu, au parement de la pierre, ou à la planche.

Égalité par symétrie.

388. Il résulte de la définition même de la symétrie que deux figures symétriques par rapport à une droite peuvent être appliquées exactement l'une sur l'autre, et par conséquent sont égales (**154**). En particulier, si deux polygones ABCDE, A'B'C'D'E' ont leurs sommets deux à deux symétriques par rapport à un axe XY, en faisant tourner le plan du polygone A'B'C'D'E' autour de XY pour le rabattre sur le plan de la figure ABCDE, on amènera le point A' sur le point A, le point B' sur le point B, le point C' sur le point C, etc.; par conséquent les deux polygones coïncideront.

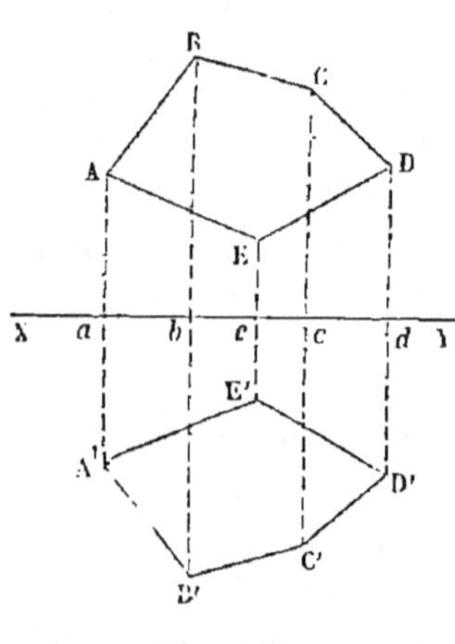

Fig. 282.

Il faut remarquer toutefois que la superposition des deux polygones ne peut se faire qu'en rabattant le plan du second polygone sur le premier; on ne pourrait pas faire coïncider ces deux figures en faisant simplement mouvoir le polygone A'B'C'D'E' dans son plan, sans renverser ce plan; cela tient à ce que les éléments égaux des deux polygones sont disposés en ordre inverse, comme le montre la figure.

Supposons maintenant qu'on déplace d'une manière quelconque dans son plan l'un des deux polygones, il cessera d'être symétrique de l'autre; mais il ne cessera pas de lui être égal, et les parties égales des deux figures seront toujours disposées en ordre inverse, de façon que pour obtenir la superposition des deux figures, il sera encore indispensable de retourner le plan de l'une d'elles. Pour cette raison, nous dirons que les deux figures sont alors *égales par symétrie*.

589. Certaines figures égales peuvent se superposer exactement de deux manières, soit en faisant mouvoir l'une d'elles dans son plan, soit en retournant le plan de l'une d'elles; ce sont toutes les figures qui ont des axes de symétrie. Ainsi deux circonférences de même rayon peuvent être appliquées l'une sur l'autre en faisant coïncider les deux centres, qu'on retourne ou non le plan de l'une d'elles. Il en est de même de deux triangles isocèles égaux, de deux losanges, de deux rectangles, de deux carrés égaux. Cela provient de ce que toute figure qui a un axe de symétrie se compose elle-même de deux parties superposables par rabattement; alors, si deux figures de cette espèce sont égales, on peut les faire coïncider de deux manières différentes, soit en appliquant l'une sur l'autre les parties qui sont placées du même côté de l'axe de symétrie dans chacune d'elles, soit en appliquant l'une sur l'autre les parties qui sont situées de côtés différents des axes de symétrie respectifs des deux figures.

590. Problème. *Construire un polygone qui soit égal par symétrie à un polygone donné* ABCDE (fig. 282).

Par tous les sommets du polygone donné, je mène des droites parallèles, et je trace une perpendiculaire commune XY à toutes ces parallèles; elle les rencontre aux points a, b, c, d, e; je prends ensuite sur les parallèles des longueurs $aA' = aA$; $bB' = bB$; $cC' = cC$; etc., et je joins les points A', B', C', etc., ainsi obtenus; le polygone A'B'C'D'E' est symétrique du polygone ABCDE.

591. Applications. I. Dans plusieurs métiers on est obligé de construire des figures égales par symétrie; on peut d'abord citer tous ceux qui ont rapport à nos vêtements, parce que le corps humain est composé de deux parties symétriquement placées; alors les pièces de droite et de gauche de chacun de nos vêtements doivent être égales par symétrie. Les ouvriers qui taillent ces pièces emploient un procédé bien simple pour arriver à remplir ces conditions. Supposons, par exemple, qu'un tailleur veuille tailler les dessus des deux manches d'un habit; il pliera le drap en deux de manière que l'endroit de l'étoffe soit à l'extérieur; sur l'une des faces, il tracera le dessus de manche, et coupera les deux doubles de l'étoffe en suivant ce tracé; ensuite il dédoublera les deux morceaux ainsi taillés, et il aura deux pièces égales par symétrie, puisqu'on peut les appliquer l'une sur l'autre par rabattement. C'est de cette manière qu'opèrent aussi les couturières, les lingères, les cordonniers, les gantiers, etc.

392. II. Les architectes font un grand usage des figures symétriques : la façade d'un bâtiment est ordinairement composée de deux parties symétriques par rapport à la ligne médiane de cette façade; les portes, les fenêtres, les frontons, les portions de toit, sont aussi le plus ordinairement composés de parties symétriques; nous en avons déjà donné de nombreux exemples. Les ornements employés à la décoration de l'édifice sont aussi des figures symétriques : tels sont les *oves* (**259**), les *palmettes*, les *écussons*, etc.

393. III. L'impression n'est autre chose qu'un moyen industriel de faire une figure égale par symétrie à une autre figure : ainsi la figure formée par les surfaces supérieures des caractères d'imprimerie est égale par symétrie à l'empreinte qu'ils laissent sur le papier; il en est de même du dessin gravé sur une planche de cuivre ou d'acier, ou tracé sur une pierre lithographique et du dessin qu'on obtient sur le papier par le tirage; c'est pour cette raison que le compositeur d'imprimerie, le graveur et le lithographe doivent former les lignes en allant de droite à gauche, afin que dans l'empreinte symétrique qui sera obtenue sur le papier, les mots soient rangés de gauche à droite; c'est aussi pour cela que les caractères d'imprimerie et les lettres qu'on écrit sur une planche destinée à la gravure sont *renversés*, comme le paraîtraient les lettres écrites sur une feuille de papier transparente, si on les regardait à l'envers du papier.

Similitude des polygones.

394. DÉFINITIONS. Deux polygones qui ont le même nombre de côtés sont *semblables*, lorsqu'ils ont les angles égaux chacun à chacun, et que les côtés adjacents aux angles égaux sont proportionnels.

On dit que deux points, deux angles, deux lignes sont *homologues* lorsqu'ils se correspondent dans les deux polygones semblables; ainsi les sommets de deux angles égaux sont homologues; deux côtés sont homologues s'ils sont adjacents de part et d'autre à des angles égaux dans les deux polygones; deux diagonales sont homologues, quand elles joignent des sommets homologues.

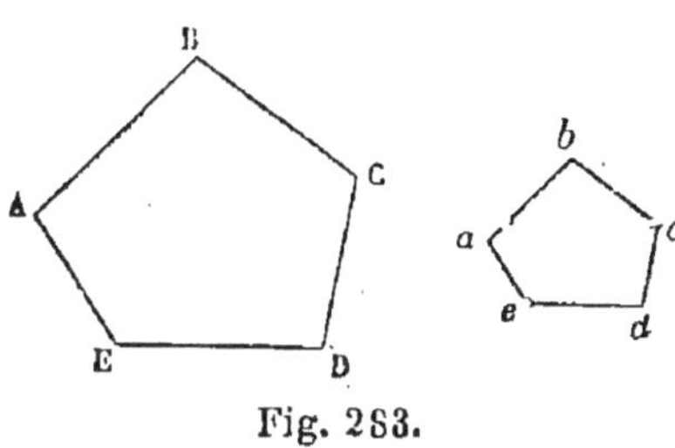

Fig. 283.

On appelle *rapport de similitude* de deux polygones semblables le rapport de deux côtés homologues quelconques.

Je suppose, par exemple, que les deux polygones ABCDE, *abcde* (fig. 283) aient leurs angles égaux chacun à chacun, et que les côtés du premier soient doubles des côtés homologues du second, c'est-à-dire que l'on ait :

$$\frac{AB}{ab} = \frac{BC}{bc} = \frac{CD}{cd} = \frac{DE}{de} = \frac{EA}{ea} = 2,$$

les deux polygones seront semblables, et leur rapport de similitude sera égal à 2.

395. THÉORÈME. *Deux polygones* ABCDE, A'B'C'D'E', *composés d'un même nombre de triangles semblables et semblablement placés, sont semblables* (fig. 284).

Je suppose les triangles ABC, ACD, ADE respectivement semblables aux triangles A'B'C', A'C'D', A'D'E', et je dis que les deux polygones sont semblables.

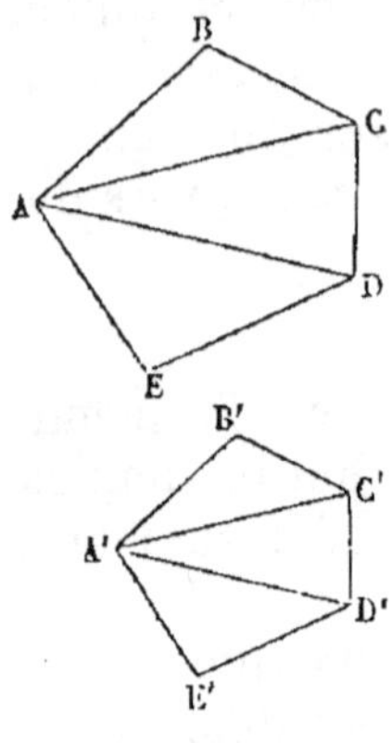

Fig. 284.

Je vais faire voir d'abord que les polygones ont leurs angles égaux chacun à chacun. En effet, les angles B et B' sont égaux comme angles homologues des deux triangles semblables ABC, A'B'C', et les angles E et E' sont égaux pour une raison analogue. La similitude des mêmes triangles ABC, A'B'C' montre que l'angle BCA est égal à l'angle B'C'A'; de la similitude des triangles ACD, A'C'D' on déduit que l'angle ACD est égal à l'angle A'C'D'; donc la somme des deux angles BCA et ACD est égale à la somme des angles B'C'A' et A'C'D', c'est-à-dire que l'angle BCD est égal à l'angle B'C'D'. On démontrerait de même l'égalité des angles CDE, C'D'E'. Enfin les deux angles BAE, et B'A'E' sont égaux, comme composés d'un même nombre d'angles égaux chacun à chacun à cause de la similitude des triangles. Les deux polygones ont donc les angles égaux chacun à chacun.

Je dis en second lieu que les côtés homologues des deux polygones sont proportionnels. En effet, dans les triangles semblables ABC, A'B'C', les côtés homologues sont proportionnels; on a donc :

$$\frac{AB}{A'B'} = \frac{BC}{B'C'} = \frac{AC}{A'C'}; \qquad [1]$$

de même, à cause de la similitude des triangles ACD, A'C'D', et de celle des triangles ADE, A'D'E', on a :

$$\frac{AC}{A'C'} = \frac{CD}{C'D'} = \frac{AD}{A'D'}; \qquad [2]$$

$$\frac{AD}{A'D'} = \frac{DE}{D'E'} = \frac{EA}{E'A'}; \qquad [3]$$

les égalités de rapports [1], [2], [3] contiennent des rapports communs; donc tous les rapports qui entrent dans ces égalités sont égaux entre eux, ce qui donne :

$$\frac{AB}{A'B'} = \frac{BC}{B'C'} = \frac{CD}{C'D'} = \frac{DE}{D'E'} = \frac{EA}{E'A'};$$

les deux polygones ont donc les côtés proportionnels, et comme de plus ils ont les angles égaux chacun à chacun, ils sont semblables; C. Q. F. D.

396. Théorème. Réciproquement, *deux polygones semblables peuvent être décomposés en un même nombre de triangles semblables chacun à chacun, et semblablement placés.*

Soient ABCDE, A'B'C'D'E' deux polygones semblables; de deux sommets homologues A et A', par exemple, je mène dans ces polygones toutes les diagonales possibles; ces lignes décomposent les deux polygones en un même nombre de triangles; je dis que ces triangles sont semblables deux à deux.

En effet, les deux triangles ABC, A'B'C' ont les angles B et B' égaux comme angles homologues de deux polygones semblables; de plus, les côtés qui comprennent ces angles dans les deux triangles sont proportionnels; car, à cause de la similitude des deux polygones, le rapport de AB à A'B est égal au rapport de BC à B'C'; les deux triangles ABC, A'B'C' ont donc un angle égal compris entre côtés proportionnels, et par conséquent sont semblables (**315**).

Il résulte de la similitude de ces triangles, que l'angle BCA est égal à l'angle B'C'A'; or les deux angles BCD, B'C'D' sont égaux comme angles homologues de deux polygones semblables; donc l'angle ACD, qui est la différence des angles BCD et BCA, est égal à l'angle A'C'D', différence des angles B'C'D' et B'C'A'. De plus, à cause de la similitude des triangles ABC, A'B'C', on a la proportion :

$$\frac{AC}{A'C'} = \frac{BC}{B'C'}; \qquad [1]$$

et la similitude des deux polygones nous donne la proportion :

$$\frac{BC}{B'C'} = \frac{CD}{C'D'}; \qquad [2]$$

les proportions [1] et [2] ont un rapport commun ; donc les deux autres sont égaux, et l'on a :

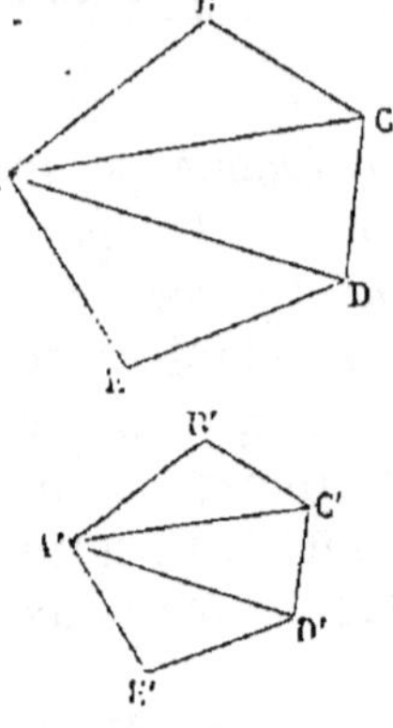

Fig. 285.

$$\frac{AC}{A'C'} = \frac{CD}{C'D'}.$$

Les deux triangles ACD, A'C'D' ont donc un angle égal compris entre côtés proportionnels, et par suite sont semblables (**313**).

On démontrerait de la même manière que les triangles suivants ADE, A'D'E' sont aussi semblables, et en continuant, on verrait que les triangles qui composent le polygone ABCDE sont respectivement semblables à ceux qui composent le polygone A'B'C'D'E' ; C. Q. F. D.

397. COROLLAIRE. *Les diagonales homologues de deux polygones semblables sont proportionnelles aux côtés homologues.*

En effet, les triangles ABC et A'B'C', ACD et A'C'D', etc., étant semblables deux à deux, on a :

$$\frac{AC}{A'C'} = \frac{BC}{B'C'}; \quad \frac{AD}{A'D'} = \frac{CD}{C'D'}, \text{ etc..}$$

398. THÉORÈME. *Les périmètres de deux polygones semblables sont proportionnels aux côtés homologues.*

Soient ABCDE, *abcde*, deux polygones semblables ; on a

alors, en vertu de la définition même des polygones semblables :

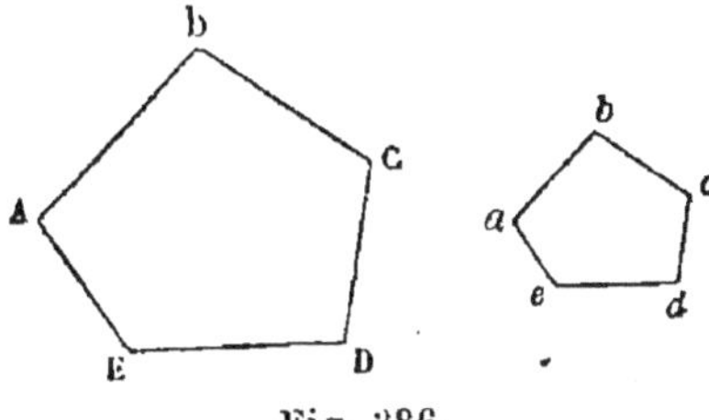

Fig. 286.

$$\frac{AB}{ab}=\frac{BC}{bc}=\frac{CD}{cd}=\frac{DE}{de}=\frac{EA}{ea};$$

or, quand on a une suite de rapports égaux, le rapport de la somme des numérateurs à la somme des dénominateurs est égal à l'un quelconque des rapports donnés (**117**); donc :

$$\frac{AB+BC+CD+DE+EA}{ab+bc+cd+de+ea}=\frac{AB}{ab};$$

C. Q. F. D.

399. Théorème. *Si on joint un point quelconque* o *aux sommets d'un polygone* abcde, *et qu'on prenne sur les droites* oa, ob, oc...., *ou sur leurs prolongements, des points* a', b', c'...., *tels que l'on ait :*

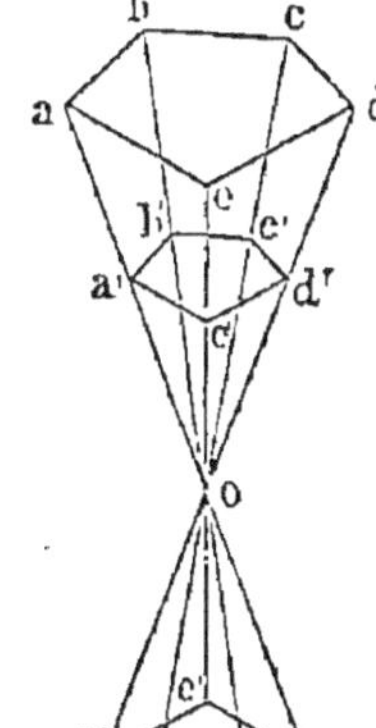

Fig. 287.

$$\frac{oa}{oa'}=\frac{ob}{ob'}=\frac{oc}{oc'}=....,$$

le polygone a'b'c'd'e' *sera semblable au polygone* abcde (fig. 287).

Je suppose d'abord que les points a', b', c'...., soient pris sur les droites oa, ob, oc.... ; puisque les points a' et b' divisent les droites oa et ob en parties proportionnelles, la ligne $a'b'$ est parallèle à ab (**135**); et de plus le rapport de ab à $a'b'$ est égal au rapport de oa à oa' (**137**) ; on a donc :

$$\frac{ab}{a'b'}=\frac{oa}{oa'};$$

on verrait de même que la ligne $b'c'$ est parallèle à bc, la ligne $c'd'$ parallèle à cd, etc. ; et qu'on a les proportions :

$$\frac{bc}{b'c'} = \frac{ob}{ob'},$$

$$\frac{cd}{c'd'} = \frac{oc}{oc'},$$

etc. ; dans toutes ces proportions, les deuxièmes rapports sont égaux ; donc les premiers le sont aussi, et l'on a :

$$\frac{ab}{a'b'} = \frac{bc}{b'c'} = \frac{cd}{c'd'} = \ldots ;$$

ce qui prouve que les deux polygones $abcde$, $a'b'c'd'e'$ on les côtés proportionnels. De plus ces deux polygones ont les

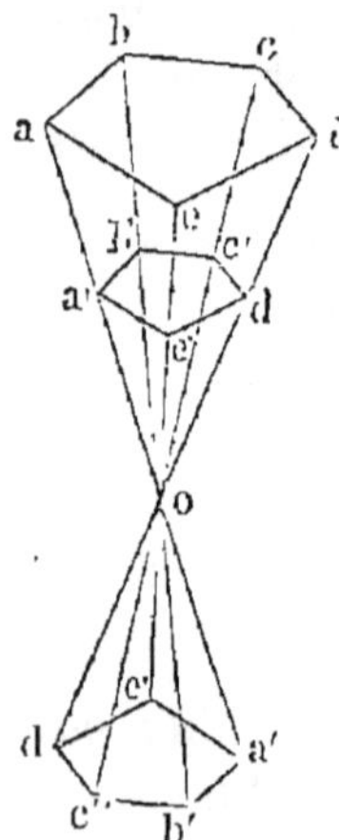

Fig. 288.

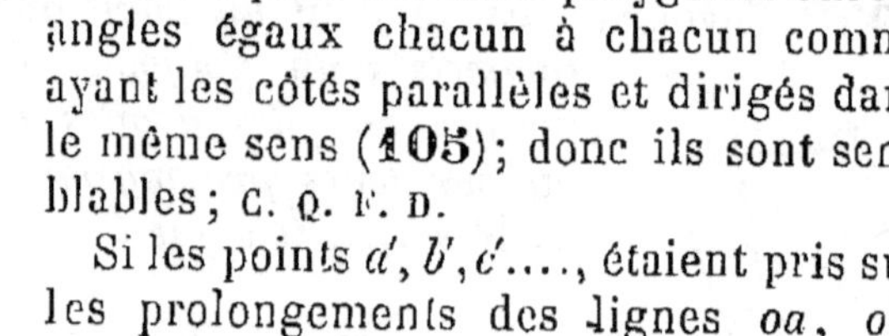

angles égaux chacun à chacun comme ayant les côtés parallèles et dirigés dans le même sens (**105**); donc ils sont semblables ; C. Q. F. D.

Si les points a', b', c'...., étaient pris sur les prolongements des lignes oa, ob, oc...., au delà du point o, la démonstration du théorème serait presque identique à la précédente; il n'y aurait qu'une différence, c'est que les angles des deux polygones seraient égaux comme ayant les côtés parallèles et dirigés en sens contraire (**106**).

400. Remarque I. Quand les points a', b', c'...., sont pris sur les lignes oa, ob, oc...., les deux polygones $abcde$, $a'b'c'd'e'$ sont dits *semblables et semblablement placés;* on dit qu'ils sont *semblables et inversement placés,* quand les points a', b', c'...., sont pris sur les prolongements des droites oa, ob, oc...., au delà du point o; dans les deux cas, le point o s'appelle le *centre de similitude* des deux polygones. Il est utile de remarquer que deux polygones semblables et semblablement placés ont les côtés homologues parallèles et dirigés dans le même sens, et que deux polygones semblables et inversement placés ont les côtés homologues parallèles et dirigés en sens contraire. De plus le rapport de similitude des deux polygones, c'est-à-dire le rapport $\frac{ab}{a'b'}$, est égal au rapport $\frac{oa}{oa'}$ des distances du centre de similitude à deux sommets homologues quelconques.

On voit aussi que si deux polygones sont semblables et inversement placés, il suffira de faire tourner l'un d'eux dans son plan d'un angle de 180° autour du centre de similitude, pour qu'ils deviennent semblables et semblablement placés.

401. Remarque II. Les définitions précédentes peuvent s'appliquer sans modification à deux figures qui renfermeraient des lignes courbes : on dit alors que *deux figures quelconques sont semblables et semblablement placées, lorsque les lignes qui joignent un point* o *du plan à tous les points* a, b, c...., *de l'une des figures, rencontrent l'autre en des points* a', b', c'...., *tels que l'on a :*

$$\frac{oa}{oa'} = \frac{ob}{ob'} = \frac{oc}{oc'} = \ldots ;$$

et que *deux figures sont semblables et inversement placées, lorsque les lignes qui joignent un point* o *du plan à tous les points* a, b, c...., *de l'une des figures, étant prolongées au delà du point* o, *rencontrent la seconde figure en des points* a', b', c'...., *tels que l'on a :*

$$\frac{oa}{oa'} = \frac{ob}{ob'} = \frac{oc}{oc'} = \ldots ,$$

Le point o s'appelle le *centre de similitude*, et le rapport $\frac{oa}{oa'}$ s'appelle le *rapport de similitude* des deux figures.

On déduit facilement des théorèmes des nos **261** et **265** que deux circonférences quelconques sont semblables et semblablement placées par rapport à leur centre de similitude externe, et qu'elles sont semblables et inversement placées par rapport à leur centre de similitude interne; c'est à cause de cette propriété que ces deux points ont été nommés centres de similitude.

402. Problème. *Construire un polygone semblable à un polygone donné.*

Pour que le problème soit déterminé, il faut qu'on donne l'un des côtés du polygone cherché, ou le rapport de similitude des deux polygones; d'ailleurs lorsqu'on donne ce rapport, il est facile de construire un des côtés du nouveau polygone; il suffit de réduire ou d'agrandir l'un des côtés du polygone donné dans un rapport connu, ce qu'on sait faire soit au moyen du compas de réduction, soit au moyen d'un angle de réduction (**144** et **145**). Cela posé, il y a plusieurs méthodes pour résoudre le problème.

Première méthode. Soit ABCDE le polygone donné, et supposons qu'on veuille construire un polygone semblable, et dont les côtés soient avec ceux du polygone donné dans un rapport connu; pour fixer les idées, je supposerai ce rapport égal à $\frac{1}{2}$. Je construis alors une ligne ab qui soit égale à la moitié de AB, et au point b, je fais avec ab un angle égal à l'angle B; sur le second côté de cet angle, je prends une longueur bc égale à la moitié de BC, et au point c, je fais avec bc un angle égal à l'angle C; puis je prends sur l'autre côté de cet angle une longueur cd égale à la moitié de CD;

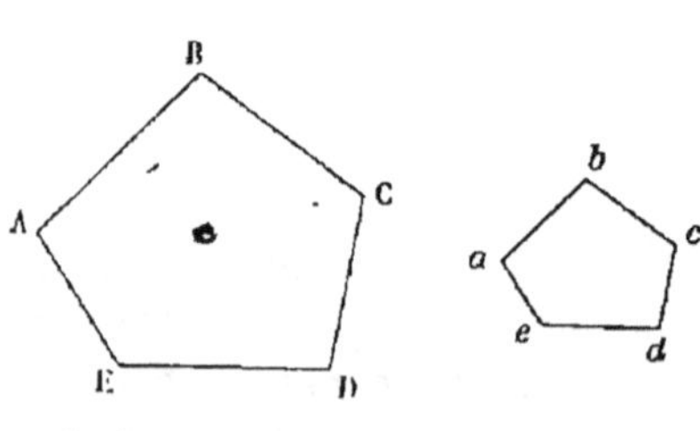

Fig. 289.

je fais l'angle *cde* égal à l'angle CDE; je prends *de* égale à la moitié de DE, et enfin je joins *ea*. Le polygone *abcde* sera semblable au polygone ABCDE; car, d'après la construction, ces deux polygones ont les angles égaux chacun à chacun et les côtés proportionnels. Toutefois on n'a pas construit directement les angles *dea* et *eab* égaux aux angles DEA et EAB; on n'a pas pris non plus la longueur *ea* égale à la moitié de EA; mais comme on a déterminé successivement tous les sommets *a*, *b*, *c*, *d*, *e*, de manière que le polygone *abcde* soit semblable à ABCDE, on est sûr que les angles *e* et *a* sont respectivement égaux aux angles E et A, et que *ea* est bien la moitié de EA; et cela donne un moyen de vérifier l'exactitude des constructions.

Deuxième méthode. Soit ABCDE le polygone donné, et supposons que l'on connaisse le côté *ab* du nouveau polygone qui doit être l'homologue du côté AB; je décompose le polygone donné en triangles par des diagonales menées du sommet A; puis sur *ab*, je construis un triangle *abc* semblable au triangle ABC (**516**); sur *ac* je fais de même un triangle *acd*, semblable au triangle ACD, et sur *ad* un triangle *ade* semblable au triangle ADE; le polygone *abcde* est semblable au polygone ABCDE; car tous les deux sont composés d'un même nombre de triangles semblables deux à deux et disposés de la même manière (**595**).

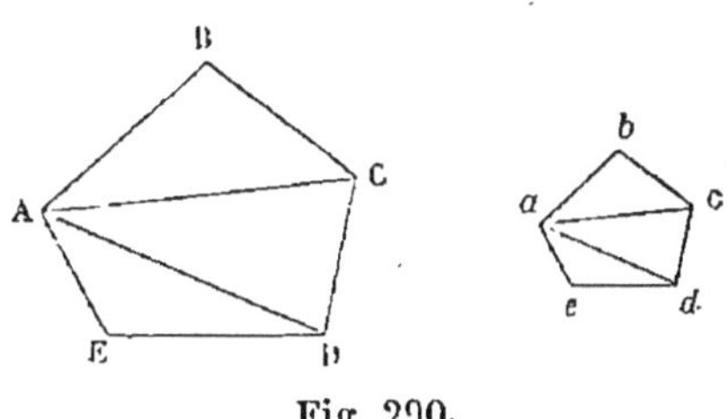

Fig. 290.

Troisième méthode. Soient ABCDE le polygone donné (fig. 291), et *cd* le côté du polygone cherché qui doit être l'homologue de CD. Je mène dans le polygone ABCDE toutes les diagonales qui partent des sommets C et D; sur *cd*, je construis par la première méthode du n° **516** des triangles *cdb*, *cda*, *cde*, respectivement semblables aux triangles CDB, CDA, CDE; les sommets *b*, *a*, *c*, ainsi déterminés sont les sommets du polygone demandé. En effet, il résulte du théorème du n° **596** que si l'on décompose le polygone en triangles par des diagonales menées du point C, le sommet homologue du sommet A, par exemple, doit se trouver sur une ligne *ca* formant avec *cd* un angle égal à l'angle ACD; pour la même raison, ce même sommet doit être sur une ligne *da* formant

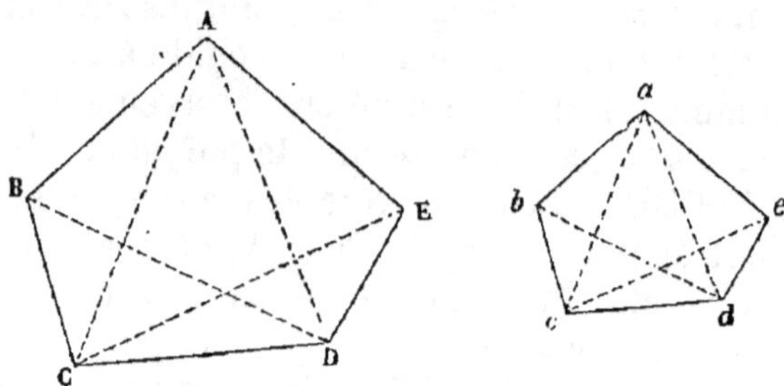

Fig. 291.

avec *cd* un angle égal à l'angle CDA; il est donc au point de rencontre des deux lignes *ca* et *da*, c'est-à-dire au point *a*. On démontrerait de même que les points *b* et *e* sont les sommets homologues des sommets B et E; donc le polygone *abcde* est semblable au polygone ABCDE.

403. Problème. *Construire un polygone semblable à un autre et qui soit semblablement ou inversement placé.*

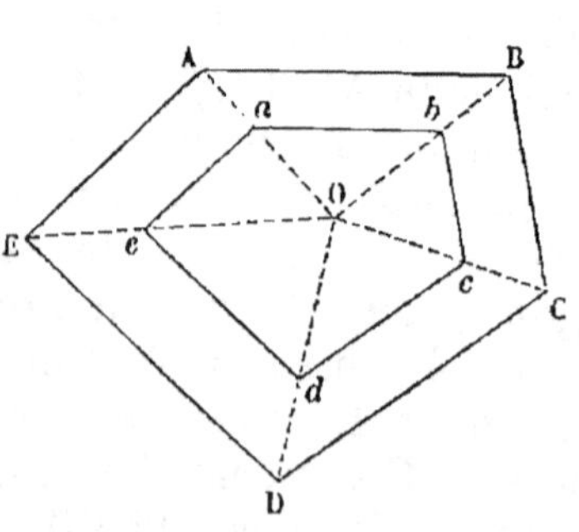

Fig. 292.

Pour que le problème soit déterminé, il faut qu'on donne le rapport de similitude des deux polygones; quant au centre de similitude, on peut ordinairement le prendre à volonté dans le plan.

Proposons-nous d'abord de construire deux polygones semblables et semblablement placés; soient ABCDE le polygone donné, O le centre de similitude, et supposons que le rapport de similitude soit égal, par exemple, à $\frac{3}{5}$. Je joins OA, OB, OC, etc., et je prends sur OA une longueur O*a* égale aux $\frac{3}{5}$ de OA, sur OB une longueur O*b* égale aux $\frac{3}{5}$ de OB, et ainsi de suite; le polygone *abcde* sera le polygone demandé; car les deux polygones *abcde*, ABCDE sont semblables et semblablement placés, et le rapport de similitude est $\frac{3}{5}$ (**400**).

Si on veut que les deux polygones soient semblables et inversement placés, il faudra prolonger les lignes OA, OB, OC, au delà du point O, et porter sur ces prolongements des longueurs respectivement égales aux $\frac{3}{5}$ des lignes OA, OB, OC, etc.

404. Remarque. Quand on a déterminé l'un des sommets du polygone *abcde*, le sommet *a*, par exemple, on peut avoir les autres en menant *ab* parallèle à AB, *bc* parallèle à BC, etc. ; car on aura alors en vertu du corollaire du nº **128**,

$$\frac{Ob}{OB}=\frac{Oa}{OA}; \qquad \frac{Oc}{OC}=\frac{Ob}{OB}; \qquad \frac{Od}{OD}=\frac{Oc}{OC};$$

et ainsi de suite; d'où l'on tire immédiatement

$$\frac{Oa}{OA}=\frac{Ob}{OB}=\frac{Oc}{OC}\ldots;$$

par conséquent les deux polygones *abcde* et ABCDE seront encore semblablement placés.

Applications.

405. Notions sur le levé des plans. On appelle *plan* d'un terrain horizontal une figure semblable à celle que forment sur le terrain les chemins, les cours d'eau, les lignes de séparation des héritages, etc. *Lever le plan* d'une figure tracée sur le terrain, c'est prendre toutes les mesures nécessaires pour que cette figure soit bien déterminée.

Rapporter le plan sur le papier, c'est construire sur le papier une figure semblable à celle du terrain; le rapport de similitude des deux figures s'appelle l'*échelle* du plan.

406. Pour rapporter un plan sur le papier, il faut d'abord réduire toutes les lignes du terrain dans un rapport déterminé, ou, comme on dit, les mesurer à l'échelle du plan, ce qui se fait sans difficulté à l'aide de l'instrument que nous avons décrit au n° **139**, et qu'on appelle une échelle de réduction. Il faut ensuite faire sur le plan des angles égaux à ceux qu'on a mesurés sur le terrain : on peut employer à cet effet le rapporteur (V. le n° **59**); mais cet instrument n'est pas toujours suffisamment exact; il est souvent mal construit et mal gradué ; de plus les meilleurs rapporteurs ne permettent pas d'évaluer des fractions de degré plus petites que $\frac{1}{3}$ ou $\frac{1}{4}$ de degré, et on a souvent besoin d'une plus grande précision ; on se sert alors des *tables de cordes*.

407. Je remarquerai d'abord que, si l'on prend sur deux circonférences des arcs contenant le même nombre de degrés, de minutes et de secondes, les cordes de ces arcs seront proportionnelles aux rayons ; il suffit, pour s'en convaincre, de joindre les extrémités de ces arcs à leurs centres respectifs; on forme ainsi deux triangles isocèles semblables comme ayant un angle égal compris entre côtés proportionnels; et par conséquent le rapport des cordes sera égal au rapport des rayons. Cela posé, imaginons qu'on ait calculé par un procédé quelconque les cordes de tous les arcs de minute en minute dans un cercle dont le rayon serait égal à 1 mètre, on aura ce qu'on appelle une *table de cordes*, et on pourra s'en servir pour faire sur le papier un angle dont la mesure sera connue. Proposons-nous, par exemple, de construire un angle de 76° 17′ : on trouve dans la table de cordes que, dans le cercle de rayon 1, la corde de l'arc de 76° 17′ est égale à $1^m,235$; il en résulte que si le rayon du cercle était égal à 10 mètres, ou à 100 mètres, ou à 1000 mètres, etc., la corde de l'arc de

76°17′ serait 10 fois ou 100 fois ou 1000 fois plus grande, c'est-à-dire, 12^m,35, ou 123^m,5, ou 1235 mètres. Prenons alors à l'échelle du plan une longueur de 100 mètres, par exemple, et décrivons un cercle avec cette longueur comme rayon ; dans ce cercle, inscrivons une corde de 123^m,5, et joignons les extrémités de cette corde au centre ; nous aurons un angle qui interceptera entre ses côtés un arc de 76° 17′, c'est-à-dire un angle de 76° 17′ (**54**).

Nous ne pouvons pas transcrire ici, à cause de son étendue, la table des cordes de tous les arcs de minute en minute; nous donnerons seulement les cordes de tous les arcs de degré en degré, et pour éviter les fractions décimales, nous supposerons le rayon égal à 1000 (*V.* à la fin du volume). La méthode qui a servi à calculer cette table sera indiquée dans le cours de trigonométrie.

408. On emploie, pour lever les plans, diverses méthodes dont nous allons donner une idée rapide. Quelque compliquée que soit la figure tracée sur le terrain, on peut toujours la regarder comme un polygone, ou comme la réunion de plusieurs polygones; car lorsque la figure qu'on veut lever renferme des lignes courbes, on marque sur chacune de ces lignes un certain nombre de points très-rapprochés, et on regarde alors la ligne courbe comme une ligne brisée ayant ces points pour sommets. On peut donc dire, d'une manière générale, que pour lever le plan d'un terrain, quelque compliqué qu'il soit, il suffit de savoir lever le plan d'un polygone. Toutefois, quand le terrain est un peu étendu, ou qu'il contient un grand nombre de détails, on fait deux opérations distinctes pour en lever le plan; on forme d'abord avec des points convenablement choisis un polygone dont le périmètre s'éloigne peu du contour du terrain; on lève avec le plus grand soin le plan de ce polygone, et on y *rattache* ensuite les détails par l'un des moyens que nous indiquerons.

409. *Levé au mètre*. Proposons-nous de lever le plan d'un polygone, en n'employant que la chaîne. Si on peut parcourir le terrain dans toutes les directions, on mesurera les longueurs de tous les côtés et de toutes les diagonales partant d'un même sommet ; le polygone sera ainsi décomposé en triangles, et on connaîtra les trois côtés de chacun de ces triangles; on pourra donc faire sur le papier un polygone composé de triangles semblables chacun à chacun à ceux du terrain et semblablement disposés ; ce polygone sera alors semblable à celui qui était donné sur le terrain (**395**). Lorsqu'on ne peut pas chaîner les diagonales, on mesure d'abord les longueurs de tous les côtés ; il suffit

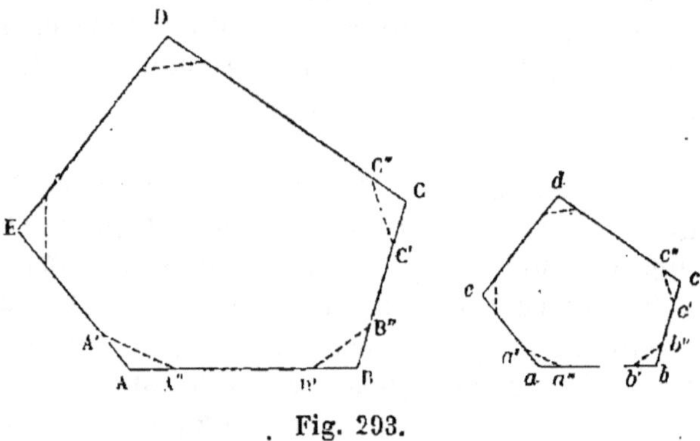

Fig. 293.

ensuite de déterminer les angles : prenons l'angle A (fig. 293), par exemple, et marquons sur les deux côtés AB et AE deux points A' et A"; mesurons ensuite les trois côtés du triangle AA'A"; nous pourrons construire alors sur le papier un triangle *aa'a"* semblable au triangle AA'A", à l'échelle du plan, et nous aurons ainsi un angle égal à l'angle BAE du polygone donné ; en opérant de même pour les angles B, C, D, E, nous connaîtrons tous les côtés et tous les angles du polygone et nous pourrons tracer sur le papier, à l'échelle convenue, un polygone semblable à celui qui est donné sur le terrain; la construction comportera plusieurs vérifications, comme il a été expliqué au nº **402**.

410. *Levé au mètre et à l'équerre.* Proposons-nous de lever le plan du polygone ABCDEFG ; je mène une diagonale AE, qui soit telle qu'on puisse la parcourir dans toute son étendue; puis avec l'équerre d'arpenteur, j'abaisse de tous les sommets des perpendiculaires BH, CK, DM, etc., sur cette diagonale ; je mesure ensuite à l'aide de la chaîne la ligne AE en notant sur un carnet les distances au point A des pieds H, I, K, D, etc., de toutes les perpendiculaires ; enfin je mesure aussi les longueurs BH, CK, DM, etc. ; j'aurai ainsi tous les éléments nécessaires pour la détermination du polygone donné. En réduisant toutes les longueurs mesurées à l'échelle convenue, je pourrai construire sur le papier un polygone qui sera évidemment semblable au polygone donné; car tous les deux seront composés de trapèzes et de triangles semblables chacun à chacun et semblablement disposés ; et dès lors, si on décomposait chaque trapèze en triangles, les polygones seraient tous les deux formés d'un même nombre de triangles semblables et semblablement disposés.

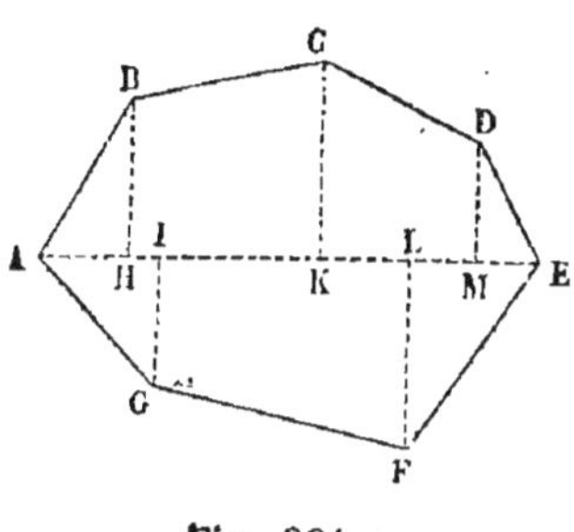

Fig. 294.

Lorsque la disposition du terrain ne permet pas de chaîner une diagonale, on prend une autre ligne dans la partie accessible du terrain, et on projette de même tous les sommets du polygone sur cette ligne.

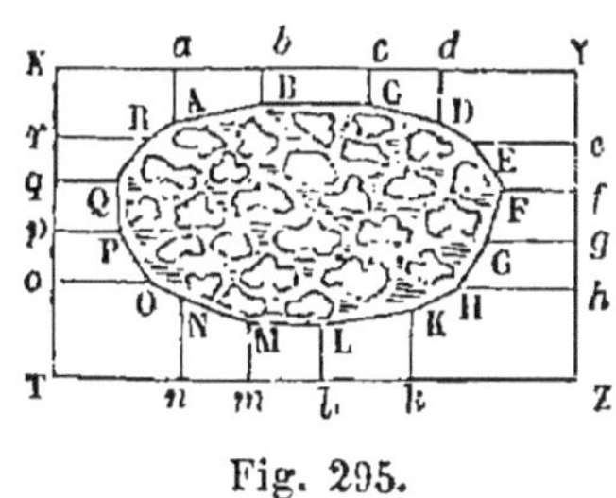

Fig. 295.

Enfin si l'on veut lever par cette méthode un espace tout à fait couvert, comme un bouquet de bois ABCDEF..., on trace autour de ce terrain un rectangle XYZT, en se servant de l'équerre, et on projette sur les côtés de ce rectangle tous les sommets du polygone donné, comme le montre la figure ; on mesure ensuite les côtés du rectangle, en notant les distances des points *a*, *b*, *c*, *d*, etc., projections des sommets A, B, C, D, etc., aux sommets du rectangle, et enfin on chaîne aussi les perpendiculaires A*a*, B*b*, C*c*, etc. ; la figure est alors complétement déterminée, et on peut faire sur le papier une figure semblable.

La méthode qui précède est employée surtout pour lever les détails ou les lignes sinueuses du terrain en les rattachant par des perpendiculaires à une ou à plusieurs lignes droites déjà déterminées ; elle est alors très-exacte et très-rapide.

411. *Levé au graphomètre.* Pour lever le plan d'un polygone avec la chaîne et le graphomètre, on mesure tous ses côtés avec la chaîne, et tous ses angles avec le graphomètre ; le polygone est alors complétement déterminé, et pour rapporter le plan sur le papier, on réduira les côtés à l'échelle convenue, et on fera des angles égaux à ceux qu'on a mesurés, soit au moyen du rapporteur, soit à l'aide d'une table de cordes. On peut encore employer une autre méthode plus expéditive, mais moins exacte, et qu'on emploie surtout pour le levé des détails : on marque sur le terrain deux points A et B tels que de chacun d'eux on puisse apercevoir tous les points que l'on veut lever, et que de plus on puisse viser dans la direction de la ligne AB et mesurer la longueur de cette ligne ; soit alors M l'un des points du terrain ; pour déterminer sa position, on mesure la droite AB, et les deux angles MAB et MBA ; on connaîtra alors un côté et deux angles du triangle MAB, et par conséquent on pourra construire sur le papier un triangle semblable. On pourra rattacher de la même manière à cette droite AB tous les points remarquables du terrain.

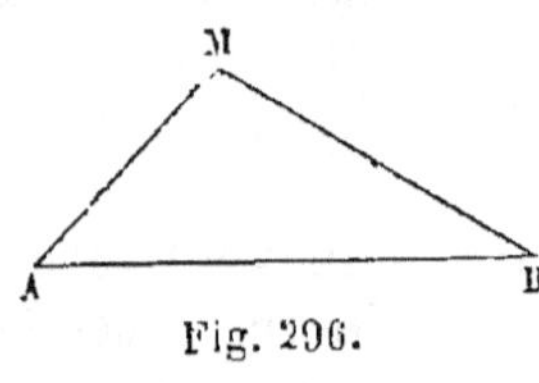

Fig. 296.

412. *Levé à la planchette.* L'instrument connu sous le nom de *planchette* consiste en une planche rectangulaire A sur laquelle on colle une feuille de papier destinée à recevoir le plan que l'on doit dessiner ; d'autres fois le papier est tendu au moyen de deux rouleaux B,B fixés aux deux côtés de la planchette. Cette planche est fixée sur une monture articulée appelée *genou à la Cugnot*, au moyen de la-

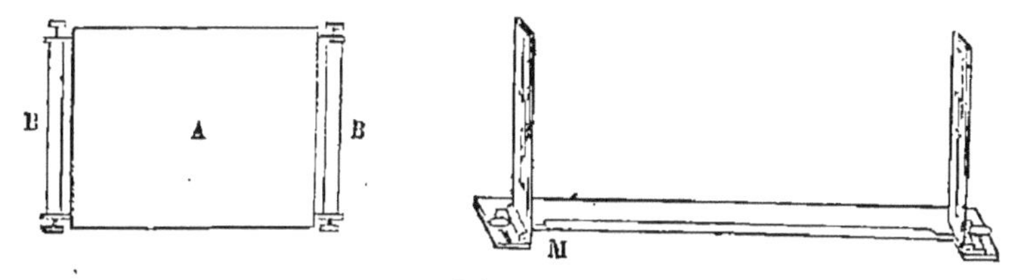

Fig. 297.

quelle on peut lui donner toutes les positions possibles; et le tout repose sur un pied à trois branches. Lorsque la planchette est *en station*, il faut avoir soin de rendre sa surface horizontale; nous indiquerons plus tard le moyen d'y arriver. Avec la planchette on emploie une alidade à pinnules, dont la règle est échancrée et taillée en biseau, de telle manière que la direction MN de cette règle soit la même que la ligne de visée déterminée par les deux pinnules; cette ligne MN s'appelle la *ligne de foi*.

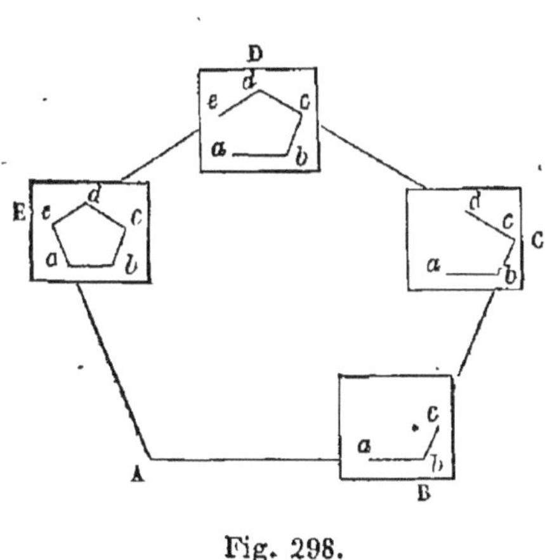

Fig. 298.

Voici maintenant l'usage de cet instrument pour le levé des plans. Proposons-nous de lever le plan du polygone ABCDE : on mesure d'abord avec la chaîne un côté quelconque de ce polygone, AB par exemple; et on trace sur le papier collé à l'avance sur la planchette une ligne *ab*, qui représente la ligne AB à l'échelle convenue. On transporte ensuite l'instrument au sommet B de manière que le point *b* soit placé bien exactement au-dessus du point B; on place l'alidade de manière que la ligne de foi soit dirigée suivant *ba*, et on fait tourner la planchette autour de son centre jusqu'à ce que la ligne de visée des deux pinnules passe par le point A; on est sûr alors que la ligne *ba* a la même direction que la ligne BA; cela fait, on déplace l'alidade de manière que la ligne de foi passe toujours par le point *b* et on vise le point C; puis on trace la droite *bc* le long de la règle; cette ligne *bc* a la même direction que la ligne BC, et par suite l'angle *abc* est égal à l'angle ABC; on mesure ensuite BC, et on prend sur *bc* la longueur qui doit représenter BC à l'échelle du plan. On transporte alors l'instrument au point C, et on le met en station comme précédemment, de manière que le point *c* soit exactement au-dessus de C, et que la ligne *cb* ait la même direction que CB; on vise le point D avec l'alidade, et le long de la ligne de foi on trace la ligne *cd;* l'angle *bcd* sera égal à l'angle BCD; sur *cd* on porte une longueur égale à la longueur CD réduite à l'échelle, et on continue toujours de même; on obtiendra à la fin sur la planchette un polygone *abcde* qui sera semblable au polygone ABCDE, comme ayant les mêmes angles et les côtés proportionnels.

On peut encore employer la planchette autrement, et déterminer tous les sommets en mesurant une seule ligne, AB par exemple, pourvu que des points A et B, on puisse voir tous les autres sommets. On met l'instrument en station au point A, et on trace des lignes dirigées vers tous les sommets B, C, D, E. On mesure ensuite AB, et on prend sur la planchette une longueur *ab* égale à la longueur AB réduite à l'échelle du plan. On transporte alors l'instrument en B, où on le place de façon que *ba* soit di-

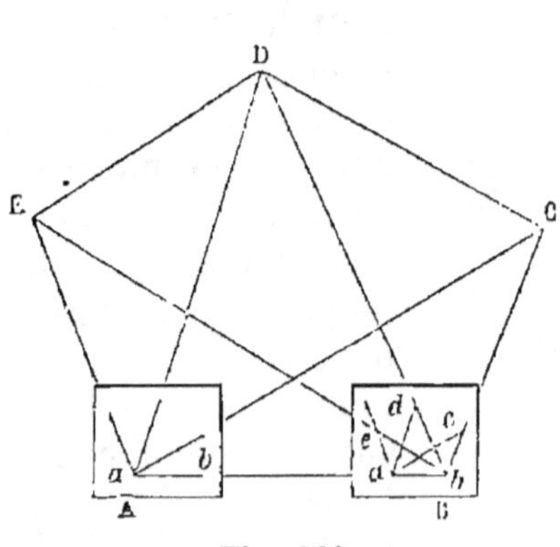

Fig. 299.

rigée suivant BA, et on vise successivement les sommets C, D, E du polygone, en traçant des lignes dans toutes ces directions; ces lignes coupent les premières en des points *c*, *d*, *e* qui sont avec *a* et *b* les sommets d'un polygone semblable à ABCDE, comme on l'a démontré au n° **402** (3e méthode).

L'avantage du levé à la planchette c'est qu'on rapporte le plan sur le papier en même temps qu'on le lève; malheureusement on n'obtient pas beaucoup d'exactitude avec cet instrument; aussi ne l'emploie-t-on que pour lever des détails ou des plans d'une faible étendue.

Au levé des plans se rattachent quelques questions pratiques, dont la solution repose aussi sur les propriétés des polygones semblables ou des polygones égaux; nous allons les indiquer rapidement.

413. Problème. *Déterminer la distance d'un point* A *qui est accessible à un point* B *inaccessible, mais visible.*

1re *Solution.* On trace à partir du point A sur la portion du terrain que l'on peut parcourir une ligne AC, qu'on appelle une *base* (fig. 300); puis on lève le plan du triangle ACB en mesurant la base AC et déterminant les angles A et C soit par le levé au mètre, soit au moyen du graphomètre ou de la planchette; on rapporte ce plan sur le papier à une échelle quelconque, et on évalue à l'aide de la même échelle la distance AB.

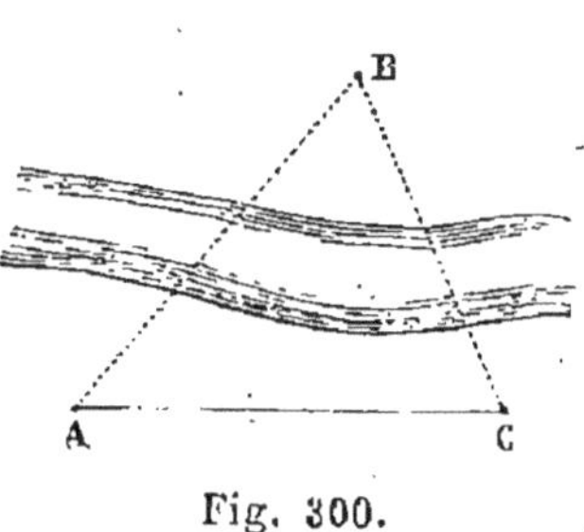

Fig. 300.

2e *Solution.* Lorsque le terrain sur lequel on opère est bien plat et assez étendu, et qu'on a une équerre d'arpenteur à sa disposition, on peut se dispenser de toute construction sur le papier. On mène par le point A une perpendiculaire AD à la droite AB (**71**); sur cette droite on porte à la suite l'une de l'autre à partir du point A deux longueurs égales AC et CD; au point D, on élève une perpendiculaire

DE à la droite AD, et on cherche le point de rencontre F des deux alignements BC et DE. Les deux triangles BAC, FDC ont le côté AC égal à CD, par construction, les angles ACB et DCF égaux comme opposés par le sommet, et les angles BAC et FDC égaux comme droits; donc ces triangles sont égaux (300), et par suite DF = AB; il suffira donc de mesurer sur le terrain la longueur DF.

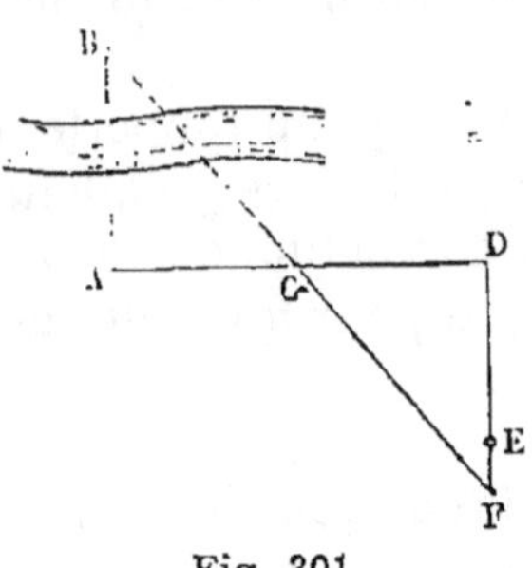

Fig. 301.

3e *Solution.* Si l'on n'a pas d'équerre à sa disposition, on peut opérer avec la chaîne seule; la méthode qu'il faut suivre est un peu moins simple, mais elle est susceptible d'une plus grande précision. On plante un jalon D sur l'alignement AB (fig. 302), et on trace comme précédemment une base AC qu'on mesure, et qu'on prolonge d'une longueur CA′ égale à CA; on jalonne ensuite la direction DC, on mesure la distance DC, et on porte sur le prolongement une longueur CD′ égale à CD; on jalonne aussi la ligne BC, et on cherche le point de rencontre B′ de cet alignement avec la ligne A′D′; enfin on mesure A′B′; je dis que cette longueur est égale à AB. En effet, les deux triangles ACD, A′CD′ ont les angles en C égaux comme opposés par le sommet, le côté AC égal à CA′, le côté DC égal à CD′ par construction; donc ces deux triangles sont égaux (291), et l'angle CAB est égal à l'angle CA′B′; alors les deux triangles CAB et CA′B′ ont le côté CA égal à CA′ par construction, l'angle CAB égal à l'angle CA′B′ par démonstration, et les angles ACB et A′CB′ égaux comme opposés par le sommet; ces deux triangles sont

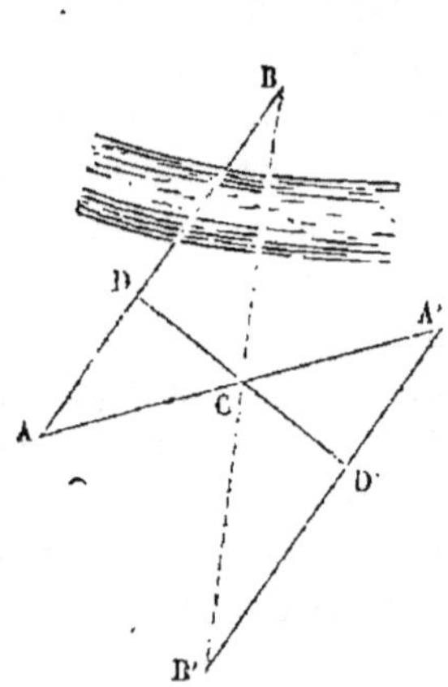

Fig. 302.

donc égaux (**300**), et par conséquent AB est égal à A'B'; C. Q. F. D.

414. Remarque. Les angles CAB et CA'B' sont égaux, et comme ils sont alternes-internes par rapport aux droites AB, A'B' coupées par la sécante AA', les droites AB, A'B' sont parallèles (**98**); cette remarque donne un nouveau moyen de mener par un point A' une parallèle à une droite donnée AB sur le terrain. Il suffit de joindre le point A' à un point quelconque A de la ligne donnée, de prendre le milieu C de cette ligne, de joindre ce point C à un autre point quelconque D de la ligne AB, et enfin de prendre à partir du point C sur le prolongement de DC une longueur CD' égale à DC; la ligne A'D' sera la parallèle demandée.

415. Problème. *Mesurer la largeur d'une rivière.*

Pour que cette question ait un sens précis, il faut supposer que le bord BC de la rivière du côté où se trouve l'opérateur soit sensiblement rectiligne; soit alors A un point de l'autre bord; si du point A on imagine qu'on abaisse sur BC la perpendiculaire AF, la longueur de cette perpendiculaire sera ce qu'on appelle la *largeur* de la rivière. Pour la mesurer, je mène un peu en arrière de la rivière une parallèle DE à son bord, et du point A, j'abaisse au moyen de l'équerre d'arpenteur une perpendiculaire AD sur cette ligne; sur DE je marque un point E; je mesure la distance DE, et je détermine l'angle E comme dans le problème précédent; quant à l'angle D, il est connu puisqu'il est droit. On peut alors faire le plan de la figure ADE, et par conséquent évaluer la longueur AD; il suffira d'en retrancher la distance DF, qu'on mesurera directement, pour avoir la largeur AF de la rivière.

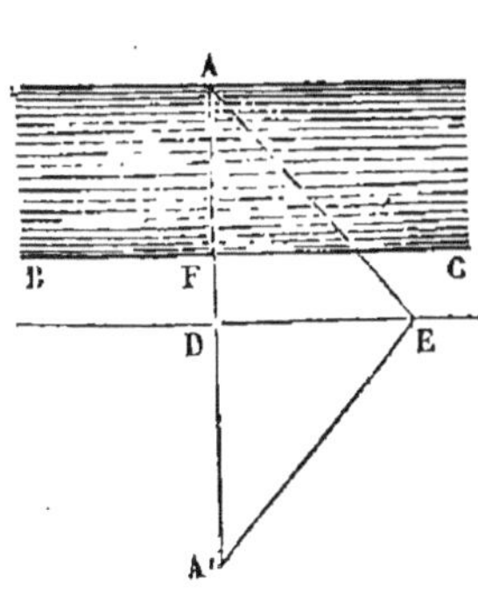

Fig. 303.

On pourra aussi, lorsque la nature du terrain le permettra, opérer autrement : on prolongera AD, et au point E, on mènera une ligne EA′ formant avec DE un angle égal à l'angle DEA ; on déterminera le point de rencontre des alignements DA′ et EA′ et on mesurera DA′ ; cette ligne est égale à DA ; car les deux triangles DEA, DEA′ sont égaux comme ayant un côté égal adjacent à deux angles égaux chacun.

416. Problème. *Déterminer la distance de deux points* A *et* B *inaccessibles, mais visibles.*

1re *Solution* (fig. 304). On jalonne et on mesure une base CM sur la portion du terrain que l'on peut parcourir ; on lève ensuite le plan du quadrilatère CMBA, en déterminant les angles ACM, BCM, AMC, BMC, soit au moyen du mètre, soit au moyen du graphomètre ou de la planchette : on rapporte ce plan sur le papier à une échelle quelconque, et l'on mesure enfin sur ce plan la longueur AB.

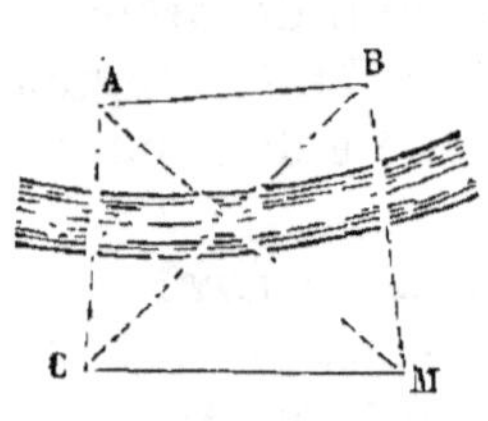

Fig. 304.

2e *Solution* (fig. 305). Lorsque le terrain accessible est plat et assez étendu, et qu'on dispose d'une équerre d'arpenteur, on peut se dispenser de lever un plan. On marque un point C à volonté sur le terrain, et par ce point on élève une perpendiculaire CD à la droite AC ; du point B on abaisse sur cette ligne CD la perpendiculaire BD, et on mesure la distance CD. On marque ensuite le milieu E de cette ligne, et on détermine le point de rencontre F des alignements AC et BE, et le point de rencontre G des alignements BD et AE ; je dis que la ligne FG est égale à AB. En effet, les deux triangles ACE et GDE sont égaux, comme ayant les côtés CE et DE égaux, l'angle ACE égal à GDE comme droits, et les

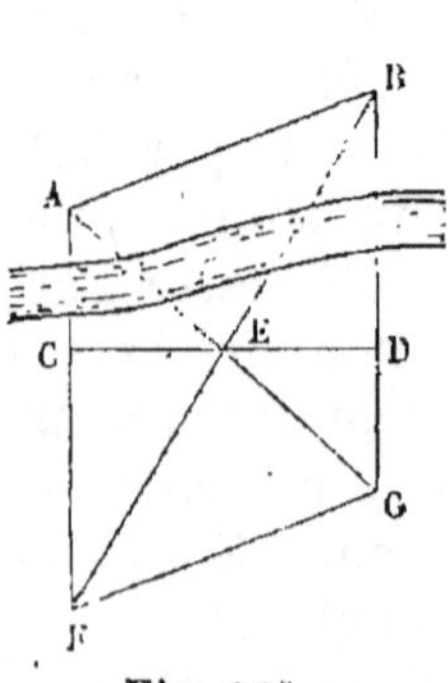

Fig. 305.

angles AEC et GED égaux comme opposés par le sommet ; donc AE = GE; on démontrerait de même que BE = FE ; alors dans le quadrilatère ABGF, les diagonales se divisent mutuellement en deux parties égales; donc ce quadrilatère est un parallélogramme (**343**), et par suite les côtés opposés AB et FG sont égaux; il suffira donc de mesurer la longueur FG pour connaître AB.

Si l'on n'avait pas d'équerre, on pourrait opérer avec la chaîne seule d'une manière analogue à celle que nous avons indiquée au n° **413**, 3e solution; mais les constructions deviennent alors beaucoup plus compliquées.

417. Problème. *Prolonger une ligne droite* AB *au delà d'un obstacle* M *qui arrête la vue* (fig. 306).

Je jalonne sur la partie libre du terrain un alignement A'D' qui laisse de côté l'obstacle M, et de deux points A et B de la ligne donnée, j'abaisse sur A'D' les perpendiculaires AA' et BB'; par deux autres points C' et D' pris sur la ligne A'D', je lui élève des perpendiculaires qui rencontrent le prolongement de AB au delà de l'obstacle aux points C et D; je vais calculer les longueurs de ces deux perpendiculaires C'C et D'D. Pour cela, imaginons que par le point A, on mène une parallèle à A'D' et soient E, F, G les points où cette parallèle coupe les droites BB', CC' et DD'; les triangles semblables ABE, ACF donnent la proportion :

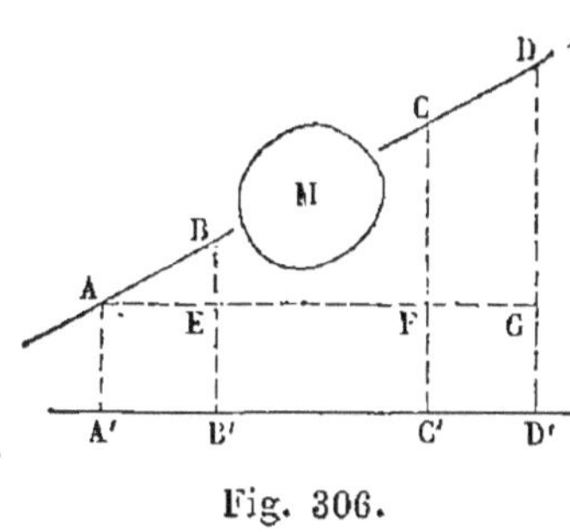

Fig. 306.

$$\frac{CF}{BE} = \frac{AF}{AE}$$

mais les droites AA', EB', FC' sont égales comme parallèles comprises entre parallèles; de plus AE = A'B' et AF = A'C' pour la même raison ; enfin

$$BE = BB' - EB' = BB' - AA';$$

alors la proportion précédente peut s'écrire:

$$\frac{CF}{BB' - AA'} = \frac{A'C'}{A'B'};$$

or on peut mesurer directement sur le terrain les longueurs AA', BB', A'B' et A'C'; par conséquent cette proportion permettra de calculer la longueur de CF; en ajoutant à cette longueur celle de FC' ou de AA', on aura la longueur CC', et en la portant à partir du point C' sur la droite C'C, on aura le point C. On déterminera de même le point D.

Supposons, par exemple, que A'B' = 100 mètres; A'C' = 300 mètres; AA' = 108 mètres; et BB' = 165 mètres; on aura:

$$\frac{CF}{165 - 108} = \frac{300}{100}; \quad \text{ou} \quad \frac{CF}{57} = 3;$$

d'où l'on tire:

$$CF = 57^{m} \times 3 = 171 \text{ mètres},$$

et

$$CC' = 171^{m} + 108^{m} = 279 \text{ mètres}.$$

Supposons ensuite que A'D' = 400 mètres; on aura de même:

$$\frac{DG}{57} = \frac{400}{300} = 4;$$

d'où

$$DG = 57^{m} \times 4 = 228 \text{ mètres},$$

et

$$DD' = 228^{m} + 108^{m} = 336 \text{ mètres}.$$

Il sera alors facile de construire les deux points C et D, et on aura ainsi deux points du prolongement de AB.

Le calcul se simplifierait un peu si on faisait passer l'alignement A'D' par le point A, c'est-à-dire si on prenait la droite AG au lieu de A'D'; mais il arrive souvent que la nature du terrain ne le permet pas; il faut alors opérer comme nous l'avons expliqué ci-dessus.

418. PROBLÈME. *Mesurer une verticale dont le pied est accessible.*

On sait qu'on appelle *ligne verticale* ou simplement *verticale*, la direction du fil à plomb. Cela posé, soit AB la ligne verticale dont on veut déterminer la longueur et supposons qu'à partir du point B où cette ligne rencontre le sol, on puisse tracer sur ce sol une ligne BC perpendiculaire à AB; cela a toujours lieu quand le terrain est horizontal, c'est-à-dire quand il n'a de pente d'aucun côté, et nous indiquerons plus tard des moyens faciles de s'assurer que cette condition est remplie. On jalonne alors la ligne BC, et on la mesure; puis on met un graphomètre au point C, et on le dispose de manière que le plan de son limbe contienne la droite AB, et que le diamètre fixe soit horizontal ; il faut pour cela qu'un fil à plomb appliqué sur le limbe passe à la fois par le centre du demi-cercle et par la division 90°, et de plus que le diamètre fixe de l'instrument soit dirigé vers un point M de la verticale AB; il arrive alors, comme nous le verrons plus tard, que l'alidade mobile pourra être dirigée vers le sommet A de la ligne AB, et que la direction OM de l'alidade fixe sera parallèle à CB. On mesure l'angle AOM; par suite, on connaît, dans le triangle rectangle AMO, le côté OM qui est égal à CB et l'angle AOM. On peut donc construire sur le papier un triangle semblable au triangle AMO, et mesurer la longueur du côté AM ; en ajoutant à cette longueur la hauteur OC du graphomètre qu'on mesure directement, on a la hauteur totale AB.

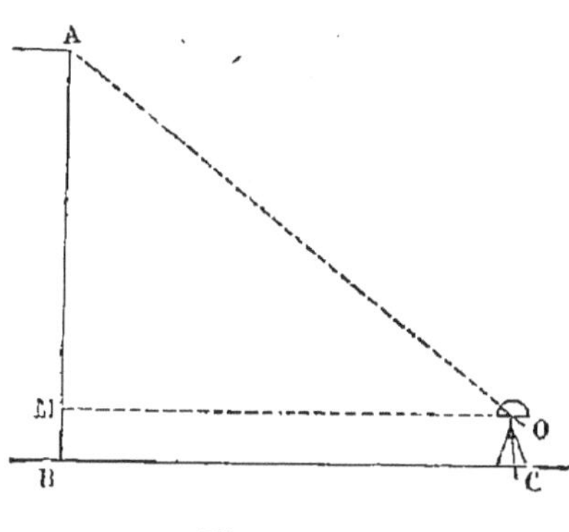

Fig. 307.

419. REMARQUE. Ce problème sert pour déterminer la

hauteur d'une tour, d'une maison ou de tout autre édifice vertical, dont le pied est accessible. Voici un autre procédé moins exact, mais qui n'exige l'emploi d'aucun instrument autre que le mètre. On mesure la longueur de l'ombre projetée sur le terrain par la tour, quand elle est éclairée par le soleil; on mesure au même instant l'ombre projetée par un bâton d'un mètre planté verticalement en terre. Les rayons solaires étant parallèles, il est facile de concevoir que les hauteurs sont proportionnelles aux longueurs des ombres projetées; ce qui donne le moyen de calculer la hauteur inconnue. Supposons, par exemple, que l'ombre du bâton d'un mètre ait $0^m,61$, et l'ombre projetée par la tour, $25^m,50$ de longueur; on aura, pour déterminer la hauteur, la proportion :

$$\frac{0,61}{25,50}=\frac{1}{x}; \qquad x=\frac{25^m,50}{0,61}=41^m,80.$$

420. PROBLÈME. *Trois points* A, B, C, *étant situés sur un terrain uni et rapportés sur une carte, déterminer sur cette carte un quatrième point* P, *d'où les lignes* AB *et* BC *ont été vues sous des angles qu'on a mesurés.*

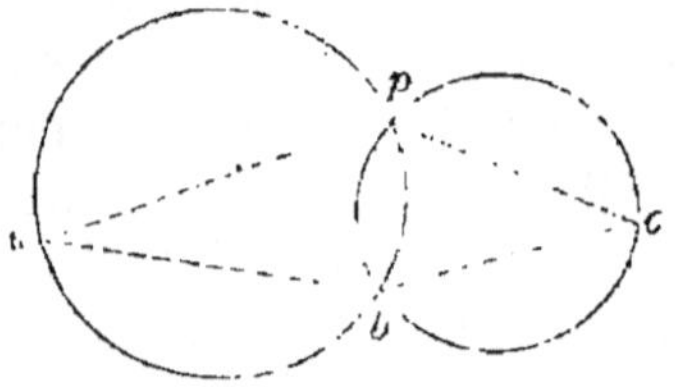

Fig. 308.

Soient a, b, c les points de la carte qui correspondent aux points A, B, C du terrain; sur ab comme corde, je décris un segment capable de l'angle APB qu'on a mesuré; de même sur bc comme corde, je décris un segment capable de l'angle BPC; les deux circonférences ainsi décrites se coupent en un point p, qui est le point de la carte correspondant au point P; car les angles abp, bpc sont respectivement égaux aux angles mesurés APB, BPC.

421. REMARQUE. Le problème serait *indéterminé*, si les quatre points A, B, C, P, faisaient partie d'une même circonférence ; car alors les deux circonférences *abp*, *bcp*, au lieu de se couper, coïncideraient ; et par conséquent on pourrait prendre pour le point P l'un quelconque des points de l'arc APC.

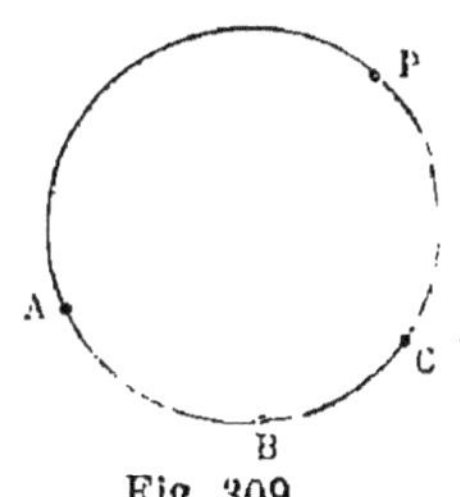

Fig. 309.

422. Ce problème trouve son application dans le tracé des cartes marines. Supposons par exemple, qu'on veuille déterminer la position d'un rocher ou d'un écueil voisin de la côte ; on observe de ce point P, trois points A, B, C du rivage déjà marqués sur la carte, par exemple, un clocher, une pointe de rocher, une maison, etc., et on détermine les angles APB, BPC, que forment les lignes menées du point P à ces différents points ; le problème précédent donne alors le moyen de marquer sur la carte la position du point d'où l'on a observé ces angles.

On peut encore employer le même procédé dans le levé des plans pour déterminer la position d'un point remarquable du terrain, lorsqu'on a déjà marqué un certain nombre d'autres points. Par exemple, si l'on veut indiquer sur un plan la position d'une maison, on choisira trois points déjà figurés sur le plan, et qui soient visibles de cette maison, par exemple, trois clochers, et on mesurera les angles formés par les lignes menées de cette maison aux trois clochers ; ces angles étant connus, il suffira de faire sur le plan la construction que nous avons indiquée pour obtenir le point d'où ils ont été observés.

Il convient, dans la pratique, de prendre plus de trois points ; on a ainsi un moyen de vérification qu'il ne faut pas négliger. Supposons, par exemple, qu'on ait choisi quatre points A, B, C, D, et qu'on ait mesuré les angles APB, BPC, CPD ; on décrira alors sur les droites AB, BC, CD des segments capables de ces divers angles ; les trois circonférences ainsi décrites devront, si l'opération est bien faite, se couper toutes les trois au même point.

423. Réduction d'une figure dans des proportions déterminées. Lorsqu'une figure est composée uniquement de lignes droites, les méthodes indiquées au nº **398** suffisent pour réduire ou pour agrandir cette figure dans des proportions quelconques; mais ces procédés deviennent impraticables quand on veut opérer sur des figures non rectilignes, comme une carte de géographie, un dessin, un patron, etc. On a imaginé alors divers moyens pratiques pour résoudre cette question; nous allons indiquer les principaux.

424. *Méthode des carreaux*. Proposons-nous, par exemple, de réduire aux $\frac{3}{4}$ la carte de France tracée à l'intérieur du rectangle *abcd*. On commence par entourer le dessin

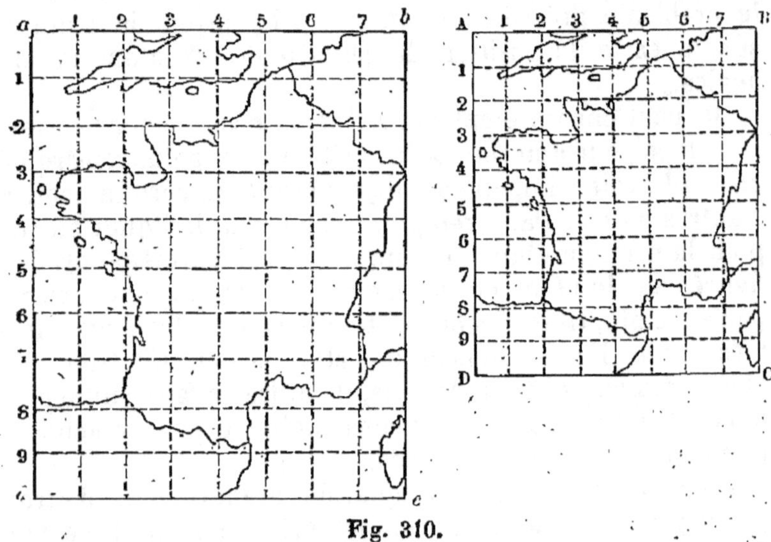

Fig. 310.

donné d'un cadre rectangulaire *abcd*, qu'on divise en carrés égaux par des parallèles aux côtés, comme on le voit sur la figure. On fait ensuite un rectangle ABCD dont les deux dimensions soient respectivement les $\frac{3}{4}$ de celles du rectangle *abcd*, et on divise ce rectangle, par des parallèles à ses côtés, en autant de carrés qu'on en avait fait dans le premier rectangle. Pour éviter toute confusion, on numérote les parallèles dans chaque figure, en donnant le même numéro aux parallèles homologues. Cela fait, dans chaque carré du réseau ABCD, on reproduit les contours qui se trouvent dans le carré correspondant du modèle, en en conservant la forme; opération qui se fera facilement avec un peu d'habitude et de coup d'œil, surtout si les carreaux ne sont pas trop grands. On obtiendra ainsi très-rapidement une copie réduite de la carte ou du dessin. Il ne serait pas plus difficile évidemment d'amplifier un dessin que de le réduire ; seulement l'opération est moins exacte, parce qu'en augmentant les dimensions du modèle, on risque d'augmenter en même temps les erreurs.

425. *Du pantographe*. Le pantographe est un instrument très-employé par les dessinateurs, par les graveurs, par les architectes, pour réduire ou pour amplifier un dessin ; la théorie de cet instrument est très-simple, et repose sur les propriétés des figures semblables et semblablement placées et des centres de similitude.

On lui a donné des formes diverses; nous décrirons ici le pantographe tel qu'il est construit par M. Ad. Gavard, habile constructeur de Paris (fig. 311). AC et BD sont deux longues règles en cuivre ou en bois, ayant de $0^{m},50$ à 1 mètre de longueur; une troisième règle CK est articulée aux deux extrémités C et D des grandes règles, et se prolonge au delà du point D; elle porte près de son extrémité une pointe K, qu'on appelle le *traçoir*, au moyen de laquelle on peut suivre tous les contours d'un dessin sans le déchirer ni l'endommager; enfin la règle CK se termine par une tige verticale I, en bois ou en ivoire, que l'on tient dans la main pour diriger le traçoir. Une quatrième règle EF dont la longueur est égale à CD est supportée par les deux longues règles, et forme avec elles et la règle CD un parallélogramme CDFE articulé à ses quatre sommets. La grande règle AC est attachée près de son extrémité A à un pivot P engagé dans une masse de fer ou de plomb suffisamment lourde pour l'empêcher de glisser sur la table. Il résulte de cette disposition que tout l'instrument peut tourner autour du pivot P, sans que la figure CDFE cesse d'être un parallélogramme; de plus, ce parallélogramme étant articulé peut

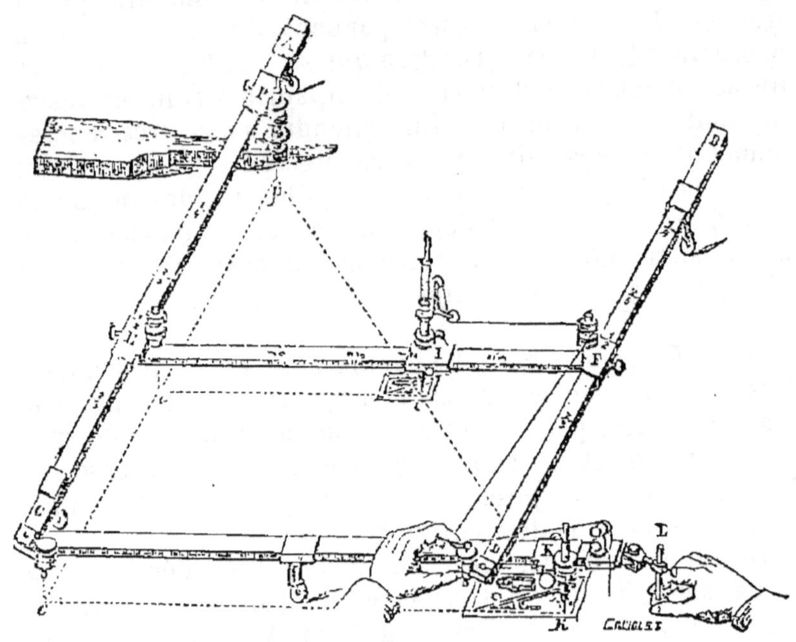

Fig. 311.

se déformer librement, ce qui permet de faire suivre sans difficulté au traçoir tous les contours du dessin donné. Les règles sont d'ailleurs soutenues par de petites roulettes d'ivoire très-mobiles, et les mouvements de tout l'instrument sont très doux. Enfin la règle EF porte un crayon I, qui est exactement en ligne droite avec le pivot P et le traçoir K; ce crayon peut être soulevé à la volonté du dessinateur au moyen d'un fil de soie et de poulies de renvoi; quand il est abandonné à lui-même, il pose sur la feuille de papier qui doit recevoir la copie.

Pour se servir de l'instrument, on fixe le modèle sous le

traçoir et une feuille de papier sous le crayon; on suit avec la pointe K toutes les lignes du modèle, et le crayon I dessine une copie dont les dimensions sont réduites dans le rapport de PE à PC; c'est ce qu'il est aisé de prouver. En effet, j'imagine qu'on prolonge jusqu'à la table les axes P, E, C, comme le sont le crayon I et le traçoir K, et je désigne par p, e, c, i et k les pieds de tous ces axes; les points p, e et c sont en ligne droite, aussi bien que les points p, i et k; je mène ces deux lignes, puis je joins ei et ck; ces deux droites sont parallèles, puisque la figure EFDC est un parallélogramme; donc on aura (**128**) :

$$\frac{pi}{pk} = \frac{pe}{pc};$$

or le point p est fixe; les deux lignes pe et pc ont des longueurs constantes; donc le rapport $\frac{pi}{pk}$ reste toujours le même, quand le traçoir décrit la figure donnée; et par suite, en vertu du théorème du n° **399**, les figures tracées par le crayon et par le traçoir sont semblables et semblablement placées; le centre de similitude est le point p, et le rapport de similitude est celui de pe à pc, ou ce qui est la même chose, celui de PE à PC.

Il résulte de cette théorie que si on veut réduire le modèle dans un rapport donné, il faudra donner à la règle mobile EF une position telle que le rapport de PE à PC soit égal au rapport donné, et il faudra en outre placer le crayon I de manière qu'il soit en ligne droite avec le pivot P et le traçoir; on arrive aisément à remplir cette double condition à l'aide des divisions tracées sur les grandes règles et sur la règle EF; dans notre figure le rapport de similitude des deux figures est $\frac{1}{2}$. Si on voulait que ce rapport fût $\frac{2}{5}$ par exemple, on amènerait les montures en cuivre qui portent la règle EF aux divisions des grandes règles qui sont marquées $\frac{2}{5}$, et en même temps on placerait le crayon I au trait de la règle EF qui est aussi marqué $\frac{2}{5}$. Il arrive quelquefois que le rapport de similitude n'est pas exprimé par un nombre simple, par exemple, quand on veut réduire un dessin de manière qu'il soit contenu dans un papier de dimensions données ; alors on détermine par tâtonnement la position de la règle EF ; puis, pour mettre le crayon en ligne droite avec le pivot et le traçoir, on appuie une règle contre les tiges cylindriques qui terminent ces deux axes, et on place le crayon de telle sorte que le cylindre qui le termine touche aussi cette règle.

Si l'on met le traçoir à la place du crayon et réciproquement, on amplifie la figure au lieu de la diminuer. Enfin, si l'on voulait copier la figure en vraie grandeur, il faudrait mettre le pivot au milieu de la règle EF en I, et le crayon à la place du pivot en P, la règle EF étant placée comme dans la figure de manière que PE soit égale à CE. Alors les deux figures tracées par le traçoir et le crayon seraient semblables et inversement placées, et le rapport de similitude serait le rapport de EP à EC ou 1 ; par conséquent les deux figures seraient égales.

CHAPITRE XVII.

DES POLYGONES RÉGULIERS.

Propriétés des polygones réguliers.

426. Définitions. Un polygone est dit *régulier*, lorsqu'il a tous ses côtés égaux et tous ses angles égaux.

Un polygone est *inscrit* dans un cercle, lorsque ses sommets sont tous sur la circonférence de ce cercle ; et ce cercle est dit alors *circonscrit* au polygone.

Un polygone est *circonscrit* à un cercle, lorsque tous ses côtés sont tangents à la circonférence de ce cercle ; et ce cercle est alors *inscrit* dans le polygone.

427. Théorème. *Si on partage une circonférence en un nombre quelconque d'arcs égaux*, AB, BC, CD, *etc.*,

1° *Les cordes de ces arcs forment un polygone régulier inscrit dans cette circonférence ;*

2° *Les tangentes, menées à la circonférence par les points de division, forment aussi un polygone régulier circonscrit à cette circonférence* (fig. 312).

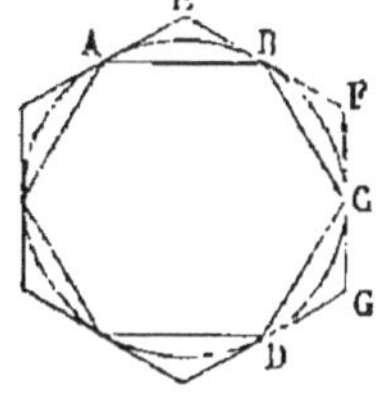

Fig. 312.

1° Les arcs égaux AB, BC, CD, etc., ont des cordes égales (**52**) ; donc le polygone ABCD.... a tous ses côtés égaux ; je dis qu'il a aussi ses angles égaux ; en effet, les angles ABC, BCD, etc., sont tous inscrits dans des arcs formés de deux parties égales de la circonférence ; donc ils ont même mesure et sont égaux (**181**). Le polygone ABCD..., ayant ses côtés égaux et ses angles égaux, est régulier ; C. Q. F. D.

2° Le polygone EFG..., formé par les tangentes aux points A, B, C, etc., est aussi régulier. Remarquons d'abord que les triangles EAB, FBC, GCD, etc., sont isocèles, parce que les tangentes menées d'un même point à la circonférence sont égales (**174**); je dis de plus que tous ces triangles sont égaux. Prenons-en deux quelconques, par exemple, les triangles EAB et GCD : ils ont les côtés AB et CD égaux, comme cordes d'arcs égaux ; l'angle EAB est égal à l'angle GCD ; car le premier a pour mesure la moitié de l'arc AB, et le second, la moitié de l'arc CD, qui est égal à l'arc AB (**186**) ; enfin l'angle EBA est égal à l'angle GDC pour la même raison ; donc les deux triangles EAB, GCD ont un côté égal adjacent à deux angles égaux chacun à chacun ; donc ils sont égaux (**300**). Il en est de même de tous les triangles analogues ; donc, d'abord, les angles E, F, G, etc., sont tous égaux entre eux ; de plus les côtés EA, EB, FB, FC, GC, GD, etc., sont tous égaux ; d'où il résulte que les côtés EF, FG, etc., du polygone sont égaux, puisque chacun d'eux est la somme de deux des lignes égales EB, FB, FC, GC, etc. Le polygone EFG... a donc ses angles égaux et ses côtés égaux : par conséquent il est régulier ; C. Q. F. D.

428. REMARQUE I. Si on prend les milieux I, K, L, etc., des arcs AB, BC, CD, etc., ces points partageront la circonférence en autant de parties égales que les points A, B, C, etc. ; donc en menant par les points I, K, L, etc., des tangentes à la circonférence, on aura encore un polygone régulier circonscrit à la circonférence; de plus les côtés de ce nouveau polygone seront respectivement parallèles à ceux du polygone inscrit; en effet, si on joignait le point I, par exemple, au centre du cercle, ce rayon serait perpendiculaire à la tangente (**170**) ; comme il passe par le milieu de l'arc AB, il est aussi perpendiculaire à la corde AB (**151**); la corde AB et la tangente au point I sont donc perpen-

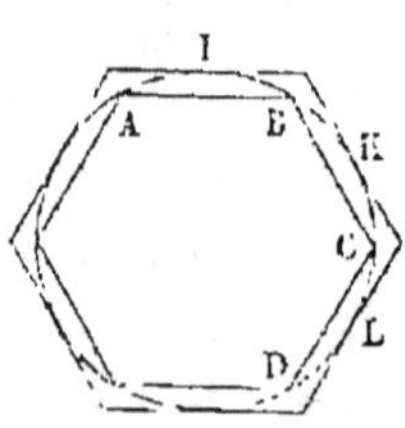

Fig. 313.

diculaires à une même droite, et par conséquent sont parallèles.

429. Remarque II. On peut toujours concevoir qu'une circonférence soit partagée en un nombre quelconque de parties égales; il en résulte qu'il est toujours possible de faire un polygone régulier d'un nombre de côtés donné, et que la construction d'un polygone régulier peut se ramener à la division d'une circonférence en parties égales.

430. Théorème. *Tout polygone régulier* ABCDE *peut être inscrit dans un cercle, et circonscrit à un autre cercle.*

1° Je fais passer une circonférence par trois sommets consécutifs A, B, C du polygone; je dis qu'elle passe par tous les autres sommets. En effet, soit O le centre de cette circonférence; menons les rayons OA, OB, OC et joignons OD; le triangle OBC est isocèle, parce que OB et OC sont des rayons d'une même circonférence; donc l'angle OCB est égal à l'angle OBC (284); d'ailleurs les deux angles ABC et BCD sont égaux comme angles du polygone régulier; donc si de ces deux angles égaux on retranche respectivement les angles égaux OBC et OCB, les restes, c'est-à-dire les angles OBA et OCD, seront aussi égaux. Alors les deux triangles OBA, OCD ont le côté OB égal au côté OC comme rayons d'une même circonférence, le côté AB égal à CD comme côtés d'un polygone régulier, et l'angle OBA égal à OCD par démonstration; ces triangles sont donc égaux (297), et par suite OD = OA; donc la circonférence décrite du point O comme centre, avec OA pour rayon, passe par le point D. On démontrerait de la même manière que cette circonférence passe par les sommets suivants du polygone; donc le polygone peut être inscrit dans un cercle; C. Q. F. D.

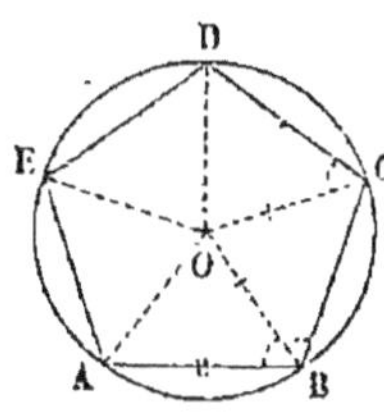

Fig. 314.

2° Je dis maintenant qu'on peut inscrire un cercle dans le polygone régulier ABCDE. En effet, construisons la circonférence circonscrite à ce polygone, et soit O le centre de cette circonférence ; les côtés AB, BC, CD, etc., sont des cordes égales de cette circonférence ; donc elles sont toutes à égale distance du centre O (**165**); par conséquent si j'abaisse sur ces cordes les perpendiculaires OP, OQ, OR, etc., toutes ces perpendiculaires sont égales, et la circonférence décrite du point O comme centre, avec OP comme rayon, passe par les points Q, R, S, etc. De plus, cette circonférence est tangente à tous les côtés du polygone; car le côté AB, par exemple, est perpendiculaire à l'extrémité du rayon OP; donc il touche la circonférence au point P (**168**); et il en est de même des autres côtés; le polygone ABCDE est donc circonscrit à la circonférence décrite du point O comme centre avec OP comme rayon; C. Q. F. D.

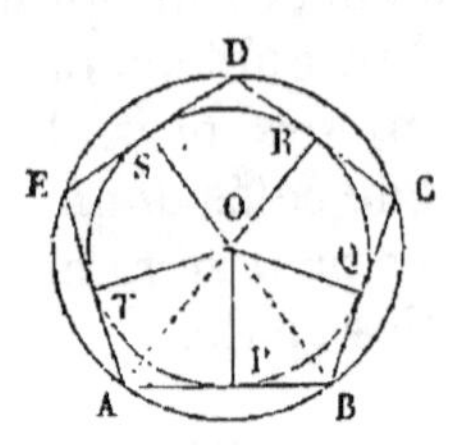

Fig. 315.

431. Remarque I. *Le cercle circonscrit et le cercle inscrit à un même polygone régulier ont même centre,* comme le prouve la démonstration qui précède; ce point s'appelle le *centre* du polygone régulier. On appelle *rayon du polygone régulier,* le rayon du cercle circonscrit et *apothème du polygone régulier,* le rayon du cercle inscrit. Ainsi dans la figure précédente, O est le centre, OA, le rayon, et OP, l'apothème du polygone régulier.

Lorsqu'on donne un polygone régulier, il est facile de construire son centre; il suffit de chercher le centre de la circonférence qui passe par trois sommets quelconques de ce polygone; ce qu'on sait faire (**150**). Quand on a construit le centre, on trouve immédiatement le rayon et l'apothème.

432. Remarque II. *La circonférence inscrite dans un polygone régulier touche les côtés de ce polygone en leurs milieux.* Car les points de contact P, Q, R..., sont les pieds des perpendiculaires abaissées du centre O de la circonférence circonscrite sur les cordes AB, BC, CD, etc.; ces points sont donc les milieux de ces cordes (**151**). Il résulte de cette remarque et de la démonstration précédente que si l'on fait passer une circonférence par les milieux de trois côtés consécutifs d'un polygone, elle touche en leurs milieux tous les côtés de ce polygone.

455. Remarque III. On appelle *angle au centre* d'un polygone régulier l'angle formé par deux rayons consécutifs de ce polygone; tels sont les angles AOB, BOC, COD, etc. (fig. 314). Tous ces angles au centre sont évidemment égaux, puisqu'ils interceptent entre leurs côtés des arcs égaux de la circonférence circonscrite. Il est alors très-facile de calculer la valeur de l'angle au centre d'un polygone régulier, quand on connaît le nombre de ses côtés; car la somme de tous les angles au centre est égale à 4 angles droits ou à 360° (**63**), et comme ils sont tous égaux entre eux, la valeur de l'un d'eux s'obtiendra en divisant 4 droits ou 360° par le nombre des côtés. Voici la valeur de l'angle au centre des polygones réguliers les plus simples :

Nombre des côtés.	Valeur de l'angle au centre.	
3.	$\frac{4}{3}$ de droit,	ou 120°
4.	1 droit,	ou 90°
5.	$\frac{4}{5}$ de droit,	ou 72°
6.	$\frac{2}{3}$ de droit,	ou 60°
8.	$\frac{1}{2}$ droit,	ou 45°
10.	$\frac{2}{5}$ de droit,	ou 36°

Il est à remarquer que l'angle au centre d'un polygone régulier est le supplément de l'angle de ce polygone; en effet, à cause de l'égalité des triangles OBA, OBC (fig. 314), l'angle OBA est égal à l'angle OCB ; par suite, l'angle ABC est égal à la somme des angles OBC et OCB, c'est-à-dire au supplément de l'angle BOC. De là résulte que pour avoir l'angle intérieur d'un polygone régulier, il faut diviser 4 droits par le nombre des côtés, et retrancher le quotient de 2 droits.

454. Définitions. Lorsqu'un polygone régulier a un nombre pair de côtés, on appelle *sommets opposés* de ce polygone, deux sommets qui comprennent entre eux la moitié des côtés ; et on donne le nom de *côtés opposés* à deux côtés qui sont séparés l'un de l'autre par la moitié des autres côtés.

Lorsqu'un polygone régulier a un nombre impair de côtés, on dit qu'un sommet et un côté sont *opposés* l'un à l'autre, lorsqu'ils comprennent entre eux la moitié des autres côtés.

455. Théorème. *Dans un polygone régulier qui a un nombre pair de côtés,*

1° *Les diagonales qui joignent deux sommets opposés passent par le centre du polygone ;*

2° *Deux côtés opposés sont parallèles, et la ligne qui joint leurs milieux passe par le centre du polygone ;*

3° *Les diagonales qui joignent deux sommets opposés et les lignes qui joignent les milieux de deux côtés opposés, sont des axes de symétrie du polygone.*

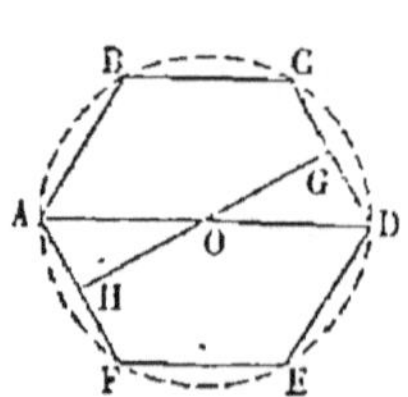

Fig. 316.

1° Soient ABCDEF un polygone régulier d'un nombre pair de côtés, A et D deux sommets opposés ; je dis que la ligne AD passe par le centre du polygone. En effet, construisons la circonférence circonscrite à ce polygone ; les arcs AB, BC,... FA sont tous égaux comme sous-tendus par des cordes égales ; et comme les sommets A et D sont opposés, il y a le même nombre de ces arcs égaux de chaque côté de la ligne AD ; en d'autres termes, les points A et D partagent la circonférence circonscrite en deux parties égales; donc la ligne AD est un diamètre (**45**).

2° Soient AF et CD deux côtés opposés; je dis d'abord qu'ils sont parallèles. En effet, joignons les sommets opposés A et D; l'angle CDA, inscrit, a pour mesure la moitié de l'arc ABC compris entre ses côtés; l'angle DAF a aussi pour mesure la moitié de l'arc DEF compris entre ses côtés; or les deux arcs ABC, DEF sont égaux comme composés d'un même nombre de parties égales de la circonférence; donc l'angle CDA est égal à l'angle DAF; d'ailleurs ces angles égaux sont alternes-internes par rapport aux droites CD et AF coupées par la sécante AD; par conséquent les droites CD et AF sont parallèles (**98**). Je dis de plus que la droite GH qui joint les milieux des côtés opposés CD et AF passe par le centre du polygone; en effet, nous avons vu (**155**) que, dans un cercle, les milieux de toutes les cordes parallèles à une même droite, sont sur le diamètre qui leur est perpendiculaire; il en résulte évidemment que la ligne droite qui joint les milieux de deux cordes parallèles est un diamètre, c'est-à-dire qu'elle passe par le centre. Il en résulte aussi que la droite GH est perpendiculaire aux deux côtés opposés CD et AF.

3° Je dis enfin que les deux droites AD et GH sont des axes de symétrie du polygone. Considérons d'abord la droite AD, et faisons tourner la partie supérieure de la figure autour de AD pour la rabattre sur la partie inférieure; cette ligne AD, étant un diamètre du cercle circonscrit, est un axe de symétrie de ce cercle; par suite, l'arc AB étant égal à l'arc AF, le point B tombera au point F; puis l'arc BC s'appliquera sur son égal FE, et le point C tombera au point E, et ainsi de suite; la partie supérieure du polygone s'appliquera sur la partie inférieure, ce qui démontre que AD est un axe de symétrie de ce polygone. Prenons maintenant la droite GH, et faisons de même tourner la portion GCBAH du polygone autour de GH, pour la rabattre sur l'autre partie; la ligne GH étant perpendiculaire sur le milieu de CD, le point C viendra d'abord s'appliquer au point D; comme de plus la ligne GH passe par le centre de la circonférence circonscrite, l'arc CB s'appliquera sur son égal DE, l'arc BA sur son égal EF et ainsi de suite; donc les deux portions du polygone coïncideront, donc la ligne GH partage le polygone en deux parties symétriques; C. Q. F. D.

436. Remarque I. Un polygone régulier d'un nombre de côtés pair a autant d'axes de symétrie que de côtés. On démontrerait aisément aussi que toute ligne passant par le centre d'un polygone de cette espèce et terminée au contour de ce polygone, est divisée par ce point en deux parties égales.

437. Remarque II. Il résulte aussi du théorème précédent que pour trouver le centre d'un polygone régulier ayant un nombre pair de côtés, il suffit de mener dans ce polygone deux diagonales joignant des sommets opposés; leur point de rencontre sera le centre du polygone.

438. Théorème. *Dans un polygone régulier d'un nombre impair de côtés, toute ligne joignant un sommet du polygone au milieu du côté opposé, passe par le centre du polygone et divise ce polygone en deux parties symétriques.*

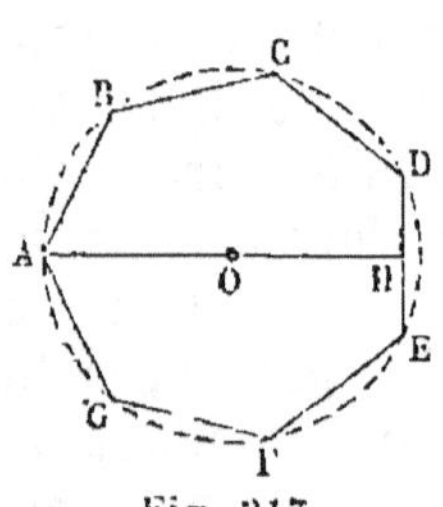

Fig. 317.

Soit ABCDEFG un polygone régulier d'un nombre impair de côtés, DE le côté opposé au sommet A; je prends le milieu H de ce côté, et je dis que la ligne AH passe par le centre du polygone. En effet, circonscrivons un cercle à ce polygone; le côté DE étant opposé au sommet A, il y aura autant de côtés du polygone compris entre A et D qu'entre A et E, et comme tous ces côtés sous-tendent des arcs égaux, le point A sera le milieu de l'arc DAE; or on a vu (**152**) que le milieu d'un arc, le milieu de la corde qui le sous-tend et le centre du cercle sont sur une même droite perpendiculaire à la corde; donc la ligne AH passe par le centre O du polygone, et de plus cette ligne AH est perpendiculaire au côté DE.

Je dis maintenant que la ligne AH est un axe de symétrie du polygone. En effet, si on fait tourner la partie supérieure de la figure autour de AH pour rabattre sur la partie inférieure, l'arc AB s'appliquera sur son égal AG, puisque la ligne AH passe par le centre, et le point B tombera au point G; l'arc BC coïncidera de même avec l'arc GF qui lui est égal, et le point C tombera au point F, et ainsi de suite; la partie ABCD du polygone s'appliquera exactement sur la partie AGFE; donc la ligne AH est un axe de symétrie de ce polygone; C. Q. F. D.

439. REMARQUE I. Un polygone régulier d'un nombre impair de côtés a autant d'axes de symétrie que de côtés; en rapprochant cette remarque de celle du nº **436**, on voit qu'*un polygone régulier quelconque a autant d'axes de symétrie que de côtés*. On voit aussi que dans les polygones réguliers qui ont un nombre impair de côtés, le centre O ne jouit pas de la propriété de diviser en deux parties égales toutes les droites qui y passent et qui se terminent au contour du polygone; la droite AH, par exemple, est divisée par le point O en deux parties inégales.

440. REMARQUE II. Pour construire le centre d'un polygone régulier d'un nombre impair de côtés, on abaisse de deux sommets des perpendiculaires sur les côtés opposés; ces droites se coupent au centre.

441. THÉORÈME. *Deux polygones réguliers sont égaux,*

1° *Quand l'angle intérieur et le côté de l'un d'eux sont égaux respectivement à l'angle intérieur et au côté de l'autre;*

2° *Quand ils ont le même nombre de côtés, et que leurs rayons ou leurs apothèmes sont égaux.*

1° Si les deux polygones réguliers ont le même angle intérieur, ils ont le même nombre de côtés; car la valeur de l'angle intérieur d'un polygone régulier change avec le nombre des côtés (**435**); comme ils ont de plus les côtés égaux, ce sont deux polygones d'un même nombre de côtés, qui ont tous leurs angles et tous leurs côtés égaux chacun à chacun; on pourra donc les superposer.

2° Si les deux polygones réguliers ont le même rayon, les circonférences circonscrites à ces deux polygones seront égales; de plus, les sommets des deux polygones diviseront ces deux circonférences en un même nombre de parties égales, puisqu'ils ont le même nombre de côtés; on pourra donc superposer les deux circonférences de manière que les sommets des deux polygones coïncident : donc ces deux polygones sont égaux. De même, si l'on suppose que les deux polygones réguliers aient le même apothème, les circonférences inscrites dans ces deux polygones seront égales, et les points de contact des côtés avec ces circonférences les partageront en un même nombre d'arcs égaux, puisque les polygones ont le même nombre de côtés; on pourra donc superposer ces deux circonférences de manière que les points de contact des côtés des deux polygones coïncident; et alors les deux polygones coïncideront évidemment.

442. Corollaire. Pour construire un polygone égal à un polygone régulier donné, on circonscrira un cercle au polygone donné; on tracera une circonférence égale, et dans cette circonférence on inscrira à la suite l'une de l'autre des cordes égales au côté du polygone régulier donné; ces cordes seront les côtés du polygone demandé.

443. Théorème. *Deux polygones réguliers qui ont le même nombre de côtés sont semblables, et le rapport de similitude est égal au rapport de leurs rayons ou de leurs apothèmes.*

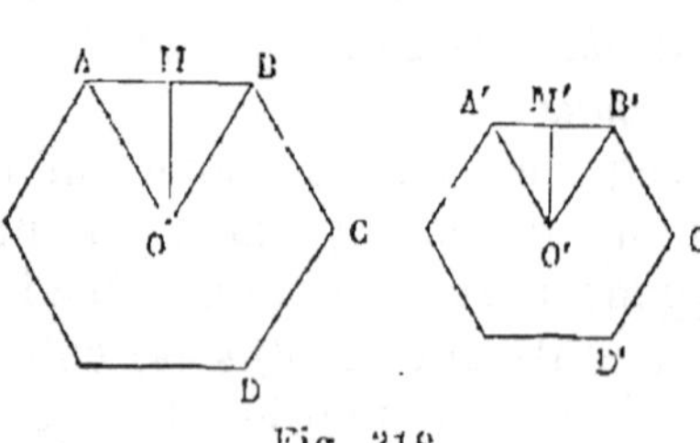

Fig. 318.

Je prends, par exemple, deux hexagones réguliers ABC..., A'B'C'...; je dis d'abord qu'ils sont semblables. En effet, puisqu'ils ont le même nombre de côtés, leur angle intérieur est le même (433), c'est-à-dire qu'ils ont les angles égaux; de plus leurs côtés sont proportionnels; car les rapports $\frac{AB}{A'B'}$, $\frac{BC}{B'C'}$, $\frac{CD}{C'D'}$,.... sont identiques, puisqu'on a : $AB = BC = CD = \ldots$, et $A'B' = B'C' = C'D' = \ldots$; donc les deux polygones sont semblables.

Je dis en second lieu que le rapport de similitude $\frac{AB}{A'B'}$ est égal au rapport des rayons et au rapport des apothèmes des deux polygones. En effet, soient O et O' les centres ; je mène les rayons OA, OB, O'A', O'B' et les apothèmes OM et O'M' ; les angles au centre AOB, A'O'B' sont égaux, puisque les polygones ont le même nombre de côtés (**435**) ; alors les deux triangles isocèles OAB, O'A'B' ont les angles O et O' égaux ; et, de plus, le rapport $\frac{OA}{O'A'}$ est égal à $\frac{OB}{O'B'}$ puisque $OA = OB$, et que $O'A' = O'B'$; donc ces triangles sont semblables (**315**), et on a la proportion

$$\frac{AB}{A'B'} = \frac{OA}{O'A'}.$$

Enfin, les triangles rectangles OAM, O'A'M' sont aussi semblables, parce que les angles AOM et A'O'M' sont égaux comme moitiés d'angles au centre égaux ; donc

$$\frac{OA}{O'A'} = \frac{OM}{O'M'} ;$$

ces deux proportions, ayant un rapport commun, donnent l'égalité de rapports

$$\frac{AB}{A'B'} = \frac{OA}{O'A'} = \frac{OM}{O'M'} ;$$

C. Q. F. D.

444. Corollaire. *Le rapport des périmètres de deux polygones réguliers d'un même nombre de côtés est égal au rapport de leurs rayons ou de leurs apothèmes.*

En effet, nous avons vu que le rapport des périmètres de

deux polygones semblables est égal au rapport de deux côtés homologues (**398**), et nous venons de prouver que dans le cas de deux polygones réguliers semblables, le rapport des côtés est égal au rapport des rayons ou des apothèmes; donc le rapport des périmètres est aussi égal au rapport des rayons ou des apothèmes; C. Q. F. D.

Construction des polygones réguliers.

445. Un polygone régulier est déterminé quand on connaît le nombre des côtés et la longueur du côté, ou bien encore quand on connaît le nombre des côtés, et le rayon de la circonférence circonscrite, ou de la circonférence inscrite (**441**). Nous nous proposerons d'abord d'inscrire dans un cercle donné un polygone régulier ayant un nombre de côtés connu; nous verrons ensuite comment il faudrait opérer si l'on donnait l'apothème, ou le côté du polygone régulier, au lieu de donner le rayon. D'ailleurs, nous avons vu que pour inscrire dans une circonférence un polygone régulier d'un certain nombre de côtés, il suffit de diviser la circonférence en autant de parties égales que le polygone doit avoir de côtés (**429**); par suite les constructions que nous allons donner pour inscrire les polygones réguliers dans un cercle, nous serviront aussi à partager une circonférence en parties égales.

446. PROBLÈME. *Inscrire un carré dans une circonférence donnée.*

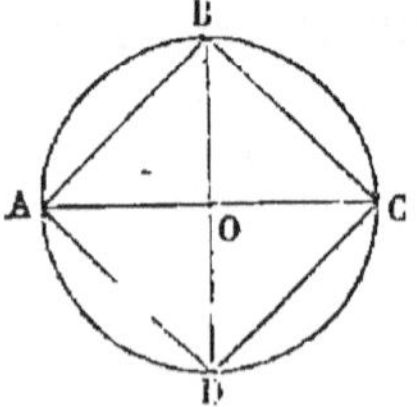

Fig. 319.

Je mène dans le cercle donné deux diamètres perpendiculaires AC et BD, et je joins leurs extrémités par les cordes AB, BC, CD, DA. Le quadrilatère ABCD est régulier; car les angles AOB, BOC, COD, DOA, étant droits, ont pour mesure des arcs égaux; donc les points A, B, C, D partagent la circonférence en quatre parties égales; et par suite le polygone ABCD est régulier (**427**). Ce polygone est un carré; car, puisqu'il est régulier, il a ses côtés égaux et ses angles égaux, et le carré est le seul quadrilatère qui ait ses côtés égaux et ses angles égaux.

447. REMARQUE. Dans le triangle rectangle AOB, on a (**320**) :

$$\overline{AB}^2 = \overline{OA}^2 + \overline{OB}^2,$$

ou :

$$\overline{AB}^2 = \overline{OA}^2 \times 2,$$

ou encore :

$$\frac{\overline{AB}^2}{\overline{OA}^2} = 2;$$

en extrayant la racine carrée des deux membres, on a :

$$\frac{AB}{OA} = \sqrt{2} = 1,4142\ldots$$

Donc *le rapport du côté du carré inscrit dans un cercle au rayon de ce cercle est égal à la racine carrée de* 2. Par suite ce rapport ne peut pas être exprimé exactement par un nombre ; il est *incommensurable* (Voy. l'Arithmétique).

448. COROLLAIRE. Si l'on divise en deux parties égales les arcs AB, BC, CD, DA, la circonférence sera divisée en 8 parties égales, et en joignant tous les points de division deux à deux, on obtiendra l'octogone régulier inscrit. En divisant de même en deux parties égales chacun des arcs sous-tendus par le côté de l'octogone régulier, on partagera la circonférence en 16 parties égales ; et ainsi de suite. On pourra donc, en définitive, diviser une circonférence en 4, 8, 16, 32, 64, etc., parties égales, ou, ce qui revient au même, inscrire dans un cercle donné les polygones réguliers de 4, 8, 16, 32, 64, etc., côtés.

449. PROBLÈME. *Inscrire dans un cercle donné un hexagone régulier et un triangle équilatéral* (fig. 320).

1° Supposons le problème résolu, et soit CB le côté de

l'hexagone régulier inscrit ; je dis qu'il est égal au rayon. En effet, joignons OC et OB ; l'angle au centre COB est égal, comme nous savons à $\frac{2}{3}$ d'angle droit ou à 60° ; la somme des deux autres angles OCB et OBC du triangle vaudra alors 180° — 60° ou 120° ; et comme OC est égal à OB, les deux angles OCB et OBC sont égaux (**284**), et par conséquent chacun d'eux vaudra la moitié de 120° ou 60° ; les trois angles du triangle OCB sont donc égaux entre eux ; il en résulte que ce triangle est équilatéral (**290**), et que CB est égal à OC. Ainsi, *le côté de l'hexagone régulier inscrit dans un cercle est égal au rayon de ce cercle.*

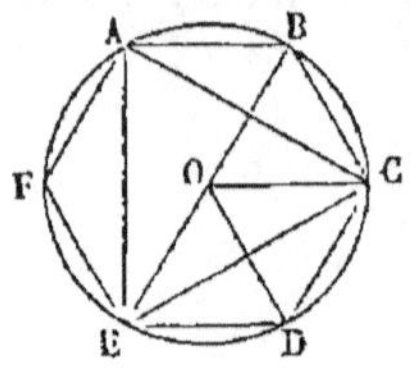

Fig. 320.

Alors, pour inscrire un hexagone régulier dans un cercle, il faut inscrire à la suite l'une de l'autre dans la circonférence, six cordes égales au rayon.

2° Pour inscrire dans le même cercle un triangle équilatéral, il suffira de joindre de deux en deux les sommets de l'hexagone régulier, par exemple, de joindre AC, CE, AE ; car les points A, C, E partagent évidemment la circonférence en trois parties égales ; donc le triangle ACE est régulier.

450. Remarque. La ligne BE, qui joint deux sommets opposés de l'hexagone régulier, est un diamètre de la circonférence O (**435**) ; par suite l'angle BCE est droit, comme inscrit dans une demi-circonférence, et dans le triangle rectangle BCE, nous avons (**321**) :

$$\overline{CE}^2 = \overline{BE}^2 - \overline{BC}^2 ;$$

d'ailleurs BC = OB et BE = OB × 2, d'où il résulte que $\overline{BE}^2 = OB \times 2 \times OB \times 2 = \overline{OB}^2 \times 4$; on a donc :

$$\overline{CE}^2 = \overline{OB}^2 \times 4 - \overline{OB}^2 = \overline{OB}^2 \times 3;$$

ou bien :

$$\frac{\overline{CE}^2}{\overline{OB}^2} = 3 ;$$

si l'on extrait la racine carrée des deux membres, on a :

$$\frac{CE}{OB} = \sqrt{3} = 1,7320\ldots;$$

donc, *le rapport du côté du triangle équilatéral inscrit dans un cercle au rayon de ce cercle, est égal à la racine carrée de* 3. Ce rapport est donc *incommensurable*.

451. Corollaire. En partageant successivement en 2, 4, 8, etc., parties égales chacun des arcs sous-tendus par les côtés de l'hexagone régulier, on divisera la circonférence en 12, 24, 48, etc., parties égales. On saura donc inscrire dans un cercle les polygones réguliers de 3, 6, 12, 24, 48, etc., côtés.

On peut simplifier un peu cette construction générale quand on veut diviser la circonférence en 12 ou en 24 parties égales. Pour la partager en douze parties égales, on trace deux diamètres perpendiculaires AB et CD ; de leurs extrémités A, B, C, D, avec une ouverture de compas égale au rayon, on décrit quatre circonférences qui coupent la circonférence donnée en 8 points ; ces points et les quatre points A, B, C, D, divisent cette circonférence en 12 parties égales, comme il est aisé de le démontrer.

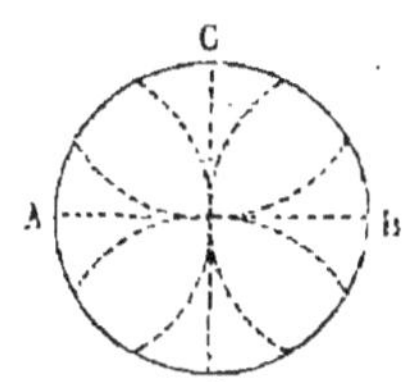

Fig. 321.

Pour partager une circonférence en 24 parties égales, on opère d'abord comme précédemment ; mais on prolonge les arcs décrits des points A, B, C, D, jusqu'à ce qu'ils se rencontrent en dehors de la circonférence aux points E, F, G, H ; on joint ces quatre points au centre, et des points I, K, L, M, où ces droites coupent la circonférence, avec des ouvertures de compas égales au rayon, on décrit encore des arcs de cercle ; les points où ces arcs coupent la circonférence et les points I, K, L, M, parta-

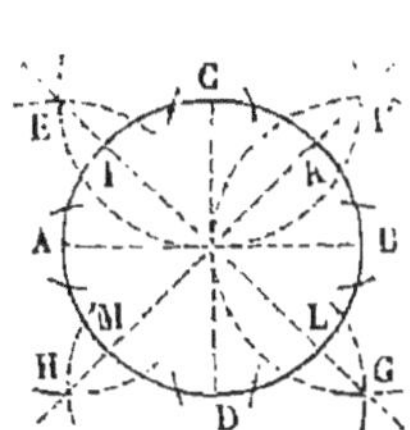

Fig. 322.

gent en deux parties égales chacun des douze arcs égaux dans lesquels on avait divisé d'abord la circonférence ; elle est donc partagée en 24 parties égales ; la démonstration n'offre aucune difficulté.

452. Problème. *Inscrire dans un cercle donné un décagone régulier.*

Soit AB le côté du décagone régulier inscrit dans le cercle ; menons les rayons OA, OB ; l'angle au centre AOB est égal à $\frac{2}{5}$ d'angle droit ou à 36° (**433**) ; alors la somme des deux angles A et B du triangle AOB est égale à 180° — 36° ou à 144° ; et comme ces angles sont égaux, puisque le triangle AOB est isocèle, chacun d'eux vaut la moitié de 144° ou 72°. Cela posé, je divise l'angle BAO en deux parties égales par la ligne AC ; l'angle BAC sera égal à la moitié de 72° ou à 36° ; donc il est égal à l'angle AOB, et par suite les deux triangles OAB, ACB seront semblables comme ayant l'angle B commun et les angles AOB, CAB, égaux (**312**) ; on aura donc la proportion :

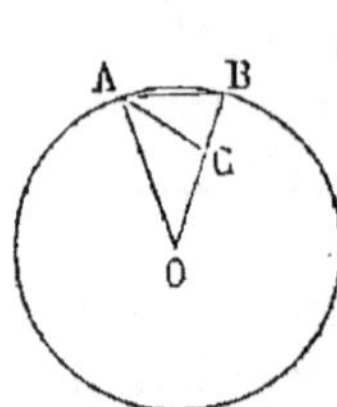

Fig. 323.

$$\frac{OB}{AB} = \frac{AB}{BC};$$

or le triangle ABC est isocèle, puisqu'il est semblable au triangle OAB ; donc AB = AC ; de plus le triangle CAO est aussi isocèle, puisque l'angle O est égal à 36°, ainsi que l'angle CAO, qui est la moitié de l'angle BAO ; donc AC = OC ; donc enfin AB = AC = OC. Remplaçons AB par OC dans la proportion précédente, et nous aurons :

$$\frac{OB}{OC} = \frac{OC}{BC},$$

ce qui veut dire que la ligne OC est moyenne proportionnelle entre OB et BC ; donc (**206**) la ligne OC ou la ligne égale AB est égale au plus grand segment du rayon OB divisé en moyenne et extrême raison. Ainsi, *le côté du décagone régulier inscrit dans un cercle est égal au plus grand segment du rayon divisé en moyenne et extrême raison.*

Alors pour inscrire un décagone régulier dans un cercle, on divisera le rayon en moyenne et extrême raison, en faisant la construction indiquée au n° **206**; puis on inscrira à la suite l'une de l'autre dans la circonférence dix cordes égales au plus grand segment de ce rayon.

453. Corollaire I. Pour inscrire un pentagone régulier dans un cercle, on inscrit d'abord un décagone régulier; puis on joint les sommets de ce polygone de deux en deux, et on a le pentagone régulier.

454. Corollaire II. En divisant successivement en 2, 4, 8, etc., parties égales chacun des arcs sous-tendus par les côtés du décagone régulier, on partagera la circonférence en 20, 40, 80, etc., parties égales; on saura donc inscrire dans une circonférence les polygones réguliers de 5, 10, 20, 40, 80, etc., côtés.

455. Problème. *Inscrire un pentédécagone régulier dans un cercle donné.*

Le côté du pentédécagone régulier sous-tend un arc qui vaut la quinzième partie de 360°, ou 24°; or 24° = 60° — 36°; et nous savons construire les arcs de 60° et de 36° (**449**, **452**); nous pourrons donc construire l'arc de 24°. A partir d'un point A de la circonférence, nous prendrons un arc AB de 60°, en inscrivant une corde AB égale au rayon (**449**); à partir du même point A, nous prendrons un arc AC de 36°, en inscrivant une corde AC égale au plus grand segment du rayon divisé en moyenne et extrême raison (**452**); l'arc BC sera un arc de 24°, et sa corde sera le côté du pentédécagone régulier inscrit.

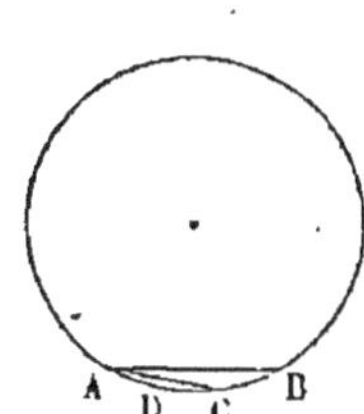

Fig. 324.

456. Corollaire. En divisant successivement en 2, 4, 8,

etc., parties égales chacun des arcs sous-tendus par les côtés du pentédécagone régulier, on partagera la circonférence en 30, 60, 120, etc., parties égales ; on peut donc inscrire les polygones réguliers de 15, 30, 60, 120, etc., côtés.

457. REMARQUE. Les constructions exposées dans les numéros précédents permettent d'inscrire dans un cercle les polygones réguliers de 3, 4, 5, 6, 8, 10, 12, 15, 16, 20, 24, 30, 32, 40, 48, etc., côtés ; mais il n'est pas possible de construire avec la règle et le compas les polygones réguliers de 7, 9, 11, 13, 14, etc., côtés ; il faut recourir pour ces polygones à des méthodes de tâtonnement. La question revient toujours en définitive à diviser un arc de cercle ou la circonférence entière en un certain nombre de parties égales. Ainsi, pour inscrire l'heptagone régulier, on divisera la circonférence en sept parties égales ; pour inscrire l'ennéagone régulier, on inscrira d'abord un triangle équilatéral ; puis on partagera en trois parties égales chacun des arcs de 120° sous-tendus par les côtés de ce triangle équilatéral ; et ainsi pour les autres. Je vais exposer les divers moyens pratiques qu'on emploie pour effectuer cette division des arcs en parties égales.

458. PROBLÈME. *Diviser une circonférence ou un arc de cercle en un nombre quelconque de parties égales.*

1re *Méthode.* Proposons-nous, par exemple, de partager l'arc AB en trois parties égales. A partir de l'extrémité A de cet arc, je prends à vue un arc AC, qui ne diffère pas beaucoup du tiers de l'arc AB, mais qui lui soit supérieur, et je porte cet arc AC trois fois sur l'arc AB ; j'obtiens ainsi un arc total AD qui surpasse l'arc AB, et la différence de ces

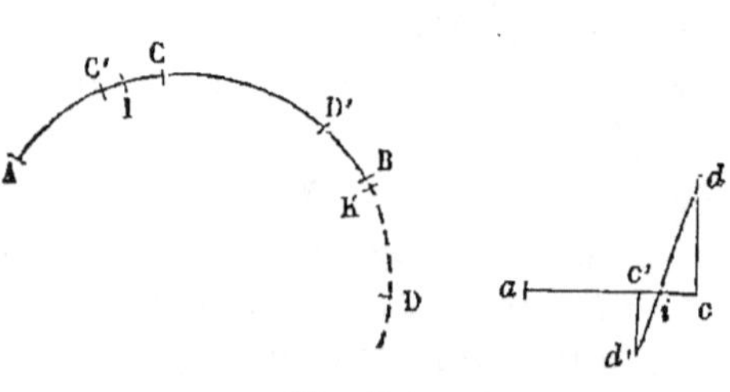

Fig. 325.

deux arcs, c'est-à-dire l'arc BD, vaut trois fois l'erreur de l'arc AC; en d'autres termes, pour avoir le tiers de l'arc AB, il faudrait diminuer AC du tiers de BD. Je prends ensuite un arc AC' qui soit visiblement plus petit que le tiers de AB, mais qui en diffère peu, et je porte trois fois cet arc AC' sur AB, jusqu'au point D'; l'arc BD' sera de même le triple de l'erreur commise en regardant l'arc AC' comme le tiers de AB, et pour avoir exactement ce tiers, il faudrait augmenter AC' du tiers de l'arc BD'. Il résulte de là que si l'on augmente AC' du tiers de BD', ou qu'on diminue AC du tiers de BD, on trouvera le même point compris entre C et C'; ce point doit donc partager l'arc CC' en deux parties qui soient respectivement égales aux arcs $\frac{BD}{3}$ et $\frac{BD'}{3}$, ou, ce qui revient au même, qui soient proportionnelles aux arcs BD et BD'.

Cela posé, portons sur une droite indéfinie deux longueurs *ac*, *ac'*, égales aux cordes des arcs AC, AC'; aux points *c* et *c'*, menons des perpendiculaires à la droite *ac*, et prenons sur la première une longueur *cd* égale à la corde de l'arc BD, et sur l'autre, une longueur *c'd'* égale à la corde de l'arc BD', en ayant soin de porter ces deux longueurs de côtés différents de la droite *ac*; enfin menons la ligne *dd'* qui coupe *ac* au point *i*. Le point *i* partage *cc'* en parties proportionnelles aux perpendiculaires *cd* et *c'd'* (**158**); donc si les lignes *ac*, *ac'*, *cd*, *c'd'*, étaient égales aux longueurs des arcs AC, AC', BD, BD', au lieu d'être égales à leurs cordes, *ai* serait la longueur de l'arc cherché; si même les cordes étaient proportionnelles aux arcs qu'elles sous-tendent, *ai* serait la corde de l'arc cherché. En réalité, *ai* sera seulement une valeur approchée de cette corde; on prendra donc sur l'arc AB un arc AI, dont la corde soit égale à *ai*; cet arc AI différera ordinairement très-peu du tiers de l'arc AB; on le portera alors trois fois sur AB, et on reconnaîtra ainsi dans quel sens il est approché; supposons, par exemple, qu'il soit trop grand; alors en le portant trois fois sur l'arc AB, on dépassera l'extrémité B, et on arrivera en un certain point K. On recommencera alors la construction précédente en remplaçant l'arc AC par l'arc AI, et l'arc BD par l'arc BK ; c'est-à-dire qu'on élèvera au point i du même côté que cd une perpendiculaire à ai, et qu'on prendra sur cette perpendiculaire une longueur égale à la corde de l'arc BK ; en joignant l'extrémité de cette perpendiculaire au point d', on obtiendra sur ai un nouveau point compris entre c' et i, et par suite une nouvelle valeur approchée de la corde de l'arc inconnu. On continuera de la même manière jusqu'à ce qu'on soit arrivé à un arc qui soit contenu exactement trois fois dans AB.

Le plus ordinairement un ou deux essais suffisent, surtout lorsque les arcs AC et AC' sont choisis de manière à différer peu du tiers de l'arc AB. Cette méthode de tâtonnement régulier pour diviser un arc en parties égales s'appelle *méthode des erreurs contraires ;* on donne le nom de *courbe d'erreur* à la courbe que formeraient les points comme d et d', si on multipliait beaucoup les essais, de manière que ces points soient très-rapprochés les uns des autres.

2e *Méthode*, au moyen des tables de cordes. Cette deuxième méthode exige que l'on connaisse le nombre des degrés de l'arc que l'on veut diviser en parties égales, et de plus que l'on ait une *échelle de réduction ;* elle est alors très-commode et très-exacte.

Proposons-nous par exemple de partager en cinq parties égales un arc de 126° ; le cinquième de cet arc vaudra 25° 12' ; on cherchera dans une table de cordes la longueur de la corde de 25° 12' ; on trouve que dans un cercle, dont le rayon est 1000, cette corde vaut 436,29. On mesurera ensuite avec soin le rayon de l'arc de cercle donné avec l'échelle de réduction ; supposons qu'on trouve 183,4 pour la longueur de ce rayon ; on raisonnera alors de la manière suivante : dans le cercle de rayon 1000, la corde de l'arc de 25° 12' est égale à 436,29 ; dans le cercle de rayon 1, elle sera égale à 0,43629 ; enfin si le rayon du cercle est égal à 183,4, la longueur de cette corde deviendra

$$0,43629 \times 183,4 = 80,015586,$$

ou simplement 80,02 ; on prendra alors sur l'échelle une ouverture de compas égale à 80,02, et on aura la corde de l'arc de 25° 12′ dans le cercle donné, c'est-à-dire la corde qui sous-tendrait le cinquième de l'arc donné ; ce qui permettra de faire la division de cet arc en cinq parties égales sans aucun tâtonnement.

Ce procédé est très-exact, et son emploi est spécialement avantageux, lorsqu'on veut inscrire les polygones réguliers ; nous donnons ici les valeurs des côtés des polygones réguliers les plus simples, dans un cercle dont le rayon serait égal à 1

3	1,73205
4	1,41421
5	1,17557
6	1,00000
7	0,86777
8	0,76537
9	0,68404
10	0,61803
11	0,56347
12	0,51764
13	0,47863
14	0,44504
15	0,41582
16	0,39018
17	0,36750
18	0,34730
19	0,32919
20	0,31287

etc., etc.

459. Problème. *Circonscrire à un cercle un polygone régulier, ayant un nombre connu de côtés.*

Il suffit de diviser la circonférence en autant de parties égales que le polygone doit avoir de côtés, et de mener à cette circonférence des tangentes par tous les points de division ; elles formeront un polygone régulier (**427**).

460. REMARQUE. On a quelquefois besoin d'inscrire et de circonscrire à une même circonférence deux polygones réguliers semblables, ayant leurs côtés parallèles deux à deux; la construction à faire pour résoudre cette question est une conséquence immédiate de la remarque du n° **428**.

461. PROBLÈME. *Construire un polygone régulier, connaissant le nombre des côtés et la longueur du côté.*

Proposons-nous, par exemple, de construire un pentagone régulier dont le côté soit égal à *ad*. Je décris une circonférence quelconque CA, et je la divise en cinq parties égales; soit AB l'une des divisions; je joins CB, CA et AB, et je prolonge ces deux dernières lignes; puis sur AB je prends une longueur AD égale à *ad*, et je mène DE parallèle à BC; je dis que EA est le rayon de la circonférence circonscrite au pentagone demandé. En effet, les rayons de deux polygones réguliers d'un même nombre de côtés sont proportionnels aux côtés des deux polygones (**445**); et, à cause des parallèles DE et BC, le rapport de EA à CA, est le même que le rapport de AD à AB; donc EA est bien le rayon du pentagone dont le côté est AD. Alors pour achever la construction, il suffit de décrire une circonférence du point E comme centre avec EA pour rayon, et d'inscrire à la suite l'une de l'autre, dans cette circonférence, cinq cordes égales à AD; elles forment le pentagone régulier demandé.

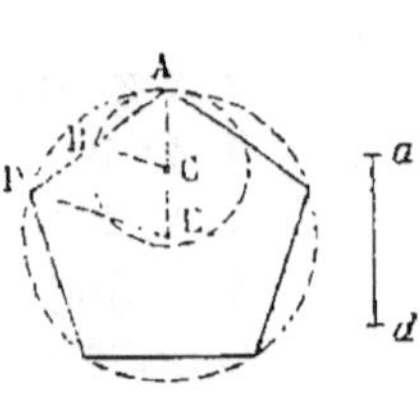

Fig. 326.

462. REMARQUE. Quand on veut construire un triangle équilatéral ou un carré, connaissant le côté, il faut employer les constructions indiquées aux nos **296** et **365**. Pour l'hexagone régulier, il existe aussi une méthode plus simple que celle du problème précédent : il suffit de remarquer que le rayon du cercle circonscrit est alors connu, puisqu'il est égal au côté, et on est ramené au problème du n° **449**.

463. Applications. I. On a besoin, dans un grand nombre de cas, de diviser une circonférence en parties égales. Pour construire les rapporteurs et les graphomètres, il faut diviser la circonférence en 360 parties égales, ou la demi-circonférence en 180 parties égales; on peut employer à cet effet divers moyens : par exemple, on divisera d'abord la circonférence en trois parties égales; on divisera ensuite chacune de ces parties en trois parties égales par tâtonnement; on obtiendra ainsi un arc égal au neuvième de la circonférence ou à 40°; on sait aussi trouver un arc égal au dixième de la circonférence ou à 36°; la différence de ces deux arcs sera l'arc de 4° qu'il suffira de diviser à son tour en quatre parties égales, et on aura l'arc de 1°.

Pour le tracé des roues dentées, des pignons, des lanternes, etc., il faut diviser la circonférence primitive de l'engrenage en autant de parties égales que la roue doit avoir de dents; on divise ensuite chacun des arcs obtenus en deux parties un peu inégales, l'expérience ayant démontré que l'épaisseur d'une dent doit être inférieure d'un cinquième environ à la distance de deux dents. On peut ensuite tracer le profil de chaque dent par des méthodes qui seront indiquées dans le cours de Mécanique.

On a encore besoin de diviser la circonférence en parties égales pour tracer les rosaces, qui sont d'un usage fréquent dans les arts industriels et dans un grand nombre de constructions.

464. II. Les polygones réguliers ont aussi de nombreux usages : les bassins des jardins, certains salons ont souvent la forme d'un octogone ou d'un hexagone régulier; mais c'est surtout dans le parquetage et le carrelage des appartements qu'on emploie le plus ces polygones. Pour qu'on puisse recouvrir un plan avec des polygones réguliers de même espèce, il faut que les angles de tous ces polygones qui sont réunis autour d'un même point, fassent une somme égale à quatre angles droits, et comme ils sont tous égaux par hypothèse, il faut que chacun d'eux soit une partie aliquote de quatre angles droits; cette condition est remplie par le triangle équilatéral dont l'angle vaut $\frac{2}{3}$ de droit, ou $\frac{1}{6}$ de quatre angles droits; par le carré, dont l'angle est le quart de quatre angles droits; et enfin par l'hexagone régulier dont l'angle vaut $\frac{4}{3}$ de droit ou $\frac{1}{3}$ de quatre angles droits; on pourra donc faire un carrelage avec des triangles équilatéraux assemblés six à six (fig. 327);

Fig. 327.

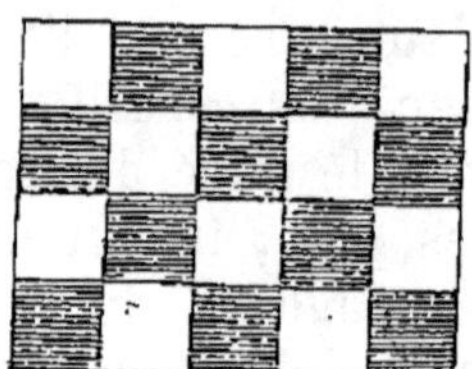

Fig. 328.

avec des carrés assemblés quatre à quatre (fig. 328), et enfin avec des hexagones réguliers assemblés trois à trois

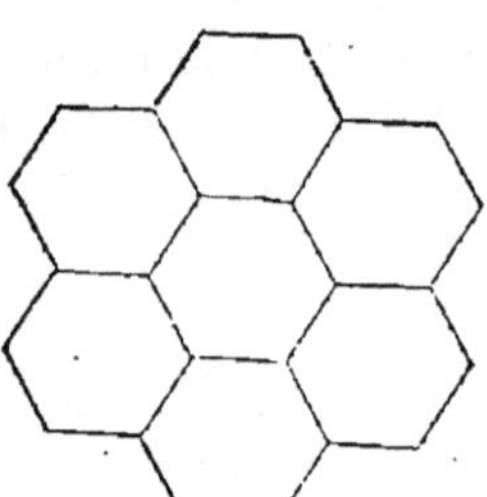

Fig. 329.

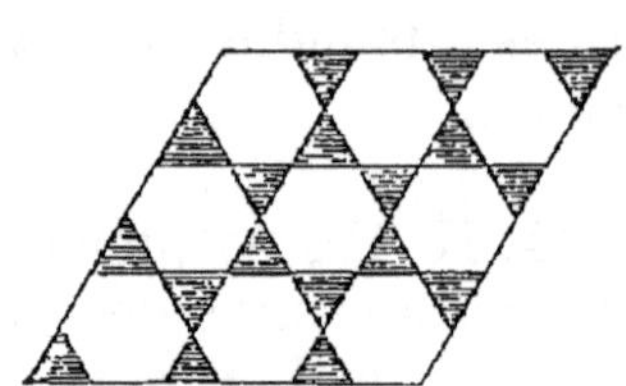

Fig. 330.

(fig. 329). On n'emploie jamais les triangles équilatéraux, parce que les six angles aigus réunis autour d'un même point cèdent trop facilement à la pression, et que le carrelage est peu solide. Il est facile de s'assurer qu'on ne peut pas faire d'autre carrelage avec des polygones réguliers, tous de même espèce; mais on peut en faire un grand nombre d'autres en combinant ensemble des polygones réguliers d'espèces différentes, ou même des polygones réguliers avec des polygones non réguliers, et notamment avec des losanges formés par la réunion de deux triangles équilatéraux égaux. Ainsi on peut réunir ensemble des hexagones réguliers et des triangles équilatéraux (fig. 330), des

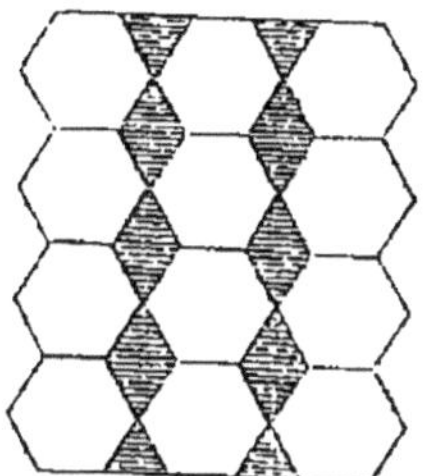
Fig. 331.

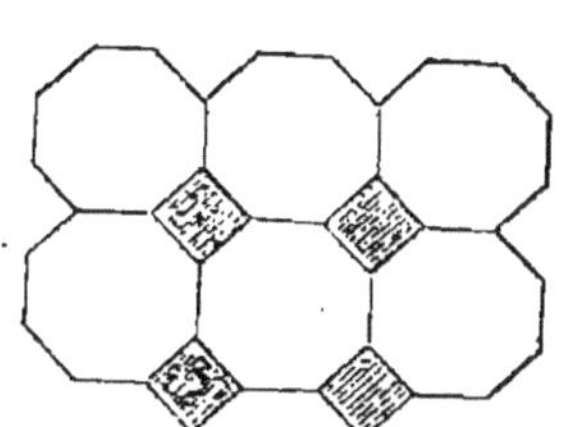
Fig. 332.

hexagones réguliers et des losanges (fig. 331), des octogones réguliers et des carrés (fig. 332), des dodécagones réguliers

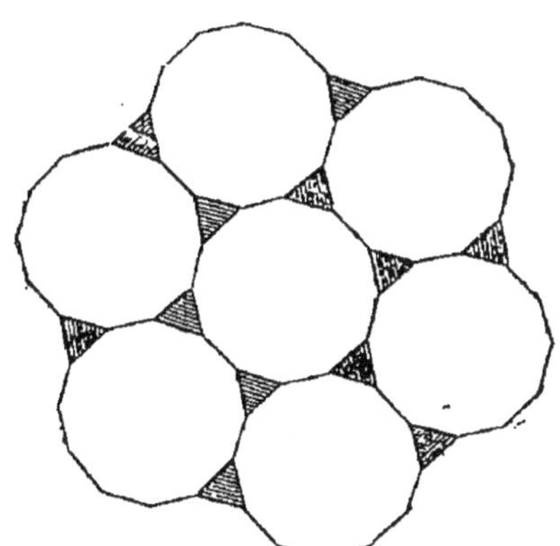
Fig. 333.

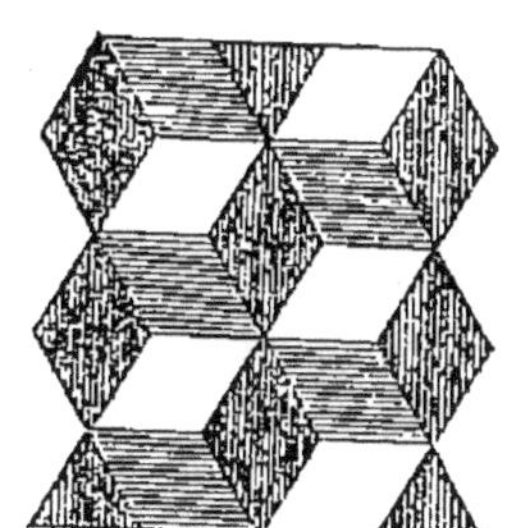
Fig. 334.

et des triangles équilatéraux (fig. 333); enfin on obtient encore un parquet très-employé en réunissant des losanges dont l'angle est de 60° (fig. 334).

Les vitraux des églises gothiques présentent aussi un grand nombre de combinaisons de polygones réguliers ; celle qu'on rencontre le plus souvent est formée d'octogones réguliers et de carrés, comme on le voit dans la figure 335. Les constructions qu'il convient d'employer pour dessiner

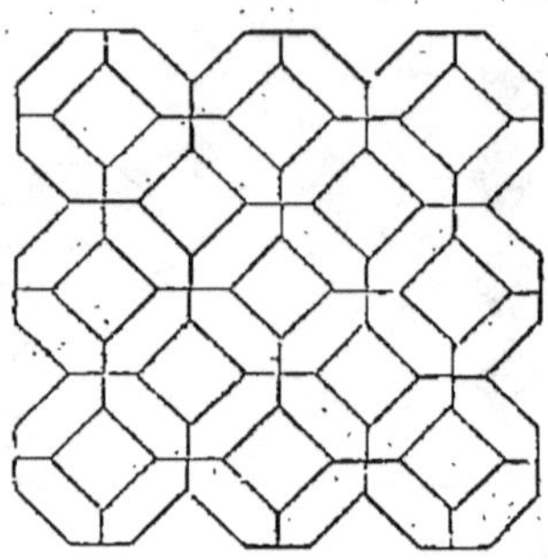

Fig. 335.

tous ces modèles de dallages et de parquets, sont d'ailleurs trop simples pour qu'il soit nécessaire de les exposer en détail.

465. III. On peut encore se servir des polygones réguliers pour tracer des spirales analogues à la volute ionique, et composées comme elle d'arcs de cercle qui se raccordent. Voici le principe général de ce tracé : considérons un polygone régulier, par exemple, l'hexagone régulier ABCDEF, et supposons qu'un fil très-délié ait été enroulé sur le contour de ce polygone, et que l'extrémité libre de ce fil soit en A ; si on développe ce fil à partir du point A, il tournera d'abord autour du point B, et son extrémité décrira un arc de cercle ayant le point B pour centre, et BA pour rayon.

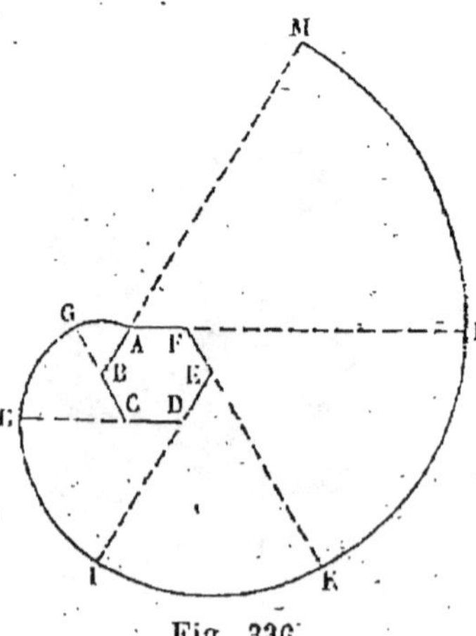

Fig. 336.

Lorsque le fil sera dirigé suivant le prolongement du côté CB, il cessera de tourner autour du point B; si on continue de le développer, il tournera autour du point C, et son extrémité décrira un arc de cercle ayant pour centre le point C et pour rayon la somme des deux côtés CB et BA; en continuant de dérouler le fil, il arrivera dans la direction du côté DC prolongé; à partir de ce moment, son extrémité décrira un arc de cercle ayant pour centre le point D, et pour rayon la somme des trois côtés DC, CB et BA; et ainsi de suite; tous les arcs décrits se raccorderont évidemment aux points G, H, I, etc., situés sur les prolongements des côtés CB, DC, ED, etc.; et leur ensemble formera la spirale AGHIKLM, qu'on pourrait prolonger indéfiniment.

Quand on se sert d'un hexagone régulier, les arcs successifs sont tous des arcs de 60°; la spirale formée avec le triangle équilatéral serait composée d'arcs de 120°; celle qu'on obtiendrait avec le carré serait composée d'arcs de 90°, etc. On pourrait même remplacer le polygone régulier par une simple ligne droite, et l'on aurait une courbe formée d'arcs de 180°. Il est bon de remarquer qu'on pourrait employer, au lieu d'un polygone régulier, un polygone quelconque, et même une ligne brisée non fermée; la volute ionique, par exemple, peut être obtenue en imaginant qu'un fil s'enroule sur une ligne brisée irrégulière, formée par les centres successifs des arcs dont elle se compose.

On pourrait aussi tracer des spirales analogues en enroulant un fil d'une longueur donnée sur les côtés successifs d'un polygone régulier; ce serait l'opération inverse de la précédente.

Des polygones réguliers étoilés.

466. Définitions. On appelle *polygone étoilé* un polygone non convexe, dans lequel deux quelconques des angles saillants sont séparés par un angle rentrant. Un polygone étoilé est dit *régulier*, lorsque tous les angles saillants sont égaux entre eux, qu'il en est de même de tous les angles rentrants, et que de plus tous les côtés sont égaux entre eux.

Les polygones étoilés non réguliers n'ont pas d'applications; mais il en est autrement des polygones étoilés réguliers qui sont employés fréquemment dans les arts; par exemple, dans la marqueterie, dans la mosaïque, dans les dessins de broderie, dans la peinture décorative, etc. Il faut donc savoir tracer ces polygones; on les déduit des polygones réguliers convexes par deux méthodes différentes, *par réduction* ou *par extension*.

467. PROBLÈME. *Tracer par réduction un polygone étoilé régulier.*

On commence par construire un polygone régulier convexe, ayant autant de côtés que le polygone étoilé doit avoir d'angles saillants ou de *pointes*; puis on joint tous les sommets de deux en deux; c'est-à-dire que si les sommets sont numérotés, 1, 2, 3, 4, 5, etc.; on joint le sommet 1 au sommet 3, le sommet 2 au sommet 4, le sommet 3 au sommet 5, et ainsi de suite; toutes ces lignes forment un polygone étoilé contenu dans l'intérieur du polygone convexe.

Lorsque l'étoile doit avoir plus de six pointes, on peut en obtenir une autre au moyen du même polygone régulier convexe; il suffit de joindre les sommets de trois en trois; si le polygone convexe a plus de huit côtés, on pourra tracer un troisième polygone étoilé en joignant les sommets de quatre en quatre, et ainsi de suite; par exemple, si on veut faire une étoile à neuf pointes, après avoir numéroté de 1 à 9 les sommets du polygone régulier convexe de neuf côtés, on aura un premier polygone étoilé en joignant le sommet 1 au sommet 3, le sommet 2 au sommet 4, le sommet 3 au sommet 5, et ainsi de suite; on obtiendra un second polygone étoilé en joignant le sommet 1 au sommet 4, le sommet 2 au sommet 5, le sommet 3 au sommet 6, etc.; enfin on aura encore un polygone étoilé différent en joignant le sommet 1 au sommet 5, le sommet 2 au sommet 6, le sommet 3 au sommet 7, et ainsi de suite. Il est à remarquer que les angles saillants seront d'autant plus petits que les numéros des sommets que l'on joint deux à deux seront plus distants l'un de l'autre.

Il faut démontrer maintenant que le polygone étoilé obtenu par cette méthode est régulier; prenons, par exemple, le pentagone régulier convexe ABCDE, et joignons les sommets de deux en deux; nous formons ainsi le polygone étoilé AHBGCFDKEI; je dis qu'il est régulier. En effet, décrivons la circonférence circonscrite au polygone ABCDE; les angles saillants DAC, EBD, ACE, etc., tous inscrits dans cette circonférence, sont égaux, parce qu'ils ont pour mesures les moitiés des arcs égaux, CD, DE, EA, etc. Les angles rentrants AHB, BGC, CFD, etc., sont aussi égaux entre eux; car l'angle AHB a pour mesure la demi-somme des arcs AB et CDE, et l'angle BGC a pour mesure la demi-somme des arcs BC et DEA (**167**); ces deux angles ont donc même mesure et par conséquent sont égaux, et il en est de même de tous les autres. Je dis maintenant que tous les côtés AH, HB, BG, etc., sont égaux entre eux; en effet, le triangle ABH est isocèle, parce que les deux angles HAB, HBA ont la même mesure et sont égaux; il en est de même des triangles BGC, CFD, etc.; de plus tous ces triangles sont égaux entre eux; car leurs bases AB, BC, etc., sont égales comme cordes d'arcs égaux, et les angles HAB, HBA, GBC, GCB, FCD, etc., sont tous égaux comme ayant même mesure; ces triangles ont donc un côté égal adjacent à des angles égaux; par conséquent ils sont égaux, et l'on a:

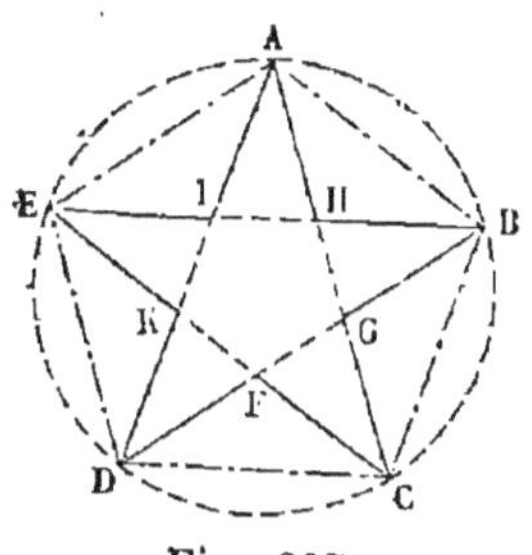

Fig. 337.

$$AH = HB = BG = GC = FC = \ldots;$$

le polygone étoilé est donc régulier. Il est visible d'ailleurs qu'une démonstration toute pareille pourra se faire, quel que soit le nombre des pointes; la méthode par réduction que nous avons exposée ci-dessus donnera donc bien des polygones étoilés *réguliers*.

468. Corollaire. *Les sommets des angles rentrants d'un polygone étoilé régulier obtenu par la méthode de réduction* *sont les sommets d'un polygone régulier convexe ayant autant de côtés que le polygone primitif.*

Cela revient à faire voir que le polygone FGHIK de la figure précédente est régulier; or, il a d'abord ses angles égaux, parce qu'ils sont opposés par le sommet aux angles rentrants du polygone étoilé qui sont égaux entre eux ; en outre les côtés sont égaux; cela résulte de l'égalité des triangles AIH, BHG, etc., égalité très-facile à établir; le polygone FGHIK a donc ses angles égaux et ses côtés égaux; par conséquent il est régulier; C. Q. F. D.

469. PROBLÈME. *Tracer par extension un polygone étoilé régulier.*

On construit d'abord un polygone régulier convexe ayant autant de côtés que l'étoile doit avoir de pointes; on prolonge indéfiniment tous les côtés, et on marque tous les points où se coupent deux côtés séparés par un autre ; ainsi, si l'on numérote les côtés, on prendra le point d'intersection du côté 1 et du côté 3, le point d'intersection du côté 2 et du côté 4, et ainsi de suite; les points ainsi déterminés seront les sommets des angles saillants du polygone étoilé. Si le polygone convexe a plus de six côtés, on pourra prendre encore les points où se coupent deux côtés qui sont séparés par deux autres côtés : par exemple, les points d'intersection du côté 1 avec le côté 4, du côté 2 avec le côté 5, et ainsi de suite; on obtiendra ainsi un nouveau polygone étoilé à pointes plus aiguës que le premier; de même quand le polygone convexe aura plus de huit côtés, on pourra tracer un troisième polygone étoilé en prenant les points d'intersection des couples de côtés séparés par trois côtés, et ainsi de suite; les étoiles dérivées du même polygone convexe auront leurs angles saillants d'autant plus petits que les deux côtés dont on prendra le point d'intersection, seront séparés par un plus grand nombre d'autres côtés.

Il nous reste à faire voir que les polygones étoilés obtenus par cette méthode sont réguliers. Prenons, par exemple, le pentagone régulier convexe FGHIK ; prolongeons tous les côtés, et marquons les points A, B, C, D, E où se coupent deux côtés quelconques séparés par un troisième; je dis que le polygone AHBG....I est régulier; en effet, les angles rentrants de ce polygone sont égaux aux angles intérieurs du polygone convexe comme opposés par le sommet; donc ils sont égaux entre eux. De plus les triangles AHI, BHG, CGF, etc., sont tous égaux entre eux et isocèles; car ils ont les côtés IH, HG, GF, etc., égaux comme côtés du polygone convexe, et les angles adjacents à ces côtés sont tous égaux comme supplémentaires des angles du polygone convexe FGHIL; donc d'abord les angles saillants du polygone étoilé sont égaux entre eux; de plus on a:

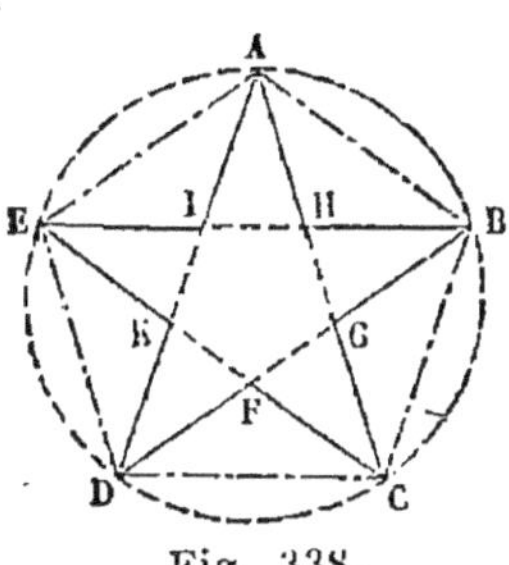

Fig. 338.

$$AI = AH = BH = BG = CG = CF;$$

donc enfin le polygone étoilé est régulier; C. Q. F. D.

470. Corollaire. *Les sommets des angles saillants d'un polygone étoilé régulier obtenu par extension sont les sommets d'un polygone régulier convexe ayant autant de côtés que le polygone primitif.*

Il faut démontrer que le polygone ABCDE est régulier; on y arrive sans peine en faisant voir que les triangles AHB, BGC, etc., sont tous égaux; ils ont en effet un angle égal compris entre côtés égaux chacun à chacun; il en résulte que les côtés AB, BC, CD, etc., sont égaux; ces mêmes triangles sont isocèles; donc les angles HAB, HBA, GBC, GCB, etc., sont égaux; d'où l'on conclut que les angles ABC, BCD, DCE, etc., sont égaux; le polygone est donc régulier; C. Q. F. D.

471. Remarque I. Il résulte immédiatement des tracés qui précèdent que *tout polygone étoilé régulier a les mêmes axes de symétrie que le polygone régulier convexe qui a servi à le tracer.*

472. REMARQUE II. Le polygone étoilé le plus simple que l'on puisse construire est le polygone à cinq pointes, qu'on déduit du pentagone régulier; car le triangle équilatéral et le carré ne peuvent pas évidemment donner de polygone étoilé. De plus, on ne peut obtenir qu'une seule espèce de polygones étoilés réguliers à cinq ou six pointes; on peut en trouver deux ayant sept ou huit pointes; trois, ayant neuf ou dix pointes; quatre, ayant onze ou douze pointes, et ainsi de suite.

473. APPLICATIONS. Parmi toutes les applications que reçoivent les polygones réguliers étoilés, nous mentionnerons la *rose des vents*, qui est dessinée sur le cadran des boussoles marines; ce n'est autre chose qu'une étoile à trente-deux

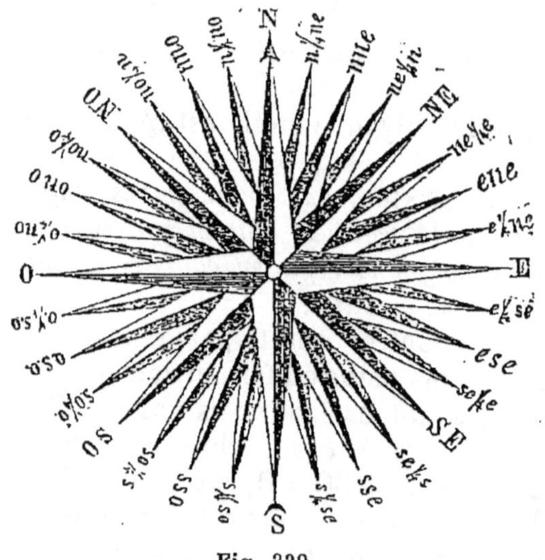

Fig. 339.

pointes ou *flèches*, qui correspondent aux trente-deux *aires* du vent, c'est-à-dire aux trente-deux directions principales que les marins ont coutume de distinguer. Pour se reconnaître aisément au milieu de toutes ces flèches, on prolonge les côtés des angles saillants correspondant aux quatre points cardinaux, de manière qu'ils recouvrent tous les autres; les quatre flèches intermédiaires qui désignent le *nord-est*, le *sud-est*, le *sud-ouest* et le *nord-ouest*, sont en partie cachées par les quatre premières, mais recouvrent toutes les autres; de même, les huit flèches intermédiaires entre les précédentes, et qui correspondent aux aires appelées *nord-nord-est*, *est-nord-est*, *est-sud-est*, *sud-sud-est*, etc., sont en partie cachées par les huit premières, mais recouvrent toutes les autres. Enfin les seize dernières flèches ne montrent que leurs pointes; elles répondent aux directions appelées *nord-quart-nord-est*, *nord-est-quart-nord*, *nord-est-quart-est*, etc. L'angle compris entre deux flèches consécutives s'appelle un *rhumb*: c'est un angle égal à la 32e partie de 360° ou à 11° 15′.

CHAPITRE XVIII.

MESURE DE LA CIRCONFÉRENCE.

474. Imaginons qu'un fil très-délié soit enroulé sur une circonférence, et qu'on tende ensuite ce fil en ligne droite; la longueur de cette ligne droite sera ce que nous appellerons la *longueur de la circonférence ;* on conçoit de la même manière la longueur d'un arc de cercle, celle d'une courbe quelconque.

On peut encore considérer à un autre point de vue la longueur d'une circonférence : supposons que dans cette circonférence on inscrive un polygone régulier quelconque; chacun des côtés de ce polygone sera moindre que l'arc qu'il sous-tend, parce que la ligne droite est le plus court chemin entre deux points; par suite, le périmètre de ce polygone sera moindre que la longueur de la circonférence. Mais si l'on augmente de plus en plus le nombre des côtés du polygone régulier inscrit, son périmètre se rapprochera de la longueur de la circonférence, et pourra en différer aussi peu qu'on voudra. On peut donc regarder la longueur de la circonférence comme sensiblement égale au périmètre d'un polygone régulier inscrit d'un nombre très-grand de côtés; ou, pour parler en termes plus précis, on peut dire que *la longueur d'une circonférence est la* LIMITE *vers laquelle tend le périmètre d'un polygone régulier inscrit dans cette circonférence, quand le nombre des côtés de ce polygone augmente de plus en plus ;* c'est ainsi que nous définirons à l'avenir la longueur d'une circonférence.

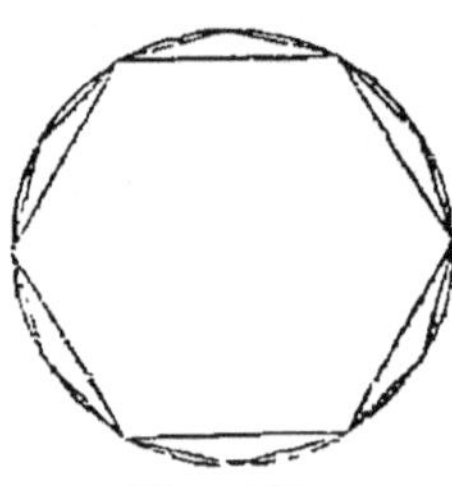

Fig. 340.

475. THÉORÈME. *Deux circonférences sont proportionnelles à leurs rayons.*

J'inscris dans les deux circonférences deux polygones réguliers d'un même nombre de côtés; on sait que ces deux polygones sont semblables, et que le rapport de leurs périmètres est égal au rapport de leurs rayons; et il en sera ainsi, quelque grand que soit le nombre des côtés de chacun des polygones inscrits dans les deux circonférences données, pourvu qu'il soit le même pour les deux ; or, quand on augmente indéfiniment le nombre des côtés des polygones, leurs périmètres se rapprochent de plus en plus des deux circonférences, et peuvent en différer aussi peu qu'on voudra; et comme le rapport de ces périmètres est constamment égal au rapport des rayons, il en est de même du rapport des deux circonférences; C. Q. F. D.

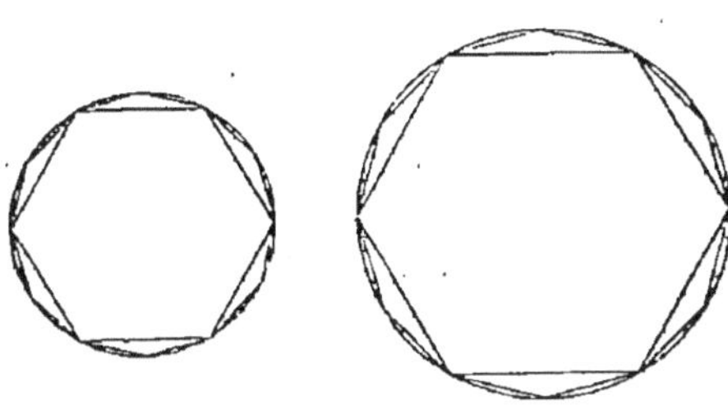

Fig. 341.

476. COROLLAIRE I. Il résulte immédiatement de ce théorème que, pour avoir une circonférence qui soit égale à la somme ou à la différence de deux circonférences données, il faudra lui donner pour rayon une longueur égale à la somme ou à la différence des rayons des circonférences données. De même, pour tracer une circonférence qui ait une longueur double, triple, quadruple, etc., d'une circonférence donnée, il suffira de lui donner un rayon double, triple, quadruple, etc., de celui de la circonférence donnée.

477. COROLLAIRE II. *Le rapport d'une circonférence à son diamètre est un nombre constant.*

Soient OA, O'A' deux circonférences (fig. 342); on a, d'après le théorème précédent :

$$\frac{\text{circonf. OA}}{\text{circonf. O'A'}} = \frac{\text{OA}}{\text{O'A'}};$$

je change les moyens de place dans cette proportion, et je divise ensuite par 2 les deux rapports égaux ; j'ai ainsi :

$$\frac{\text{circonf. OA}}{2\text{OA}} = \frac{\text{circonf. O'A'}}{2\text{O'A'}},$$

proportion qui exprime que le rapport de la première circonférence à son diamètre 2OA est égal au rapport de la seconde circonférence à son diamètre ; par suite, le rapport d'une circonférence à son diamètre est un nombre qui reste constant, quelle que soit la circonférence que l'on prenne ; C. Q. F. D.

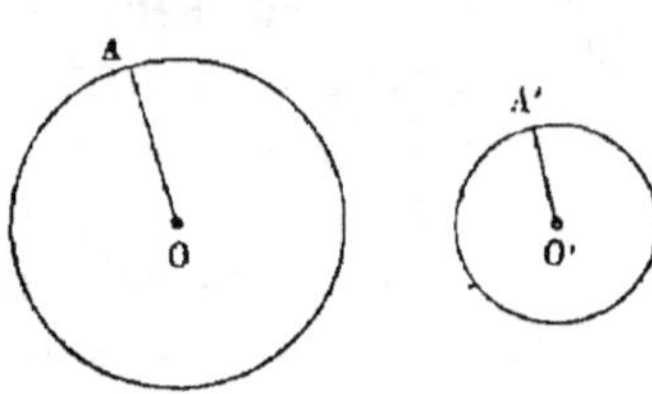

Fig. 342.

Le rapport d'une circonférence à son diamètre est incommensurable, c'est-à-dire qu'on ne peut l'exprimer exactement par aucun nombre ni entier ni fractionnaire ; on le représente par la lettre π, qui se prononce *pi;* la valeur de ce rapport, exprimée au moyen des décimales, est

$$\pi = 3{,}14159265358979\ldots ;$$

dans la pratique, on emploie le plus souvent la valeur 3,1416, qui diffère de π de moins d'un cent-millième. On peut encore, dans les applications qui ne demandent pas de précision, employer la valeur approchée $\frac{22}{7}$, qui surpasse π de moins d'un demi-centième.

478. Problème. *Étant donné le rayon d'une circonférence, calculer sa longueur*, et inversement, *calculer le rayon d'une circonférence dont la longueur est connue.*

Puisque le rapport d'une circonférence à son diamètre est égal à π, *la longueur d'une circonférence s'obtiendra en multipliant son diamètre par* π. Cette règle peut s'écrire sous une forme très-simple, qui la rend bien plus aisée à retenir ; désignons par R le rayon de la circonférence, et par C la circonférence elle-même ; nous aurons :

$$C = 2R \times \pi,$$

ou, plus simplement encore,

$$C = 2\pi R.$$

Cette égalité s'appelle une *formule ;* ce n'est pas autre chose que la règle précédente, écrite d'une manière abrégée.

Supposons maintenant qu'on demande le rayon d'une circonférence donnée ; il résulte de ce qui précède que la circonférence est le produit de son diamètre par π ; donc inversement le diamètre est le quotient de la circonférence divisée par π, et par suite, *le rayon d'une circonférence s'obtiendra en divisant la demi-circonférence par* π ; cette règle peut s'écrire ainsi :

$$R = \frac{C}{2\pi};$$

dans les applications, au lieu de diviser la demi-circonférence par π, on la multiplie par $\frac{1}{\pi}$, ce qui revient au même, et alors on écrit ainsi la formule précédente :

$$R = \frac{C}{2} \times \frac{1}{\pi}.$$

Quant à la valeur du nombre $\frac{1}{\pi}$, on l'a calculée une fois pour toutes : en voici les premiers chiffres :

$$\frac{1}{\pi} = 0{,}318309886183790\ldots$$

Exemples. 1° Calculer la longueur d'une circonférence dont le rayon est égal à $12^{m},85$. Le diamètre a une longueur double, c'est-à-dire $25^m,70$; et, par conséquent, la circonférence sera donnée par la formule :

$$C = 25^m,70 \times \pi = 80^m,739,$$

à moins d'un millimètre par excès.

2° Calculer le rayon d'un méridien terrestre en supposant que la circonférence de ce méridien soit égale à 40000000 mètres.

La demi-circonférence vaut alors 20000000 mètres, et par suite, le rayon est donné par la formule

$$R = 20000000^m \times \frac{1}{\pi} = 6366198^m,$$

à moins d'un mètre par excès.

479. Corollaire. Ce problème donne un moyen pratique de *déterminer le diamètre d'une circonférence dont le centre n'est pas marqué*, par exemple, le diamètre d'un arbre, d'une colonne, d'un bassin circulaire ; on mesure la longueur de la circonférence avec un ruban métrique ou avec un fil fin et peu extensible ; cette longueur connue, le problème précédent apprend à calculer le rayon ou le diamètre de la circonférence.

Quand on veut mesurer le diamètre d'une tour circulaire, le procédé qui précède est d'une application difficile, on peut alors opérer comme il suit : on mène de deux points marqués sur le terrain des droites tangentes à la base circulaire de la tour ; ces tangentes, suffisamment prolongées, forment un quadrilatère circonscrit à la circonférence ; on lève le plan de ce quadrilatère, on le rapporte sur le papier, et on y inscrit une circonférence ; le diamètre de cette circonférence représente à l'échelle du plan le diamètre de la tour. Ordinairement, pour lever le plan, on mesure à la chaîne la distance des deux points d'où l'on a mené des tangentes, et avec un graphomètre, on mesure les angles que forment les quatre tangentes avec cette ligne ; on a ainsi tous les éléments nécessaires à la détermination de la figure, et on peut en faire le plan.

480. Problème. *Calculer la longueur d'un arc donné en degrés, connaissant le rayon de la circonférence dont il fait partie.*

Soit R le rayon donné ; on sait que la longueur de la circonférence est égale à $2\pi R$; celle de la demi-circonférence sera deux fois moindre ou πR, et comme une demi-circonférence renferme 180 degrés, la longueur de l'arc d'un degré sera la 180e partie de la demi-circonférence, ou $\frac{\pi R}{180}$; connaissant la longueur de l'arc d'un degré, il sera facile d'avoir celle de l'arc de 2^0, 3^0, 4^0, etc., il suffira de multiplier par le nombre des degrés ; ainsi, si nous désignons par n le nombre des degrés de l'arc, et par l la longueur de cet arc. nous aurons :

$$l = \frac{\pi R n}{180};$$

si l'arc donné contenait des minutes et des secondes, on commencerait par chercher la longueur de l'arc d'une minute ou d'une seconde, et on multiplierait ensuite cette longueur par le nombre de minutes ou de secondes.

Exemple. Calculer la longueur d'un arc de $115^\circ\, 17'\, 48''$, le rayon de la circonférence étant égal à $5^m,45$.

Je convertis l'arc donné en secondes, ce qui donne 415068 secondes ; d'ailleurs, la demi-circonférence contient un nombre de secondes égal à $60 \times 60 \times 180 = 648000$; et la longueur de cette demi-circonférence est πR, c'est-à-dire ici, $5^m,45 \times \pi$; donc la longueur de l'arc d'une seconde sera

$$\frac{5^m,45 \times \pi}{648000},$$

et la longueur de l'arc donné sera enfin

$$\frac{5^m,45 \times \pi \times 415068}{648000} = 10^m,97,$$

à un centimètre près par excès.

481. Corollaire. On résout d'une manière analogue deux autres problèmes sur la longueur d'un arc de cercle.

1° *Étant données la longueur d'un arc et la mesure de cet arc en degrés, minutes et secondes, trouver le rayon de la circonférence dont il fait partie.*

Supposons, par exemple, qu'un arc de 18°15′ ait une longueur de $7^m,80$; voici comment on calculera le rayon. On réduit d'abord l'arc donné en minutes, ce qui donne 1095′; puisque l'arc de 1095′ a une longueur de $7^m,80$, l'arc d'une minute sera 1095 fois plus petit, et vaudra, par conséquent, $\frac{7^m,80}{1095}$. D'ailleurs, la demi-circonférence contient 10800′; donc sa longueur sera

$$\frac{7^m,80 \times 10800}{1095},$$

et alors, en vertu d'une règle connue (**478**), le rayon sera égal à

$$\frac{7^m,80 \times 10800}{1095} \times \frac{1}{\pi} = 34^m,488,$$

à moins d'un millimètre par défaut.

2° *Étant donnés le rayon d'une circonférence et la longueur d'un arc, trouver le nombre de degrés, de minutes et de secondes de cet arc.*

Supposons, par exemple, que le rayon donné soit égal à $4^m,5$ et que la longueur de l'arc donné soit égale à 7 mètres; la longueur de la demi-circonférence sera, comme nous le savons, $4^m,5 \times \pi$; par suite, la longueur de l'arc d'un degré sera

$$\frac{4^m,5 \times \pi}{180};$$

autant de fois cette longueur sera contenue dans la longueur de l'arc donné, autant cet arc renfermera de degrés: le nombre des degrés sera donc le quotient de 7 divisé par la fraction $\frac{4,5\times\pi}{180}$, ou

$$\frac{7\times180}{4,5\times\pi}=\frac{7\times180}{4,5}\times\frac{1}{\pi}=89^0\ 7'\ 36'',37.$$

Les deux problèmes que nous venons d'examiner pourraient encore être résolus au moyen de la formule

$$l=\frac{\pi Rn}{180};$$

on en tire, en effet, par des transformations faciles:

$$R=\frac{180l}{\pi n}, \quad \text{et} \quad n=\frac{180l}{\pi R},$$

formules qui donnent immédiatement R ou n quand on connaît les autres quantités.

482. Remarque. *Deux arcs qui contiennent le même nombre de degrés, minutes et secondes, ont des longueurs proportionnelles à leurs rayons;* car pour avoir la longueur d'un arc, il faut multiplier son rayon par la quantité $\frac{\pi n}{180}$, quantité invariable, si la mesure de l'arc en degrés, minutes et secondes reste la même; donc, si le rayon devient double, triple, quadruple, etc., la longueur de l'arc deviendra en même temps double, triple, quadruple, etc., c'est-à-dire, qu'elle sera proportionnelle au rayon. Il résulte de là que si l'on avait les longueurs des arcs de 1^0, 2^0, 3^0, de $1'$, $2'$, $3'$, de $1''$, $2''$, $3''$, dans la circonférence de rayon 1, il suffirait, pour avoir les longueurs de ces mêmes arcs dans un cercle quelconque, de multiplier les premières longueurs par le rayon. On a effectivement calculé des tables qui renferment tous ces nombres; nous les reproduisons à la fin du volume; et nous allons montrer par quelques exemples comment on peut s'en servir pour résoudre les questions précédemment traitées.

Premier exemple. Calculer la longueur de l'arc de 115° 17′ 48″, le rayon de la circonférence étant 5^m,45.

Je calcule d'abord la longueur de l'arc de 115° 17′ 48″ dans le cercle de rayon 1; la table donne :

Pour 115°	....	2,007129
Pour 17′	....	0,004945
Pour 48″	....	0,000233
Total	....	2,012307

Il suffit maintenant de multiplier ce nombre par 5,45, ce qui donne 10^m,97, à un demi-centimètre près par excès.

Deuxième exemple. Dans un cercle, l'arc de 72° 17′ 20″ a une longueur de 6^m,175; quel est le rayon de ce cercle?

Calculons la longueur de l'arc de 72° 17′ 20″ dans le cercle de rayon 1; on trouve dans la table :

Pour 72°	....	1,256637
Pour 17′	....	0,004945
Pour 20″	....	0,000097
Total	....	1,261679

Autant de fois ce nombre sera contenu dans 6^m,175, autant le rayon inconnu contiendra d'unités; la longueur de ce rayon est donc

$$\frac{6^m,175}{1,261679} = 4^m,894,$$

à moins d'un millimètre par défaut.

Troisième exemple. Dans un cercle dont le rayon est 52^m,65, un arc a une longueur de 108^m,17; combien contient-il de degrés, de minutes et de secondes?

Si le rayon du cercle était 1, l'arc contenant le même

nombre de degrés, de minutes et de secondes aurait pour longueur

$$\frac{108,17}{52,65} = 2,054511.$$

Cherchons maintenant dans la table quel est le nombre de degrés de cet arc; on trouve immédiatement que l'arc contient 117° et une fraction; car l'arc de 117° a pour longueur 2,042035; la différence entre cette longueur et la longueur donnée est 0,012476, qui correspond à 42′, et il reste 0,000259, qui correspond à 53″; donc enfin l'arc donné vaut 117° 42′ 53″ environ; voici la disposition qu'il convient de donner au calcul :

Longueur........	2,054511	
Pour........	2,042035	117°
	0,012476	
Pour........	0,012217	42′
Pour........	0,000259	53″
	Total	117° 42′ 53″

CHAPITRE XIX.

DES AIRES.

Mesure des aires.

483. Définitions. On appelle *aire* ou *superficie* d'une figure plane la portion du plan limitée par le contour de cette figure ; c'est là une nouvelle espèce de grandeur que l'on a souvent besoin de mesurer dans la pratique.

Il est bon de remarquer que deux figures peuvent avoir des aires égales sans être superposables ; on dit alors qu'elles sont *équivalentes :* ainsi un rectangle peut être équivalent à un triangle, à un carré, à un cercle, etc.

On a choisi pour *unité superficielle* l'aire du carré qui a pour côté l'unité de longueur : par conséquent, lorsqu'on prend le mètre pour unité de longueur, il faut prendre pour unité d'aire le carré qui a un mètre de côté ; ce carré porte le nom de *mètre carré ;* de même, quand on mesure les longueurs au moyen du décimètre, on doit mesurer les aires en prenant comme unité le carré qui a un décimètre de côté, et qu'on appelle *décimètre carré ;* et ainsi de suite. D'après cela les unités superficielles employées en France sont le *myriamètre carré*, le *kilomètre carré*, l'*hectomètre carré*, le *décamètre carré*, le *mètre carré*, le *décimètre carré*, le *centimètre carré* et le *millimètre carré*. Dans la mesure des surfaces des champs, on emploie exclusivement l'hectomètre carré, le décamètre carré et le mètre carré, auxquels on donne alors les noms d'*hectare*, d'*are* et de *centiare ;* pour cette raison, ces trois unités superficielles s'appellent des mesures *agraires*. Dans les calculs, nous désignerons ces diverses unités par les abréviations usitées pour les mesures de longueur, en les faisant suivre de la lettre *q.*; ainsi *m. q.* voudra dire mètres carrés; *c. q.*, *mm. q.*, signifieront centimètres carrés, millimètres carrés.

Toutes ces unités ont entre elles des rapports très-simples; on a fait voir, en arithmétique, et nous démontrerons bientôt que le myriamètre carré vaut 100 kilomètres carrés; le kilomètre carré, 100 hectomètres carrés, etc.; et en général que *chacune de ces unités d'aire vaut* 100 *fois celle qui la suit immédiatement par ordre de grandeur ;* il résulte de cette simplicité de rapports qu'il suffit pour passer d'une de ces unités à une autre, de multiplier ou de diviser les nombres qui expriment les aires par 100, ou par 10000 ou par 1000000, etc.; ce qui est toujours aisé à faire sans calcul. Une aire est-elle exprimée en hectomètres carrés, par exemple, il suffira de multiplier le nombre qui la représente par 100, si on veut qu'elle soit exprimée en décamètres carrés, par 10000, si on veut la rapporter au mètre carré, et ainsi de suite.

On appelle *bases* d'un parallélogramme deux côtés opposés quelconques, et *hauteur* du parallélogramme la longueur de la perpendiculaire commune aux deux bases. Dans un rectangle, la base et la hauteur sont deux côtés consécutifs du rectangle; on les appelle alors souvent les deux *dimensions* du rectangle.

On appelle *base* d'un triangle la longueur d'un côté quelconque de ce triangle, et *hauteur*, la longueur de la perpendiculaire abaissée du sommet opposé sur cette base.

Je rappelle enfin que l'on nomme *bases* d'un trapèze les longueurs des côtés parallèles, et *hauteur*, la longueur de la perpendiculaire commune aux deux bases.

484. Théorème. *L'aire d'un rectangle a pour mesure le produit de sa base par sa hauteur.*

Je considère d'abord le cas où les côtés du rectangle sont des multiples exacts de l'unité de longueur; supposons, par exemple, que la base du rectangle ABCD (fig. 343) soit égale à 7 mètres, et la hauteur à 3 mètres; je partage AB en sept parties égales, et AC en trois parties égales;

toutes ces parties seront des mètres. Par chacun des points de division de AB, je mène des parallèles à AC, et par chacun des points de division de AC, des parallèles à AB; ces lignes décomposent le rectangle en carrés qui ont tous un mètre de côté, et qui sont, par conséquent, des mètres carrés; il suffit de compter combien il y en a : or, sept de ces carrés sont rangés le long de AB et forment une première tranche, et le rectangle tout entier renferme trois tranches pareilles; il contient donc trois fois sept mètres carrés; en d'autres termes, son aire est égale à

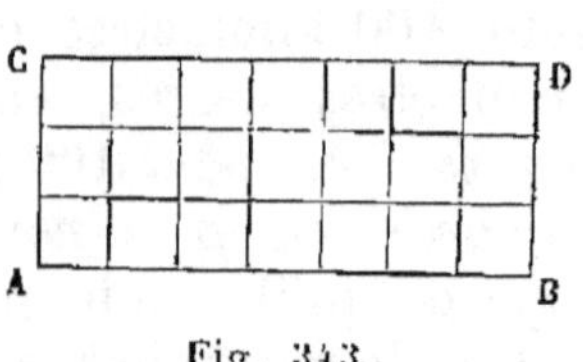

Fig. 343.

$$7 \times 3 = 21 \text{ mètres carrés;}$$

elle est donc bien exprimée par le produit de la base par la hauteur.

Supposons en second lieu que les dimensions du rectangle ne soient pas des multiples de l'unité de longueur: prenons, par exemple, un rectangle dont la base soit égale à $5^m,24$, et dont la hauteur soit $1^m,836$. Pour ramener ce cas au précédent, je prends le millimètre pour unité de longueur, et par suite, le millimètre carré pour unité d'aire; la base sera 5240 millim., et la hauteur, 1836 millim.; et l'aire du rectangle sera, d'après la démonstration précédente,

$$5240 \times 1836 \text{ millim. carrés.}$$

Il faut maintenant exprimer cette aire en mètres carrés; or, on sait que le millimètre carré est la millionième partie du mètre carré; donc pour rapporter l'aire trouvée au mètre carré comme unité, il suffira de diviser le nombre trouvé par 1000000, c'est-à-dire de séparer six chiffres décimaux sur la droite du produit 5240×1836; et cela donnera justement le produit des deux nombres décimaux 5,240 et 1,836; l'aire cherchée est donc

$$5,240 \times 1,836 = 9^{m.q.},62064;$$

l'aire s'obtient donc encore dans ce cas en multipliant les nombres qui représentent la base et la hauteur du rectangle; C. Q. F. D.

485. Remarque I. Il est indispensable, pour que ce théorème soit exact, que les deux dimensions du rectangle soient exprimées au moyen de la même unité de longueur; cela ressort clairement de la démonstration. Ainsi, si on demande l'aire d'un rectangle dont la base est égale à 67 mètres, et la hauteur à 4 décimètres, il faudra d'abord rapporter ces deux lignes à une même unité, au mètre par exemple, ce qui donnera 67 mètres et $0^{m},4$, et alors l'aire sera égale à $67 \times 0,4 = 26^{m.q.},8$.

486. Remarque II. Si on représente par les lettres B et H la base et la hauteur d'un rectangle, et par R l'aire de ce rectangle, l'énoncé du théorème précédent pourra s'écrire d'une manière abrégée :

$$R = B \times H.$$

487. Corollaire I. 1° *Le rapport de deux rectangles de même base est égal au rapport de leurs hauteurs, et le rapport de deux rectangles de même hauteur est égal au rapport de leurs bases.*

2° *Le rapport de deux rectangles est égal au rapport des produits de leurs bases par leurs hauteurs.*

1° Prenons deux rectangles ayant même base B, et soient H et H′ leurs hauteurs; les aires de ces deux rectangles seront $B \times H$ et $B \times H'$; le rapport de ces aires sera

$$\frac{B \times H}{B \times H'} = \frac{H}{H'};$$

car on ne change pas la valeur d'un rapport en divisant ses deux termes par un même nombre B. De même, si deux rectangles ont même hauteur H, et des bases différentes B et B′, le rapport de leurs aires sera

$$\frac{B \times H}{B' \times H} = \frac{B}{B'}.$$

2° Si on prend deux rectangles dont les bases soient B et B′ et les hauteurs H et H′, leurs aires respectives seront $B \times H$ et $B' \times H'$, et par conséquent le rapport de ces aires sera

$$\frac{B \times H}{B' \times H'};$$

C. Q. F. D.

488. Corollaire II. *Quand on connaît l'aire d'un rectangle et l'un de ses côtés, on obtient l'autre en divisant l'aire par le côté connu.*

Exemple. L'aire d'un rectangle est égale à $69^{m.q.},56$, et l'un des côtés est égal à $7^{m},18$; l'autre côté sera

$$\frac{69,56}{7,18} = 9^{m},688,$$

à moins d'un millimètre par défaut.

489. Corollaire III. *L'aire d'un carré a pour mesure le carré de son côté.*

En effet, un carré n'est autre chose qu'un rectangle dont les deux dimensions sont égales entre elles; il faut donc, pour avoir l'aire, multiplier le côté par lui-même, c'est-à-dire faire le carré de ce côté. En désignant par Q l'aire du carré qui a pour côté A, on aura

$$Q = A^2.$$

On peut se servir de ce résultat pour démontrer que le mètre carré, par exemple, vaut 100 décimètres carrés ; car en prenant le décimètre pour unité de longueur, le côté du mètre carré sera égal à 10 décimètres, et son aire sera 10×10 ou 100 décimètres carrés.

Il résulte aussi de là que *pour avoir le côté d'un carré dont on connaît l'aire, il faut extraire la racine carrée du nombre qui mesure cette aire.* Ainsi, si l'aire d'un carré est égale à $5^{m.q.},76$, le côté sera égal à $\sqrt{5,76} = 2^{m},4$.

490. Théorème. *L'aire d'un parallélogramme a pour mesure le produit de sa base par sa hauteur.*

Soit ABCD le parallélogramme qu'il faut mesurer; par les extrémités A et B de la base j'élève des perpendiculaires à cette ligne jusqu'à la rencontre du côté opposé en E et en F ; je forme ainsi un rectangle ABEF que je dis être équivalent au parallélogramme ABCD.

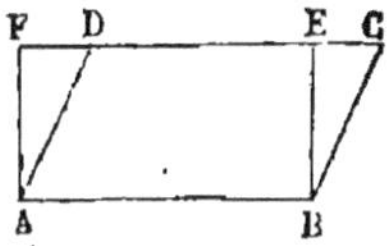

Fig. 344.

En effet, les deux triangles rectangles AFD, BEC ont les hypoténuses AD et BC égales comme parallèles comprises entre parallèles, et les côtés AF et BE égaux pour la même raison ; donc ces triangles sont égaux (**307**). Cela posé, si du trapèze ABCF, on retranche le triangle ADF, il reste le parallélogramme ABCD, et si du même trapèze on retranche le triangle BEC égal au premier, il reste le rectangle ABEF; donc ce rectangle est équivalent au parallélogramme. D'ailleurs, l'aire du rectangle a pour mesure le produit $AB \times BE$; donc l'aire du parallélogramme a la même mesure, c'est-à-dire le produit de sa base AB par sa hauteur BE ; C. Q. F. D.

491. CorOLLAIRES. On tire immédiatement de ce théorème les conséquences suivantes :

Deux parallélogrammes de même base et de même hauteur sont équivalents.

Deux parallélogrammes qui ont même base sont entre eux dans le même rapport que leurs hauteurs.

Le rapport de deux parallélogrammes est égal au rapport des produits de leurs bases par leurs hauteurs.

492. Théorème. *L'aire d'un triangle a pour mesure la moitié du produit de sa base par sa hauteur.*

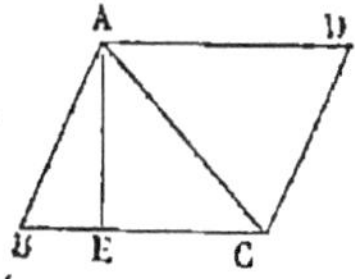

Fig. 345.

Soient ABC le triangle, BC sa base et AE sa hauteur ; par les points A et C je mène les droites AD et CD respectivement parallèles aux côtés BC et AB ; le quadrilatère ABCD est un parallélogramme, et les deux triangles ABC, ADC sont égaux comme ayant les trois côtés égaux ; donc le triangle ABC est la moitié du parallélogramme ABCD ; or ce dernier a pour mesure BC×AE; donc l'aire du triangle est égale à la moitié de ce produit, c'est-à-dire à la moitié du produit de sa base par sa hauteur; C. Q. F. D.

493. Corollaires. *Tout triangle est la moitié du parallélogramme qui a même base et même hauteur.*

Deux triangles qui ont même base et même hauteur sont équivalents. En particulier, si deux triangles ABC, ABD ont même base AB, et leurs sommets C et D sur une même parallèle à la base, ils sont équivalents; car les hauteurs CE, DF de ces deux triangles sont alors égales.

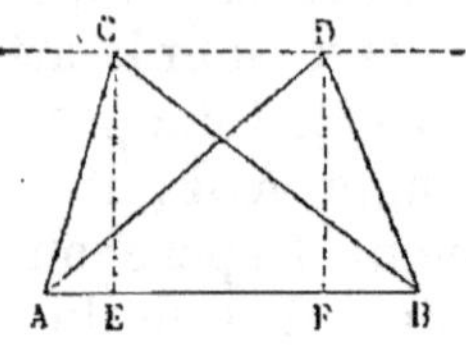

Fig. 346.

Deux triangles de même hauteur sont proportionnels à leurs bases.

Le rapport des aires de deux triangles est égal au rapport des produits de leurs bases par leurs hauteurs.

494. Théorème. *L'aire d'un trapèze a pour mesure le produit de sa hauteur par la demi-somme de ses bases.*

Soit ABCD un trapèze, dont les bases sont AB et CD et dont la hauteur est AE; je prolonge la base DC d'une longueur CF égale à l'autre base, et je joins AF, qui rencontre en G le côté BC du trapèze. Les deux triangles ABG, FCG ont les côtés AB, FC, égaux par construction, les angles BAG, CFG, égaux comme alternes-internes par rapport aux parallèles AB, FC coupées par la sécante AF, et les angles ABG, FCG égaux pour la même raison; ces deux triangles sont donc égaux (**500**). Si je les retranche successivement du polygone ABGFD, le triangle ADF et le trapèze ABCD que j'obtiens pour restes sont équivalents; or le triangle ADF a pour mesure $\frac{1}{2}$ DF×AE, ou bien $\frac{AB + CD}{2} \times AE$; l'aire du trapèze est donc mesurée par

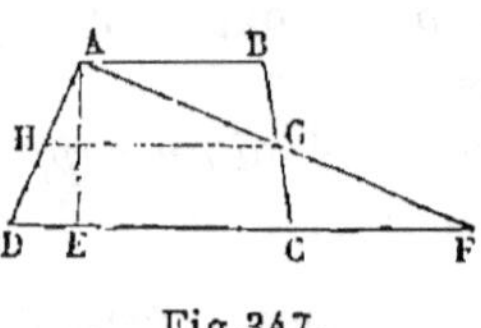

Fig. 347.

ce même produit, c'est-à-dire qu'elle est égale au produit de la demi-somme de ses bases par sa hauteur; C. Q. F. D.

495. Corollaire. *L'aire du trapèze a aussi pour mesure le produit de sa hauteur par la ligne* GH *qui joint les milieux des côtés non parallèles.*

En effet, nous avons démontré que cette ligne GH est égale à la demi-somme des bases du trapèze (**332**).

496. Problème. *Convertir un polygone en un triangle équivalent.*

Soit ABCDH un polygone quelconque, je prends trois sommets consécutifs B, C, D de ce polygone et je mène la diagonale BD; puis je prolonge le côté AB, et par le point C je mène une parallèle à BD jusqu'à la rencontre du côté AB prolongé en L; enfin je joins DL; les deux triangles BDC, BDL, qui ont même base BD et leurs sommets C et L sur une parallèle à la base, sont équivalents (**495**); je puis donc remplacer le triangle BDC par le triangle BLD, et j'ai alors, au lieu du polygone ABCDH, le polygone équivalent ALDH, qui a un côté de moins.

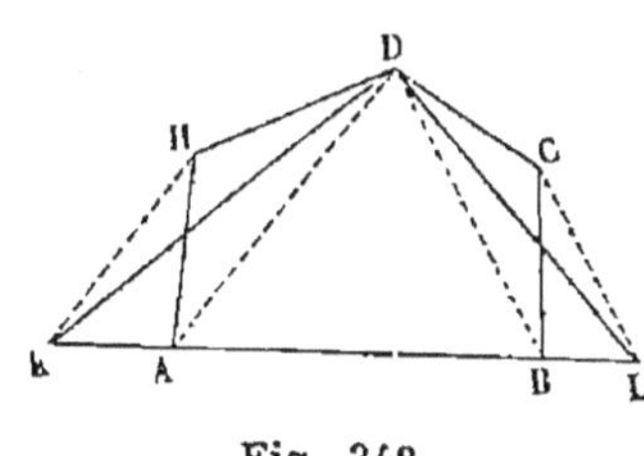

Fig. 348.

En appliquant de nouveau le même procédé, on transformera ce nouveau polygone en un autre qui aura encore un côté de moins, et qui aura la même aire; et en continuant toujours de même, on finira par obtenir un triangle KDL équivalent au polygone donné.

Remarque. Le polygone sur lequel nous avons opéré est convexe; mais il est aisé de voir que cette condition n'est pas nécessaire, et que la construction s'appliquerait sans modification à un polygone qui présenterait des angles rentrants.

497. Applications. Le problème précédent est d'une

grande utilité dans la pratique, comme nous le verrons par la suite ; je vais en indiquer immédiatement une application.

Supposons que deux champs contigus soient séparés par une ligne brisée ou sinueuse ABCDE...., et qu'on veuille remplacer cette ligne par une ligne droite, sans changer la contenance des deux pièces de terre ; on joindra AC, et par le point B, on mènera la ligne BI parallèle à AC jusqu'à la rencontre de CD ; puis on joindra AI ; on pourra remplacer la ligne brisée ABCDE... par la ligne AIDE... qui aura un côté de moins ; car on ne fait ainsi que remplacer le triangle ABC par le triangle AIC qui lui est équivalent. En opérant de même sur la nouvelle ligne brisée AIDE.... on pourra la remplacer par une autre ayant encore un côté de moins ; et en continuant toujours de même on finira par obtenir une ligne droite pour ligne de séparation des deux pièces de terre.

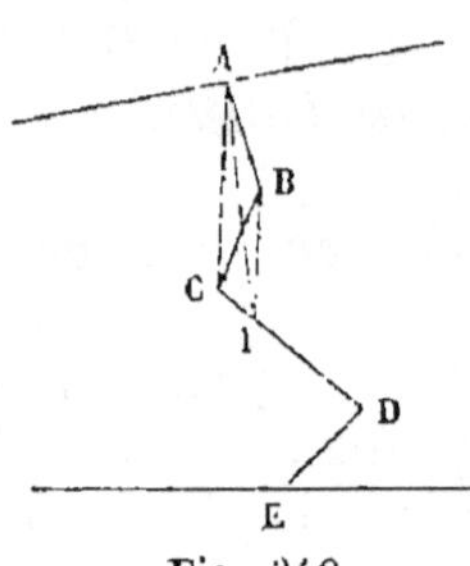

Fig. 349.

Cette construction se fait d'ailleurs sur le plan avec une grande rapidité, en se servant de la règle et de l'équerre ; il est même inutile de tracer effectivement les lignes AC, BI, AI ; il suffit de marquer le point I au crayon ; et on ne trace que la ligne définitive qu'on obtient à la fin de l'opération.

498. PROBLÈME. *Mesurer l'aire d'un polygone.*

Première méthode. On décompose le polygone donné en triangles, soit par des diagonales menées du même sommet, soit par des lignes menées d'un point intérieur à tous les sommets (fig. 350). On calcule ensuite séparément l'aire de chaque triangle, et en ajoutant toutes ces aires, on obtient celle du polygone.

Deuxième méthode. On transforme le polygone en un triangle équivalent (**496**), et on mesure l'aire du triangle obtenu. Cette méthode ne peut évidemment être employée que sur le papier.

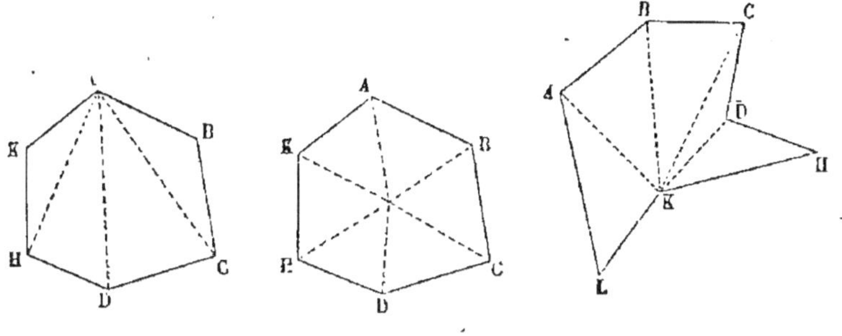

Fig. 350.

Troisième méthode. Quand on veut mesurer la surface d'un polygone tracé sur le terrain, sans en lever le plan, on le décompose en trapèzes et en triangles rectangles, comme nous l'avons déjà indiqué au n° **375**, en abaissant de tous les sommets des perpendiculaires AP, BR, DQ, HN, LM, sur une diagonale CK du polygone; on mesure ensuite ces perpendiculaires, et les projections des côtés sur la diagonale, et on a ainsi tous les éléments nécessaires pour le calcul de l'aire du polygone. On a en effet :

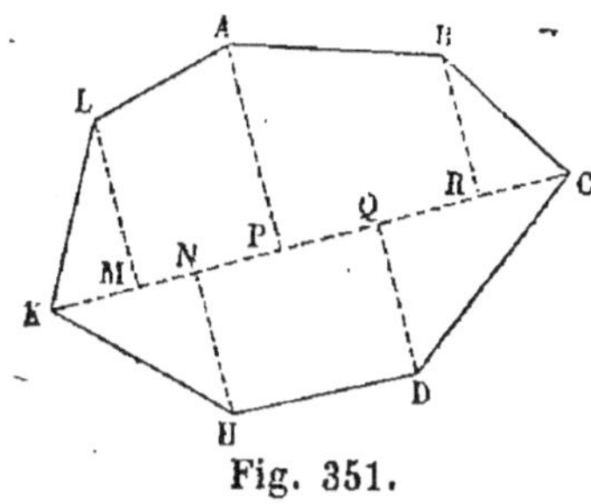

Fig. 351.

$$\text{triangle KML} = \tfrac{1}{2}\,\text{ML} \times \text{KM}.$$

$$\text{trapèze LMPA} = \frac{\text{LM} + \text{AP}}{2} \times \text{MP},$$

$$\text{trapèze APRB} = \frac{\text{AP} + \text{BR}}{2} \times \text{PR},$$

$$\text{triangle BRC} = \tfrac{1}{2}\,\text{BR} \times \text{RC},$$

$$\text{triangle DCQ} = \tfrac{1}{2}\,\text{DQ} \times \text{CQ},$$

$$\text{trapèze DQNH} = \frac{\text{DQ} + \text{NH}}{2} \times \text{NQ},$$

$$\text{triangle KNH} = \tfrac{1}{2}\,\text{NH} \times \text{KN};$$

il suffira ensuite d'ajouter toutes ces aires, et on aura l'aire du polygone.

Remarque. L'art de mesurer les surfaces des terrains porte le nom d'*arpentage*.

499. Problème. *Trouver la mesure d'une surface terminée par une ligne courbe.*

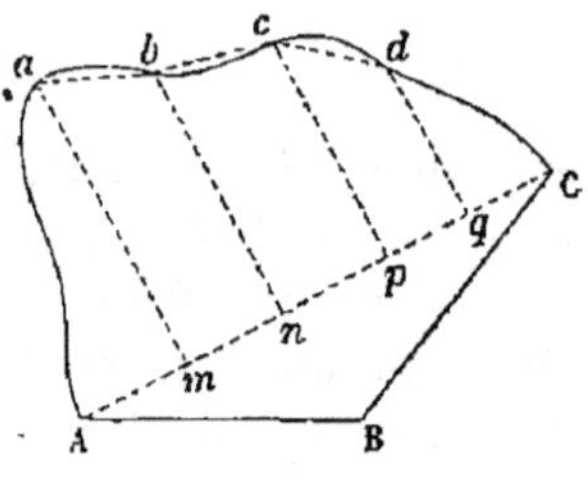

Fig. 352.

On prend sur la ligne courbe une suite de points *a*, *b*, *c*, *d*, assez rapprochés pour que la ligne brisée obtenue en les joignant deux à deux, diffère peu de la ligne courbe; de tous ces points, on abaisse des perpendiculaires sur une diagonale AC de la figure, et on détermine l'aire totale, en mesurant les trapèzes et les triangles ainsi déterminés et les ajoutant.

500. Remarque. Si on ne peut pas pénétrer dans l'intérieur du terrain qu'on veut arpenter, on emploie le moyen indiqué au nº **410**, c'est-à-dire qu'on entoure ce terrain d'un rectangle; puis on détermine séparément l'aire de ce rectangle et celle de la portion de terrain comprise entre les côtés du rectangle et le contour de la figure donnée; et on retranche ces deux aires l'une de l'autre.

501. Théorème. *L'aire d'un polygone régulier a pour mesure le produit de son périmètre par la moitié de son apothème.*

Soient ABCDHK un polygone régulier, O son centre; je joins ce point à tous les sommets; le polygone est ainsi décomposé en triangles AOB, BOC..., tous égaux entre eux; soit OP l'apothème du polygone; cette ligne sera la hauteur du triangle AOB, ce triangle aura donc pour mesure $AB \times \frac{OP}{2}$; chacun des autres triangles aura de même pour mesure le produit de sa base par la moitié de l'apothème; donc la somme de tous les triangles est égale au produit de la somme des bases par la moitié de l'apothème, et par suite le polygone régulier a pour mesure son périmètre multiplié par la moitié de son apothème.

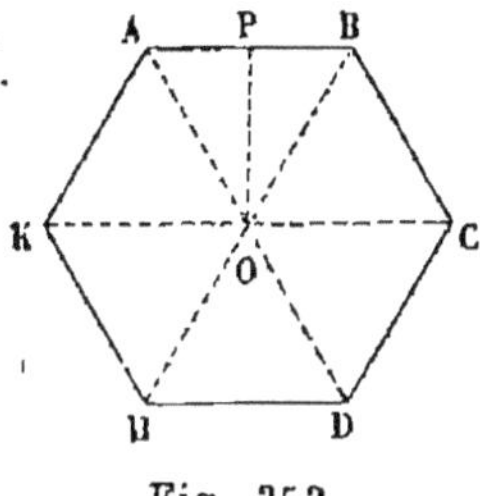

Fig. 353.

502. THÉORÈME. *L'aire du cercle est égale à la circonférence multipliée par la moitié du rayon.*

Supposons que dans le cercle donné, on inscrive un polygone régulier d'un très-grand nombre de côtés; l'aire de ce polygone différera très-peu de celle du cercle, le périmètre de ce polygone différera de même très-peu de la circonférence, et l'apothème sera très-voisin du rayon du cercle; et si l'on augmente de plus en plus le nombre des côtés du polygone régulier, il se rapprochera indéfiniment du cercle, son périmètre tendra à devenir égal à la circonférence et l'apothème différera du rayon aussi peu qu'on voudra. On peut donc regarder le cercle comme un polygone régulier d'un nombre illimité de côtés, ayant pour périmètre la circonférence, et pour apothème le rayon; par conséquent, en vertu du théorème précédent, l'aire du cercle a pour mesure le produit de sa circonférence par la moitié du rayon; C. Q. F. D.

503. COROLLAIRE. *L'aire d'un cercle est égale au carré du rayon multiplié par le nombre π.*

En effet, si on appelle R le rayon, nous savons que la circonférence est égale à $2\pi R$ (**478**); par conséquent, l'aire du cercle est égale à :

$$2\pi R \times \frac{R}{2} = \frac{2\pi R \times R}{2} = \pi R^2;$$

C. Q. F. D.

504. Remarque. On peut se proposer sur la surface du cercle divers problèmes qui se résolvent aisément à l'aide du théorème précédent.

I. *Étant donné le rayon d'un cercle, en calculer la surface.*

Le corollaire précédent donne immédiatement la solution.

Exemple. Le diamètre d'une pièce de 5 francs est de 37 millimètres : calculer la surface de cette pièce. Le diamètre étant de 37 millimètres, le rayon est $18^{mm},5$, et l'aire est alors :

$$\pi \times 18,5^2 = 1075^{\text{mm.q}},21,$$

à moins d'un centième de millimètre carré.

II. *Étant donnée la circonférence d'un cercle, trouver sa surface.*

J'appelle C la circonférence donnée ; on sait que le rayon est égal à $\frac{C}{2\pi}$ (**478**); par conséquent l'aire du cercle est égale à :

$$C \times \frac{C}{4\pi} = \frac{C^2}{4\pi} = \left(\frac{C}{2}\right)^2 \times \frac{1}{\pi};$$

d'où cette nouvelle expression de l'aire du cercle : *L'aire d'un cercle a pour mesure le carré de la demi-circonférence multiplié par l'inverse du nombre π.*

Exemple. La circonférence d'un bassin circulaire est égale à $153^m,64$: quelle est la surface de ce bassin ? La demi-circonférence est égale à $76^m,82$; donc l'aire du cercle est :

$$76,82^2 \times \frac{1}{\pi} = 1878^{\text{m.q}},4461,$$

à moins d'un centimètre carré par excès.

III. *Étant donnée la superficie d'un cercle, calculer son rayon.*

Soient S la surface donnée, R le rayon du cercle, on a :

$$S = \pi R^2 ;$$

on en déduit, en divisant les deux membres par π :

$$R^2 = \frac{S}{\pi},$$

et, en extrayant les racines carrées des deux membres :

$$R = \sqrt{\frac{S}{\pi}}.$$

Exemple. Calculer le rayon d'un cercle dont l'aire est égale à 24 mètres carrés. Ce rayon est égal à :

$$\sqrt{\frac{24}{\pi}} = \sqrt{7,639437} = 2^{m},764,$$

à moins d'un millimètre par excès.

IV. *Connaissant la superficie d'un cercle, calculer sa circonférence.*

Soient S la surface donnée, C la circonférence, on a vu dans l'avant-dernier problème que l'on a :

$$S = \left(\frac{C}{2}\right)^2 \times \frac{1}{\pi} ;$$

on en tire, en multipliant les deux membres par π :

$$\left(\frac{C}{2}\right)^2 = \pi S ;$$

d'où :

$$\frac{C}{2} = \sqrt{\pi S} ; \quad C = 2\sqrt{\pi S}.$$

Ce dernier problème est d'une application moins fréquente que les trois autres.

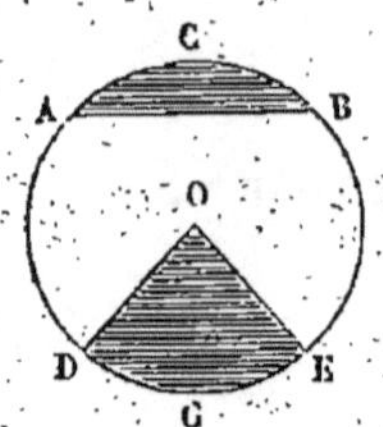

Fig. 354.

505. Définitions. On appelle *secteur de cercle* la partie du cercle comprise entre un arc et les rayons menés à ses deux extrémités : telle est la figure ODGE; l'arc DGE est dit la *base* du secteur.

On nomme *segment* la partie du cercle comprise entre un arc ACB et sa corde AB.

506. Théorème. *L'aire d'un secteur est égale à l'arc qui lui sert de base multiplié par la moitié du rayon.*

Soit AOB le secteur donné; imaginons qu'on inscrive dans l'arc AB une ligne brisée ayant tous ses côtés égaux, et supposons qu'on augmente indéfiniment le nombre des côtés; l'aire comprise entre cette ligne brisée et les deux rayons OA et OB se rapprochera de plus en plus de l'aire du secteur, en même temps que la longueur de la ligne brisée inscrite dans l'arc AB tendra à devenir égale à celle de l'arc lui-même. Or, on ferait voir comme au nº **500** que l'aire du polygone formé par les rayons OA, OB, et la ligne brisée inscrite, a pour mesure la longueur de cette ligne brisée multipliée par la moitié de son apothème; d'où l'on conclut, comme on l'a fait pour le cercle, que l'aire du secteur est égale à l'arc AB multiplié par la moitié de OA; c. q. f. d.

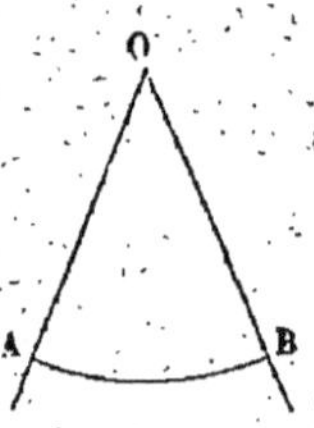

Fig. 355.

507. Corollaire. Soient l la longueur de l'arc AB, et R son rayon; on a, par le théorème précédent :

$$\text{secteur} = \frac{lR}{2};$$

mais si n est la mesure de l'arc AB en degrés, on a aussi **(480)** :

$$l = \frac{\pi R n}{180};$$

en remplaçant l par cette valeur, on obtient une nouvelle expression très-commode de l'aire du secteur :

$$\text{secteur} = \frac{\pi R n}{180} \times \frac{R}{2} = \frac{\pi R^2 n}{360}.$$

508. Remarque. On peut se proposer sur l'aire du secteur des problèmes analogues à ceux que nous avons résolus pour le cercle entier ; nous allons indiquer les principaux.

I. *Étant donnés le rayon d'un secteur et la mesure de son arc en degrés, trouver sa surface.* La formule précédente donne immédiatement la solution.

Exemple. Quelle est l'aire d'un secteur, dont le rayon est égal à $15^m,4$, et dont l'angle au centre est de 48 degrés ? Cette aire est :

$$\frac{15,4^2 \times 48 \times \pi}{360} = 99^{m.q},3480,$$

à un centimètre carré près par défaut.

Si l'arc donné contenait des minutes et des secondes, il faudrait le convertir en minutes ou en secondes, et alors multiplier le dénominateur 360 par 60, s'il n'y a que des minutes et par 3600, si l'arc est déterminé en secondes.

II. *Connaissant le rayon* R *et l'aire* S *d'un secteur, trouver en degrés, minutes et secondes la valeur de l'arc de ce secteur.*

On a, par le corollaire précédent :

$$S = \frac{\pi R^2 n}{360};$$

on en tire :

$$n = \frac{360\,S}{\pi R^2}.$$

Exemple. Le rayon est égal à 10 mètres, et l'aire à 100 mètres carrés ; quelle est la mesure de l'arc ? On a ici :

$$n=\frac{360\times100}{\pi\times100}=\frac{360}{\pi}=114^{\circ}\,35'\,29'',61,$$

à moins d'un centième de seconde.

III. *Connaissant l'aire* S *d'un secteur et la mesure de son arc en degrés, calculer son rayon.*

On a, par le corollaire précédent :

$$S=\frac{\pi R^2 n}{360};$$

on en tire successivement :

$$R^2=\frac{360\,S}{\pi n},\quad \text{et}\quad R=\sqrt{\frac{360\,S}{\pi n}}.$$

Exemple. Un secteur dont l'angle est de 36° 12', a une superficie de $0^{m.q.},425$; quel est son rayon ? On a ici :

$$R=\sqrt{\frac{360\times60\times0,425}{2172\times\pi}}=\sqrt{1,3453}=1^{m},16,$$

à moins d'un centimètre par excès.

509. PROBLÈME. *Mesurer l'aire d'un segment de cercle* AMB.

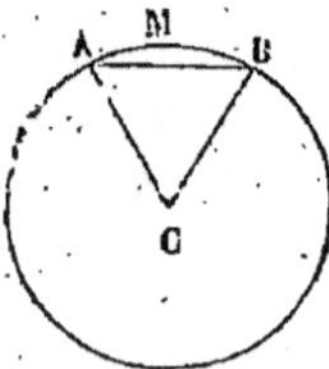

Fig. 356.

Il suffit de retrancher de l'aire du secteur CAMB, l'aire du triangle CAB. On voit d'après cela que, pour avoir l'aire d'un segment, il faut connaître le rayon du cercle, la corde du segment, sa distance au centre, et l'arc AMB. Deux de ces quatre quantités étant connues, les deux autres sont évidemment déterminées ; mais le plus ordinairement on ne peut pas les calculer par la géométrie seule ; il faut avoir recours aux méthodes trigonométriques.

510. Définitions. On appelle *couronne circulaire* la portion du plan comprise entre deux circonférences concentriques, et *trapèze circulaire* la portion du plan comprise entre deux arcs concentriques d'un même nombre de degrés, et les rayons qui joignent les extrémités de ces arcs ; telle est la figure ABCD (fig. 357).

511. Problème. *Mesurer l'aire d'un trapèze circulaire* ABCD.

Cette aire est évidemment égale à la différence des deux secteurs ODC et OAB. Soient n le nombre des degrés de l'angle COD, R et r les rayons des deux circonférences ; on aura :

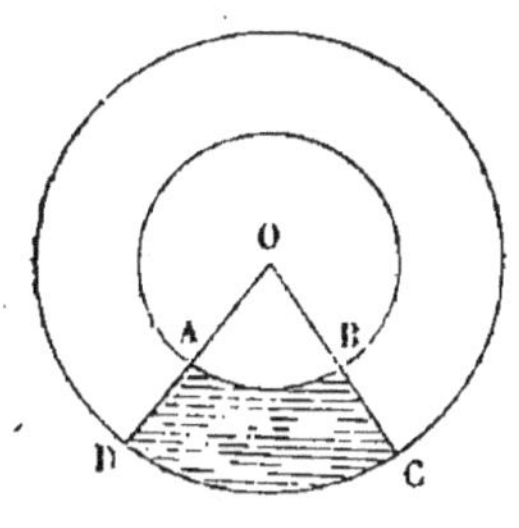

Fig. 357.

$$\text{secteur ODC} = \frac{\pi R^2 n}{360},$$

$$\text{secteur OAB} = \frac{\pi r^2 n}{360};$$

donc :

$$\text{trapèze ABCD} = \frac{\pi R^2 n}{360} - \frac{\pi r^2 n}{360};$$

cette expression peut s'écrire plus simplement, si l'on remarque que, dans les deux termes de la différence, c'est la même fraction $\frac{\pi n}{360}$ qui est multipliée par les carrés des deux rayons R^2 et r^2 ; on pourra alors multiplier cette fraction par la différence de ces deux carrés, ce qui donnera :

$$\text{trapèze ABCD} = \frac{\pi n}{360} \times (R^2 - r^2).$$

On verrait de la même manière que l'aire de la couronne circulaire comprise entre deux circonférences concentriques a pour expression :

$$\pi (R^2 - r^2).$$

De la comparaison des aires.

512. PROBLÈME. *Construire sur une base donnée un rectangle équivalent à un rectangle donné.*

Soient B et H la base et la hauteur du rectangle donné, B′ la base de l'autre rectangle qui est connue, et H′ la hauteur inconnue ; les deux rectangles ont pour mesure, le premier, $B \times H$, le second, $B' \times H'$; et comme ils doivent être équivalents, on aura :

$$B \times H = B' \times H',$$

égalité qu'on peut écrire sous forme de proportion :

$$\frac{B'}{B} = \frac{H}{H'};$$

on voit par là que H′ est une quatrième proportionnelle aux lignes B′, B et H ; on saura donc la construire (**133**).

513. REMARQUE. On résoudrait d'une manière toute pareille les deux problèmes suivants :

Construire sur une base donnée un parallélogramme équivalent à un autre.

Construire sur une base donnée un triangle équivalent à un autre triangle, ou à un rectangle donné.

514. PROBLÈME. *Construire un carré équivalent à un polygone donné.*

Premier cas. Je suppose d'abord que le polygone donné soit un triangle ABC (fig. 358) ; je mène sa hauteur BD ; l'aire de ce triangle sera égale à $AC \times \frac{BD}{2}$; mais si je désigne par X le côté du carré équivalent, son aire sera mesurée par le carré de X ; on aura donc :

$$X^2 = AC \times \frac{BD}{2},$$

égalité qui exprime que X est une moyenne proportionnelle entre la base AC du triangle, et la moitié de sa hauteur BD (**202**); on saura donc construire ce côté; pour cela on prendra le milieu O de la hauteur BD; on prolongera AC d'une longueur CE égale à BO ; sur AE comme diamètre, on décrira une circonférence, et au point C, on élèvera la perpendiculaire CM à AC jusqu'à la rencontre de la demi-circonférence ; CM sera le côté du carré cherché; car cette ligne est moyenne proportionnelle entre la base AC et la moitié de la hauteur (**205**).

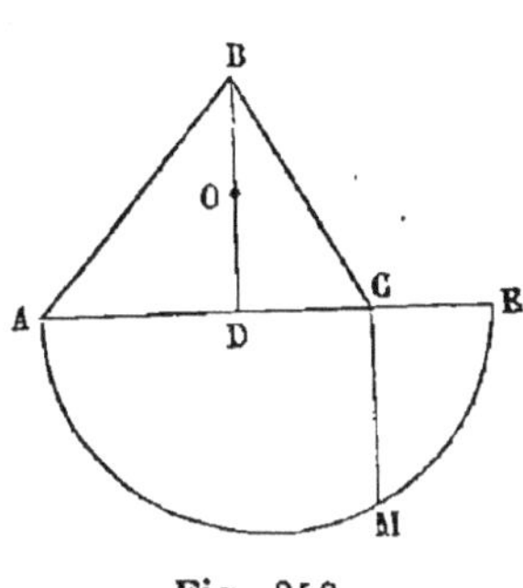

Fig. 358.

Deuxième cas. Supposons que le polygone donné soit un rectangle ou un parallélogramme, et soient B et H la base et la hauteur de cette figure ; si nous désignons par X le côté du carré équivalent, nous aurons, comme dans le premier cas :

$$X^2 = B \times H;$$

ce qui montre que le côté du carré cherché est une moyenne proportionnelle entre la base B et la hauteur H du parallélogramme donné ; on saura donc le construire. (Voy. les n[os] **205** et **319**.)

Troisième cas. Supposons enfin que le polygone donné soit quelconque. On le transformera d'abord en un triangle équivalent (**496**), et on construira ensuite un carré équivalent à ce triangle.

Remarque. Construire un carré équivalent à un polygone, c'est ce qu'on appelle faire la *quadrature* de ce polygone. La quadrature du cercle consisterait à faire un carré équivalent au cercle ; on ne connait pas de moyen exact d'y arriver ; mais on a imaginé un grand nombre de constructions qui donnent des carrés peu différents du cercle ; ce problème n'a d'ailleurs aucune utilité pratique.

515. Théorème. *Le carré construit sur l'hypoténuse d'un triangle rectangle est égal à la somme des carrés construits sur les deux autres côtés.*

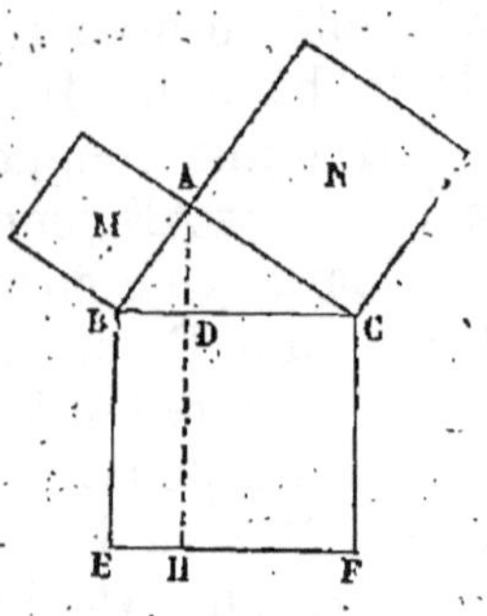

Fig. 359.

Sur les trois côtés du triangle rectangle ABC, je construis des carrés, comme l'indique la figure, et j'abaisse du sommet A la perpendiculaire AD sur l'hypoténuse; cette ligne prolongée en DH partage le carré BCFE en deux rectangles BDHE, CDHF.

Nous avons démontré au n° **517** que le côté AB de l'angle droit est une moyenne proportionnelle entre BC et BD, c'est-à-dire qu'on a :

$$\overline{AB}^2 = BC \times BD\,;$$

mais $\overline{AB}^2$, c'est la mesure de l'aire du carré M construit sur AB ; et puisque BC égale BE, $BC \times BD$ ou $BE \times BD$ est la mesure de l'aire du rectangle BDHE; donc le carré M construit sur AB est équivalent au rectangle BDHE. On démontrerait de même que le carré N construit sur AC est équivalent au rectangle CDHF.

Il en résulte que la somme des carrés M et N construits sur les deux côtés de l'angle droit est égale à la somme des deux rectangles BDHE et CDHF, c'est-à-dire au carré construit sur l'hypoténuse ; C. Q. F. D.

516. Corollaire. Le rapport des carrés M et N est le même que celui des rectangles équivalents BDHE, CDHF; or, ces deux rectangles ont même hauteur DH; donc ils sont entre eux comme leurs bases BD et CD, et on a :

$$\frac{M}{N} = \frac{BD}{CD};$$

c'est-à-dire, que *les carrés construits sur les côtés de l'angle droit d'un triangle rectangle sont proportionnels aux projections de ces côtés sur l'hypoténuse.*

REMARQUE. Le théorème précédent ne diffère pas au fond de celui que nous avons démontré au n° **520**.

517. PROBLÈME. *Construire un carré équivalent à la somme de deux autres.*

Il suffit de construire un triangle rectangle ayant pour côtés de l'angle droit les côtés des deux carrés donnés ; le carré construit sur l'hypoténuse de ce triangle rectangle sera équivalent à la somme des deux carrés donnés.

518. PROBLÈME. *Construire un carré équivalent à la différence de deux autres.*

Il suffit de faire un triangle rectangle ayant pour hypoténuse le côté du plus grand des carrés donnés, et pour l'un des côtés de l'angle droit, le côté du plus petit carré donné ; le carré construit sur l'autre côté de l'angle droit de ce triangle sera égal à la différence des deux carrés donnés.

519. PROBLÈME. *Construire un carré dont la surface soit à celle d'un carré donné dans un rapport donné.*

Soient A le côté du carré donné, B et C deux lignes telles que leur rapport soit égal au rapport du carré cherché au carré donné. Sur une droite indéfinie, je prends à la suite l'une de l'autre deux longueurs DE et EF, respectivement égales à B et à C; sur DF comme diamètre, je décris une demi-circonférence; au point E, j'élève à la ligne DF une perpendiculaire qui coupe la demi-circonférence en G, et je trace les lignes GD et GF. Je prends sur GF une longueur GH égale au côté A du carré donné, et par le point H, je mène une parallèle à DF, qui rencontre GD au point K, et GF au point L; je dis que KG est le côté du carré cherché. En effet, le triangle KGH étant rectangle, le rapport des carrés construits sur GK et sur GH

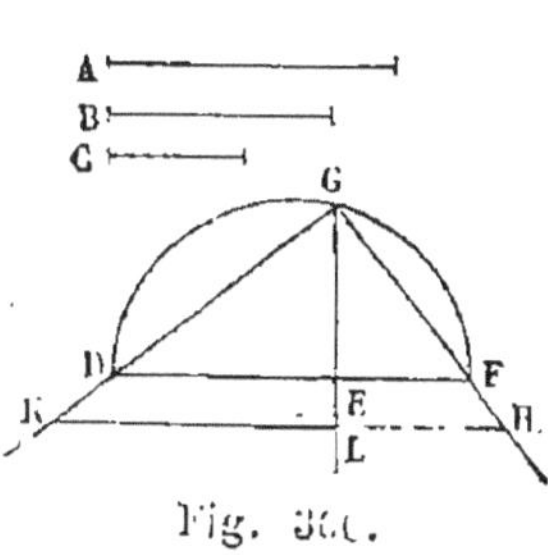

Fig. 3..

est égal au rapport des lignes KL et LH (516); ce qu'on peut écrire ainsi :

$$\frac{\overline{GK}^2}{A^2}=\frac{KL}{LH};$$

mais on a par un théorème connu (140) :

$$\frac{KL}{LH}=\frac{DE}{EF}=\frac{B}{C};$$

donc

$$\frac{\overline{GK}^2}{A^2}=\frac{B}{C};$$

ce qui signifie que le carré construit sur GK est au carré donné dans le rapport de B à C; GK est donc bien le côté du carré demandé.

Remarque. Si les deux carrés doivent être proportionnels à deux nombres donnés, on commencera par construire deux lignes B et C proportionnelles à ces nombres, et on appliquera ensuite la construction précédente.

520. Théorème. *Les aires de deux polygones semblables sont proportionnelles aux carrés des côtés homologues.*

Premier cas. Je démontrerai d'abord le théorème pour deux triangles semblables ABC, A'B'C'. Des sommets homologues C et C', je mène les hauteurs CD, C'D'; les deux triangles ACD, A'C'D' ont les angles D et D' égaux comme droits, et les angles A et A' égaux comme angles homologues des triangles semblables ABC, A'B'C'; ces triangles sont donc semblables (512), et l'on a la proportion :

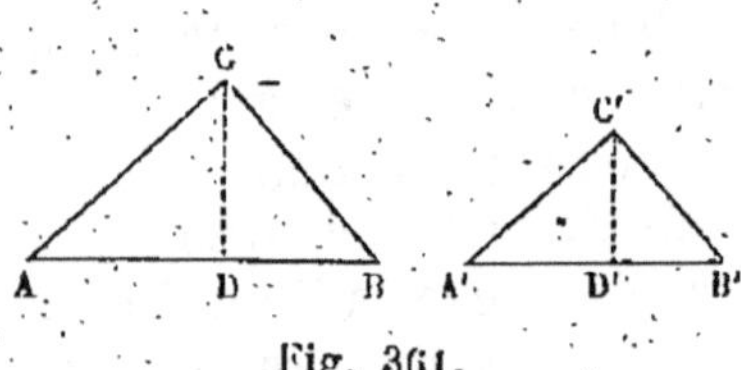

Fig. 361.

$$\frac{CD}{C'D'}=\frac{AC}{A'C'};$$

d'autre part, les triangles semblables ABC, A'B'C' ont les côtés proportionnels, et l'on a :

$$\frac{AB}{A'B'} = \frac{AC}{A'C'};$$

mais on sait que le rapport des aires de deux triangles est égal au rapport des produits de leurs bases par leurs hauteurs (**493**); on a donc :

$$\frac{\text{tri. } ABC}{\text{tri. } A'B'C'} = \frac{AB \times CD}{A'B' \times C'D'} = \frac{AB}{A'B'} \times \frac{CD}{C'D'};$$

je remplace dans cette égalité chacun des rapports $\frac{AB}{A'B'}$ et $\frac{CD}{C'D'}$ par le rapport égal $\frac{AC}{A'C'}$, et j'ai :

$$\frac{\text{tri. } ABC}{\text{tri. } A'B'C'} = \frac{AC}{A'C'} \times \frac{AC}{A'C'} = \frac{\overline{AC}^2}{\overline{A'C'}^2}.$$

C. Q. F. D.

On peut encore se rendre compte de l'exactitude de ce théorème par des considérations extrêmement simples : lorsqu'on double les côtés d'un triangle, les hauteurs sont doublées en même temps ; or, si on doublait seulement la base, sans changer la hauteur, l'aire du triangle doublerait (**493**) ; si l'on double ensuite la hauteur, l'aire sera encore doublée ; elle deviendra donc quatre fois plus grande. On verrait de même qu'en triplant tous les côtés d'un triangle, on rendrait l'aire neuf fois plus grande, et ainsi de suite ; donc les aires de deux triangles semblables sont proportionnelles aux carrés des côtés homologues.

Deuxième cas. Considérons maintenant deux polygones semblables, et supposons, pour fixer les idées, que le rapport de similitude de ces deux polygones soit $\frac{2}{3}$; je décompose les deux polygones en triangles semblables (**396**) :

le rapport des aires de deux triangles de même rang pris dans les deux polygones sera le carré de $\frac{2}{3}$ ou $\frac{4}{9}$; ce qui veut dire que chacun des triangles qui composent le premier polygone est les $\frac{4}{9}$ du triangle correspondant dans le second polygone ; par suite, le premier polygone vaut les $\frac{4}{9}$ du second, ou, en d'autres termes, le rapport des aires de ces deux polygones est égal au rapport des carrés des côtés homologues ; C. Q. F. D.

321. Corollaire. Deux figures semblables quelconques peuvent toujours être assimilées à des polygones semblables, en remplaçant les lignes courbes par des lignes brisées qui en diffèrent très-peu ; donc *les aires de deux figures semblables quelconques sont proportionnelles aux carrés des lignes homologues de ces figures.*

En particulier, *les aires de deux cercles sont proportionnelles aux carrés de leurs rayons.* On peut, du reste, le démontrer directement au moyen de la formule qui donne l'aire d'un cercle, quand on en connaît le rayon (**305**); soient R et R' les rayons des deux cercles, S et S' leurs surfaces ; on a :

$$S = \pi R^2; \quad S' = \pi R'^2;$$

divisant ces deux égalités membre à membre, on obtient :

$$\frac{S}{S'} = \frac{\pi R^2}{\pi R'^2};$$

enfin, si l'on divise par π les deux termes du second rapport, ce qui n'en change pas la valeur, on a :

$$\frac{S}{S'} = \frac{R^2}{R'^2};$$

C. Q. F. D.

322. Remarque. Lorsqu'on agrandit ou qu'on réduit une figure dans un rapport donné, le rapport des aires des deux figures est égal au carré du rapport de similitude : par exemple, si le plan d'un terrain est construit à l'échelle de $\frac{1}{1000}$, l'aire de la figure tracée sur le papier sera la millionième partie de l'aire correspondante sur le terrain.

523. Problème. *Construire un polygone semblable à un polygone donné, et tel que son rapport à ce polygone soit égal à celui de deux lignes données.*

Soient A l'un des côtés du polygone donné, et A′ le côté homologue du polygone cherché ; le rapport des aires de ces deux polygones sera égal au rapport de A^2 à A'^2 : or, ce rapport doit être le même que celui de deux lignes données, N et M ; on aura donc :

$$\frac{A'^2}{A^2} = \frac{M}{N}.$$

Cette proportion montre que la ligne A′ peut être regardée comme le côté d'un carré dont le rapport au carré construit sur la ligne A est égal à $\frac{M}{N}$; on construira donc la ligne A′ par la méthode donnée au nº **519**; et il n'y aura plus qu'à faire sur la ligne A′ un polygone semblable au polygone donné.

Remarque. On trouverait de même le rayon d'un cercle dont l'aire aurait un rapport connu avec celle d'un cercle donné.

Des considérations analogues permettraient de construire une figure équivalente à la somme ou à la différence de deux figures semblables données, et semblable elle-même à ces deux figures.

Exercices sur la division des polygones.

524. Problème. *Partager un triangle* ABC *en parties équivalentes ou proportionnelles à des lignes données par des lignes partant du sommet* A (fig. 362).

Je divise la base BC en parties égales ou proportionnelles aux lignes données aux points D, E, F, et je joins ces points au sommet A; les triangles ABD, ADE, AEF, AFC ont tous même hauteur; donc ils sont proportionnels à leurs bases BD, DE, EF, FC (**493**); ces bases étant elles-mêmes proportionnelles aux lignes données, le triangle ABC est divisé par les lignes AD, AE, AF en parties proportionnelles aux lignes données.

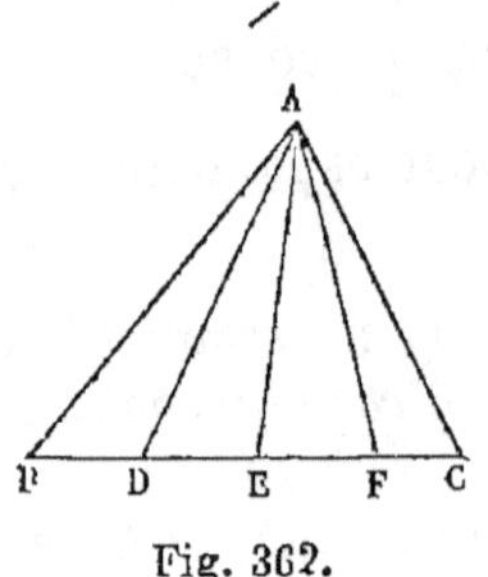

Fig. 362.

525. Problème. *Tracer dans un quadrilatère un parallélogramme équivalent au reste de la figure.*

Soit ABCD un quadrilatère; je prends les milieux E, F, G, H des quatre côtés, et je les joins deux à deux; j'obtiens ainsi un quadrilatère EFGH, et je dis que ce quadrilatère est un parallélogramme, et de plus qu'il est équivalent à la moitié du quadrilatère ABCD.

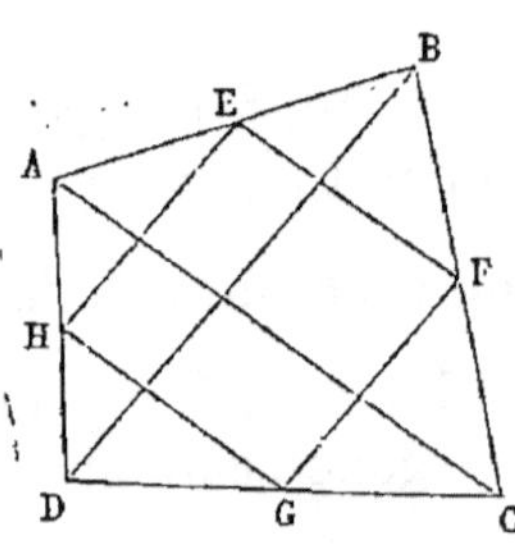

Fig. 363.

En effet, je mène les diagonales AC et BD du quadrilatère; dans le triangle ABC, la ligne EF joint les milieux des côtés BA et BC, et par conséquent elle est parallèle au troisième côté AC; pour la même raison, la ligne GH est parallèle à AC; alors les deux lignes EF et GH, parallèles à la ligne AC, sont parallèles entre elles; on voit de même que les deux lignes FG et HE sont parallèles, comme étant toutes les deux parallèles à l'autre diagonale BD; donc le quadrilatère EFGH est un parallélogramme. Je dis de plus que son aire est équivalente à la moitié de celle du quadrilatère ABCD; en effet, le triangle BEF est semblable au triangle ABC (**309**), et le rapport des côtés homologues est $\frac{1}{2}$, puisque BE est la moitié de AB; donc le rapport des aires de ces triangles est égal à $\frac{1}{4}$ (**520**); c'est-à-dire, que le triangle BEF est le quart du triangle ABC; le triangle DHG est aussi le quart du triangle ADC; et par conséquent la somme des triangles BEF et DHG vaut le quart du quadrilatère ABCD. On démontrerait de même que la somme des aires des triangles AEH, CFG vaut aussi le quart du quadrilatère ABCD; par suite la somme des quatre triangles BEF, CFG, DGH et AHE est équivalente à la moitié du quadrilatère ABCD, et la portion restante, c'est-à-dire le parallélogramme EFGH, vaut aussi la moitié de ce quadrilatère; C. Q. F. D.

526. Problème. *Partager un polygone* ABCDE *en parties équivalentes ou proportionnelles à des lignes données par des lignes partant du sommet* A (fig. 364).

Je transforme d'abord le polygone en un triangle équivalent ABF, ayant le point A pour sommet, et sa base BF dirigée suivant le côté BC du polygone prolongé. Je partage ensuite ce triangle en parties proportionnelles aux lignes données par les lignes AG, AH, AI; la question est alors ramenée à mener dans le polygone des lignes de division qui forment des polygones équivalents aux triangles ABG, AGH, AHI, AIF. Pour y arriver, je mène par le point G une parallèle GK à la diagonale AC du polygone, jusqu'à la rencontre du côté CD, et je joins AK; les triangles ACG, ACK sont équivalents comme ayant même base AC, et leurs sommets G et K sur une parallèle à AC; donc le quadrilatère ABCK est équivalent au triangle ABG, et par suite, la ligne AK est l'une des lignes de division demandées. Par le point H, je mène une parallèle à AC, jusqu'à la rencontre du côté CD en L; on voit, comme précédemment, que le triangle ACH est équivalent au triangle ACL; et si de ces deux trian-

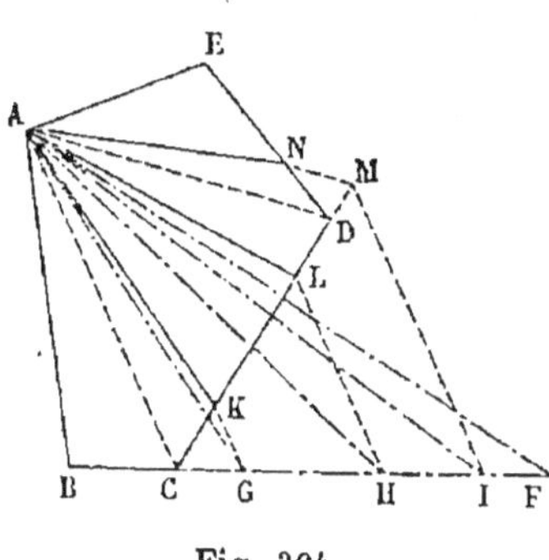

Fig. 364.

gles on retranche les triangles équivalents ACG et ACK, les triangles AGH, AKL, qu'on obtient pour restes, sont aussi équivalents; donc AL est la seconde ligne de division cherchée. Enfin, par le point I, je mène une parallèle à AC jusqu'à la rencontre du côté CD; ici cette parallèle coupe le prolongement du côté CD au point M; alors, par ce point, je mène une parallèle à la seconde diagonale AD du polygone jusqu'à la rencontre du côté DE en N; je dis que AN est la troisième ligne de division; en effet, on ferait voir, comme précédemment, que le triangle AHI est équivalent au triangle ALM (on n'a pas tracé la ligne AM pour éviter la complication de la figure); et le triangle ALM est équivalent au quadrilatère ALDN; donc ce quadrilatère est équivalent au triangle AHI, et par conséquent AN est la troisième ligne de division du polygone.

Il est clair que cette méthode s'appliquera toujours sans difficulté, quel que soit le nombre des côtés du polygone, et le nombre des parties dans lesquelles on veut le décomposer. Si on voulait le diviser en portions équivalentes, il suffirait de partager BF en parties égales. Enfin, il est bon de remarquer qu'en employant la règle et l'équerre pour mener les parallèles, on pourra se dispenser de tracer la plupart des lignes de cette figure, et marquer seulement leurs extrémités; l'opération devient alors très-rapide, pour peu qu'on soit exercé.

527. Problème. *Partager un polygone* ABCDE *en parties équivalentes ou proportionnelles à des lignes données, par des lignes partant d'un point intérieur* O (fig. 365).

Proposons-nous, par exemple, de diviser le polygone en quatre parties équivalentes; on peut d'abord se donner l'une des lignes de division à volonté; je supposerai que ce soit la ligne OK, qui tombe sur le côté AB. Je transforme le polygone en un triangle équivalent DFG, ayant sa base dirigée suivant AB; je joins OF et OG, et par le point D, je mène à ces deux lignes des parallèles qui rencontrent FG aux points H et I; le triangle OFH est équivalent au triangle OFD, et le triangle OGI est équivalent au triangle OGD; il en résulte que le triangle OHI est équivalent au triangle DFG et par suite au polygone ABCDE.

Cela posé, partageons la ligne HI en quatre parties égales, et portons à partir du point K une longueur KL égale

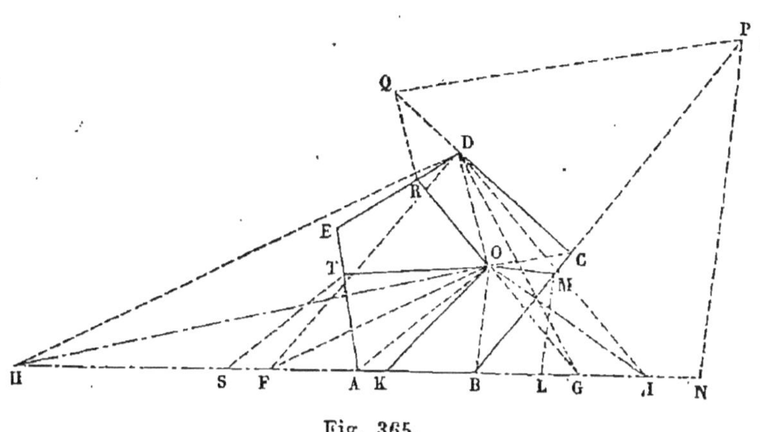

Fig. 365.

au quart de HI; le triangle qui aurait pour sommet le point O, et pour base KL, serait équivalent au quart du triangle OHI, ou, ce qui revient au même, au quart du polygone ABCDE; par conséquent, si le point L était compris entre A et B, la ligne OL serait la seconde ligne de division. Comme le point L tombe sur le prolongement de AB, il faut remplacer la ligne OL par une autre qui rencontre le côté suivant BC et qui détermine un quadrilatère équivalent au triangle OKL; pour cela on joint OB, et par le point L, on mène à cette ligne une parallèle qui rencontre BC en M; le triangle OBL est alors équivalent au triangle OBM (on n'a pas mené la ligne OL pour ne pas compliquer la figure), et par conséquent le quadrilatère OKBM est équivalent au triangle OKL; donc si le point M est compris entre B et C, la ligne OM sera la seconde ligne de division; c'est ce qui arrive dans la figure.

Pour construire la troisième ligne de division, nous opérerons d'une manière analogue : prenons à la suite de la ligne KL une longueur LN égale à KL, c'est-à-dire au quart de HI, et par le point N, menons une parallèle à OB jusqu'à la rencontre du côté BC en P ; le point P n'étant pas compris entre B et C, il faut mener par ce point une parallèle à OC jusqu'à la rencontre du côté suivant CD en Q ; si le point Q était compris entre C et D, OQ serait la troisième ligne de division ; comme cela n'a pas lieu sur la figure, il faudra encore mener par le point Q une parallèle à OD jusqu'à la rencontre du côté DE en R ; OR est la troisième ligne de division. On le vérifie aisément : le pentagone ORDCM est équivalent au quadrilatère OQCM ; celui-ci est équivalent au triangle OPM ; enfin ce triangle OPM est la différence des deux triangles OBP et OBM ; il équivaut donc à la différence des triangles OBN et OBL, c'est-à-dire au triangle OLN dont l'aire est égale au quart de celle du polygone ABCDE.

Pour achever la division, on prend KS = KL, et par le point S, on mène une parallèle à OA qui rencontre en T le côté AE ; OT est la quatrième ligne de division.

528. Remarque I. La construction précédente ne serait pas modifiée, si le point O, au lieu d'être à l'intérieur du polygone, se trouvait sur l'un des côtés.

529. Remarque II. La solution générale se simplifie beaucoup dans un cas particulier : c'est quand on veut *partager un polygone régulier en parties équivalentes par des lignes partant du centre.*

Proposons-nous, par exemple, de diviser l'octogone régulier ABCDEFGH en cinq parties équivalentes par des lignes issues du centre O. Je partage tous les côtés de ce polygone en cinq parties égales, comme on le voit sur le côté AB ; si l'on joignait tous les points de division au centre, on obtiendrait 8×5 ou 40 triangles, tous équivalents comme ayant des bases égales et des hauteurs égales ; donc il faudra prendre huit de ces triangles pour avoir le cinquième de l'octogone. Nous joindrons alors le point O à l'un quel-

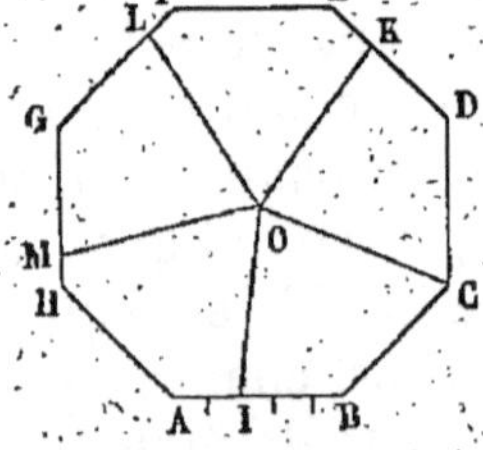

Fig. 366.

conque des points de division du côté AB, au point I, par exemple, et les autres lignes de division se trouveront sans difficulté ; ce sont les lignes OC, OK, OL et OM.

530. Application. Les deux problèmes qui précèdent servent aux arpenteurs, lorsqu'ils veulent partager une pièce de terre par des lignes de division qui aboutissent toutes à une fontaine, à un pont, à une maison, etc. On peut aussi, par des méthodes analogues, faire le partage d'un terrain, en s'imposant d'autres conditions, par exemple, que les lignes de division passent toutes par des points différents marqués sur l'un des côtés. Toutes ces constructions ont d'ailleurs un défaut commun, c'est qu'elles exigent qu'on ait fait le plan du terrain ; et dans beaucoup de cas, il est préférable de faire la division sur le terrain même ; nous allons, par un exemple, donner une idée de la méthode qu'il faut alors employer.

531. Problème. *Partager un pentagone* ABCDE *en parties équivalentes ou proportionnelles à des lignes données, et de manière que les différentes portions soient des quadrilatères* (fig. 367).

Lorsqu'on partage une pièce de terre, on s'impose ordinairement la condition que les différentes parties soient des quadrilatères, parce que cette forme est la plus commode pour la culture. Cette condition ne suffit pas d'ailleurs pour déterminer les lignes de partage ; on peut encore s'en imposer d'autres, suivant la configuration du terrain et les convenances des personnes entre lesquelles doit se faire le partage.

Proposons-nous, par exemple, de partager le pentagone ABCDE en quatre quadrilatères équivalents. Je commence par arpenter ce polygone, et je suppose que sa surface totale soit égale à $93064^{m.q.},5$; le quart de cette surface sera $23266^{m.q.},125$; il faut alors faire dans le polygone ABCDE quatre quadrilatères ayant chacun une contenance de $23266^{m.q.},125$.

Pour cela, j'abaisse du sommet B sur le côté voisin AE

la perpendiculaire BF, et je la mesure ; supposons que sa longueur soit égale à 168 mètres ; je divise 23266,125 par 168, ce qui donne pour quotient 138,49 ; à partir du point A, je prends une longueur AG égale à 138^{m},49; l'aire du triangle BAG sera la moitié de 138,49 × 168, c'est-à-dire la moitié de 23266$^{m.q.}$,125. Je mesure de même la distance GH du point G au côté BC, et je divise 23266,125 par cette distance; supposons que le quotient soit 105,75 ;

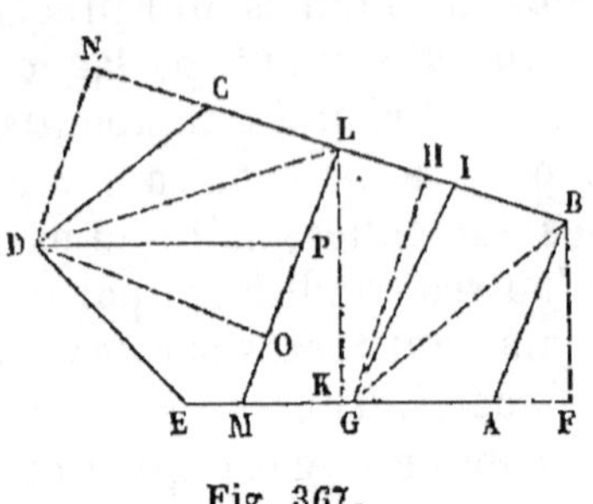

Fig. 367.

je prends alors BI = 105^{m},75 ; l'aire du triangle BGI est égale à la moitié du produit BI × GH, c'est-à-dire à la moitié de 23266$^{m.q.}$,125. Donc l'aire du quadrilatère ABIG, qui est la somme des triangles ABG, GBI, est égale à 23266$^{m.q.}$,125, c'est-à-dire au quart du polygone donné; par conséquent GI est la première ligne de division.

Je prends ensuite IL = IB = 105^{m},75, et je mesure la longueur de la ligne LK perpendiculaire à AE; puis je divise 23266$^{m.q.}$,125 par cette longueur; le quotient est 93,60; je prends alors GM = 93^{m},60 ; je dis que le quadrilatère IGML est le quart du polygone ; en effet, ce quadrilatère est la somme des triangles GIL et GLM, et chacun de ces triangles a évidemment une aire égale à la moitié de 23266$^{m.q.}$,125 ; donc LM est la seconde ligne de division.

On pourrait chercher de même la troisième ; mais on risquerait d'avoir une part triangulaire ou pentagonale, et pour l'éviter, on partagera le pentagone DCLME qui reste en deux parties équivalentes, par une ligne menée d'un sommet au côté opposé ; nous choisirons ici le sommet D. A cet effet, nous calculerons d'abord l'aire du triangle DCL en mesurant sa base CL et sa hauteur DN ; on trouve que cette aire vaut 12206$^{m.q.}$,25 ; je retranche ce nombre de 23266$^{m.q.}$,125, ce qui donne 11059$^{m.q.}$,875 ; je mesure alors la perpendiculaire DO abaissée du point D sur ML, et je divise 11059,875 par la moitié de cette ligne; puis je prends une longueur LP égale à ce quotient, et je joins DP; c'est la ligne de division; car l'aire du triangle DLP est égale à LP $\times \frac{1}{2}$ DO, c'est-à-dire à 11059$^{m.q.}$,875, et par suite l'aire du quadrilatère DCLP est égale à 23266$^{m.q.}$,125; c'est donc le troisième quadrilatère demandé. Le quatrième est alors DPME.

Remarque. La division des terrains est une des parties les plus importantes de l'arpentage; les problèmes de ce genre qu'on rencontre dans la pratique sont extrêmement variés, et leur solution ne peut trouver place que dans les livres spéciaux; nous avons voulu seulement, dans les exercices qui précèdent, donner une idée des deux méthodes principales que les arpenteurs emploient ordinairement pour partager les polygones.

FIN.

TABLE DES CORDES DE TOUS LES ARCS DE DEGRÉ EN DEGRÉ, LE RAYON ÉTANT ÉGAL A 1000.

ARCS.	CORDES.	ARCS.	CORDES.	ARCS.	CORDES.	ARCS.	CORDES.	ARCS.	CORDES.	ARCS.	CORDES.
1°	17	31°	534	61°	1015	91°	1427	121°	1741	151°	1936
2	35	32	551	62	1030	92	1439	122	1749	152	1941
3	52	33	568	63	1045	93	1451	123	1758	153	1945
4	70	34	585	64	1060	94	1463	124	1766	154	1949
5	87	35	601	65	1075	95	1475	125	1774	155	1953
6	105	36	618	66	1089	96	1486	126	1782	156	1956
7	122	37	635	67	1104	97	1498	127	1790	157	1960
8	140	38	651	68	1118	98	1509	128	1798	158	1963
9	157	39	668	69	1133	99	1521	129	1805	159	1967
10	174	40	684	70	1147	100	1532	130	1813	160	1970
11	192	41	700	71	1161	101	1543	131	1820	161	1973
12	209	42	717	72	1176	102	1554	132	1827	162	1975
13	226	43	733	73	1190	103	1565	133	1834	163	1978
14	244	44	749	74	1204	104	1576	134	1841	164	1981
15	261	45	765	75	1218	105	1587	135	1848	165	1983
16	278	46	781	76	1231	106	1597	136	1854	166	1985
17	296	47	798	77	1245	107	1608	137	1861	167	1987
18	313	48	813	78	1259	108	1618	138	1867	168	1989
19	330	49	829	79	1272	109	1628	139	1873	169	1991
20	347	50	845	80	1286	110	1638	140	1879	170	1992
21	364	51	861	81	1299	111	1648	141	1885	171	1994
22	382	52	877	82	1312	112	1658	142	1891	172	1995
23	399	53	892	83	1325	113	1668	143	1897	173	1996
24	416	54	908	84	1338	114	1677	144	1902	174	1997
25	433	55	924	85	1351	115	1687	145	1907	175	1998
26	450	56	939	86	1364	116	1696	146	1913	176	1999
27	467	57	954	87	1377	117	1705	147	1918	177	1999
28	484	58	970	88	1389	118	1714	148	1923	178	2000
29	501	59	985	89	1402	119	1723	149	1927	179	2000
30	518	60	1000	90	1414	120	1732	150	1932	180	2000

LONGUEURS DES ARCS DE CERCLE, LE RAYON ÉTANT 1.

DEGRÉS.					
1°	0,017453	31	0,541052	61	1,064651
2	0,034907	32	0,558505	62	1,082104
3	0,052360	33	0,575959	63	1,099557
4	0,069813	34	0,593412	64	1,117011
5	0,087266	35	0,610865	65	1,134464
6	0,104720	36	0,628319	66	1,151917
7	0,122173	37	0,645772	67	1,169371
8	0,139626	38	0,663225	68	1,186824
9	0,157080	39	0,680678	69	1,204277
10	0,174533	40	0,698132	70	1,221730
11	0,191986	41	0,715585	71	1,239184
12	0,209440	42	0,733038	72	1,256637
13	0,226893	43	0,750492	73	1,274090
14	0,244346	44	0,767945	74	1,291544
15	0,261799	45	0,785398	75	1,308997
16	0,279253	46	0,802851	76	1,326450
17	0,296706	47	0,820305	77	1,343904
18	0,314159	48	0,837758	78	1,361357
19	0,331613	49	0,855211	79	1,378810
20	0,349066	50	0,872665	80	1,396263
21	0,366519	51	0,890118	81	1,413717
22	0,383972	52	0,907571	82	1,431170
23	0,401426	53	0,925025	83	1,448623
24	0,418879	54	0,942478	84	1,466077
25	0,436332	55	0,959931	85	1,483530
26	0,453786	56	0,977384	86	1,500983
27	0,471239	57	0,994838	87	1,518436
28	0,488692	58	1,012291	88	1,535890
29	0,506145	59	1,029744	89	1,553343
30	0,523599	60	1,047198	90	1,570797

LONGUEURS DES ARCS DE CERCLE, LE RAYON ÉTANT 1.

DEGRÉS.					
91°	1,588250	121°	2.111848	151°	2,635447
92	1,605703	122	2,129302	152	2,652900
93	1,623156	123	2,146755	153	2,670354
94	1,640609	124	2,164208	154	2,687807
95	1,658063	125	2,181662	155	2,705260
96	1,675516	126	2,199115	156	2,722714
97	1,692969	127	2,216568	157	2,740167
98	1,710423	128	2,234021	158	2,757620
99	1,727876	129	2,251475	159	2,775074
100	1,745329	130	2,268928	160	2,792527
101	1,762783	131	2,286381	161	2,809980
102	1,780236	132	2,303835	162	2,827433
103	1,797689	133	2,321288	163	2,844887
104	1,815142	134	2,338741	164	2,862340
105	1,832596	135	2,356194	165	2,879793
106	1,850049	136	2,373648	166	2,897247
107	1,867502	137	2,391101	167	2,914700
108	1,884956	138	2,408554	168	2,932153
109	1,902409	139	2,426008	169	2,949606
110	1,919862	140	2,443461	170	2,967060
111	1,937315	141	2,460914	171	2,984513
112	1,954769	142	2,478368	172	3,001966
113	1,972222	143	2,495821	173	3,019420
114	1,989675	144	2,513274	174	3,036873
115	2,007129	145	2,530727	175	3,054326
116	2,024582	146	2,548181	176	3,071779
117	2,042035	147	2,565634	177	3,089233
118	2,059489	148	2,583087	178	3,106686
119	2,076942	149	2,600541	179	3,124139
120	2,094395	150	2,617994	180	3,141593

LONGUEURS DES ARCS DE CERCLE, LE RAYON ÉTANT 1.

MINUTES.				SECONDES.			
1'	0,000291	31'	0,009018	1"	0,000005	31"	0,000150
2	0,000582	32	0,009308	2	0,000010	32	0,000155
3	0,000873	33	0,009599	3	0,000015	33	0,000160
4	0,001164	34	0,009890	4	0,000019	34	0,000165
5	0,001454	35	0,010181	5	0,000024	35	0,000170
6	0,001745	36	0,010472	6	0,000029	36	0,000175
7	0,002036	37	0,010763	7	0,000034	37	0,000179
8	0,002327	38	0,011054	8	0,000039	38	0,000184
9	0,002618	39	0,011345	9	0,000044	39	0,000189
10	0,002909	40	0,011636	10	0,000048	40	0,000194
11	0,003200	41	0,011926	11	0,000053	41	0,000199
12	0,003491	42	0,012217	12	0,000058	42	0,000204
13	0,003782	43	0,012508	13	0,000063	43	0,000208
14	0,004072	44	0,012799	14	0,000068	44	0,000213
15	0,004363	45	0,013090	15	0,000073	45	0,000218
16	0,004654	46	0,013381	16	0,000078	46	0,000223
17	0,004945	47	0,013672	17	0,000082	47	0,000228
18	0,005236	48	0,013963	18	0,000087	48	0,000233
19	0,005527	49	0,014254	19	0,000092	49	0,000238
20	0,005818	50	0,014544	20	0,000097	50	0,000242
21	0,006109	51	0,014835	21	0,000102	51	0,000247
22	0,006400	52	0,015126	22	0,000107	52	0,000252
23	0,006690	53	0,015417	23	0,000112	53	0,000257
24	0,006981	54	0,015708	24	0,000116	54	0,000262
25	0,007272	55	0,015999	25	0,000121	55	0,000267
26	0,007563	56	0,016290	26	0,000126	56	0,000271
27	0,007854	57	0,016581	27	0,000131	57	0,000276
28	0,008145	58	0,016872	28	0,000136	58	0,000281
29	0,008436	59	0,017162	29	0,000141	59	0,000286
30	0,008727	60	0,017453	30	0,000145	60	0,000291

TABLE DES MATIÈRES

FIN DE LA TABLE DES MATIÈRES.

CORBEIL. — Typ. et stér. de CRÉTÉ FILS.

www.ingramcontent.com/pod-product-compliance
Lightning Source LLC
LaVergne TN
LVHW020554230826
846091LV00002B/488

* 9 7 8 2 0 1 3 0 8 0 5 0 7 *